U0246350

一 书 一 世 界

SobooK
沙 发 图 书 馆

思维魔方

让哲学家和数学家
纠结的悖论

陈波 著

北京大学出版社

PEKING UNIVERSITY PRESS

图书在版编目（CIP）数据

　思维魔方：让哲学家和数学家纠结的悖论/陈波著．—北京：北京大学出版社，
2014.6

　（沙发图书馆）

　ISBN 978-7-301-24190-5

　Ⅰ.①思…　Ⅱ.①陈…　Ⅲ.①悖论－哲学－逻辑　Ⅳ.①O144.2

　中国版本图书馆 CIP 数据核字 (2014) 第 086721 号

书　　　　名：思维魔方——让哲学家和数学家纠结的悖论

著作责任者：陈　波　著

责 任 编 辑：王立刚

标 准 书 号：ISBN 978-7-301-24190-5/B · 1198

出 版 发 行：北京大学出版社

地　　　　址：北京市海淀区成府路 205 号　100871

网　　　　址：http://www.pup.cn　新浪官方微博：@北京大学出版社

电 子 信 箱：sofabook@163.com

电　　　　话：邮购部 62752015　发行部 62750672　编辑部 62755217　出版部 62754962

印 刷 者：北京中科印刷有限公司

经 销 者：新华书店

　　　　　　730 毫米×1020 毫米　16 开本　22.75 印张　275 千字

　　　　　　2014 年 6 月第 1 版　2017 年 11 月第 5 次印刷

定　　　　价：48.00 元

理智的突围（序）

非技术地说，"悖论"意味着"理智的困境"，"消解悖论"则近似于"理智的突围"。从这个角度看，"悖论"对于人类理智来说，既具有"消极"意义，又具有"积极"意义。

人类理智与"悖论"的缠斗有悠久的历史。在古希腊早期，就发现了很多悖论，如"说谎者"、"秃头"、"谷堆"、"鳄鱼"等。其中，说谎者悖论的原初形式"所有的克里特岛人都说谎"还被载入《圣经·新约》的《提多书》中，在西方世俗社会和学术界都有很大的影响力。在古希腊时期，据说有个叫做"斐勒塔"的人潜心研究说谎者悖论，结果把身体也弄坏了，瘦骨嶙峋，为了防止被风刮跑，不得不在身上带上铁球和石块，但最后还是因积劳成疾而一命呜呼。为了提醒后人免蹈覆辙，他的墓碑上写道："科斯的斐勒塔是我 / 使我致死的是说谎者 / 无数个不眠之夜造成了这个结果。"在欧洲中世纪和近现代，对悖论的研究绵延不绝，一度还占据中心位置，例如悖论与第二次和第三次数学危机。在中国古代，庄子提出"吊诡"一说，意指巨大且艰深的理智难题，与"悖论"庶几近之；墨家提出"悖"概念，并探讨了与说谎者悖论相近的东西："以言为尽悖，悖，说在其言。"

悖论对于人类理智的"消极"意义在于，它们促使我们注意到：我们思维的最基本的概念出了问题，我们思维的最基本的原则隐藏着风险，我们得到广泛证实且被普遍应用的理论甚至能导出矛盾、荒谬和悖论！在此之前，我们通常认为，它们是如此明显正确，确定无疑，理所当然，几乎放之四海而皆准。这样的发现对于严肃的科学家来说是一种折磨——理智和情感方面的双重折磨。在物理学的"两朵乌云"所带来的新发现（量子力学和相对论）面前，有的科学家手足无措，甚至说"我恨自己没有在几年前死去";面对以罗素悖论为代表的各种集合论悖论,有的科学家以近乎悲凉的心情说出了这样的反讽式句子:"数学和集合论不再是无用的了,它们可以导出悖论!"但是,甚至悖论所带来的这种影响也不完全是消极的:它们提醒我们去限制人类理智的狂妄,倡导人类理智的谦卑,促使我们注意到:还有很多未知的理智陷阱隐藏在前进的途中,还有很多未解之谜摆在人类理智面前!

悖论对于人类理智的"积极"意义在于:它们以触目惊心的形式向我们揭示了问题,发出了挑战。人类理智不得不正面迎战:问题究竟出在哪里?矛盾和悖论是如何导出的?我们思维中的哪些基本概念、基本原则、常识、公理等等隐含问题?如何改善和修正它们?有多少种办法和途径去改善和修正?如何构造出更好的免除了矛盾和悖论的科学理论?如此等等。由此带来的结果是:科学理论的更新和发展,人类理智对外部世界认知的深化,以及人类理智对自身认知能力的自我认知的深化……

因此,"悖论"给我们打开了一个新的思维世界,提供了一个新的思维空间,里面有很多"暗道机关",有许多"曲径通幽",也有很多"死胡同",有难以计数的"可能性",智者、能者在这里可以找到腾挪滚打、尽情折腾、施展才华的舞台,他们有时会面临"山重水尽疑无路"的困境,有时则会获得"柳暗花明又一村"的欣悦!在这方面,"悖论"是多么地像"魔方"啊:一个小小的魔方,置于你的手中把玩,它对你来说意味着:困难,诱惑,挑战,神奇,舞台,空间,思考,尝试,失败,成功,沮丧,喜悦,几乎是"一切的一切"!

这就是本书书名——《思维魔方》的由来。读者诸君,这本《思维魔方》已经摆在你的面前,准备迎接挑战吧!

是为序。

陈 波

2014年3月20日于日本东京

修订版序言

　　《思维魔方——让哲学家和数学家纠结的悖论》于2014年6月出版，旋即被列入由《光明日报》和教育部中国大学生在线共同发布的"中国高校出版社书榜"（2014年7月，只列10本书）；《中国青年报》于2015年1月20日、《人民日报》官方微博于2015年1月24日分别发布消息：本书位列"大学图书馆借阅率最高的30本书"第一名。截至2015年底，本书印刷4次，销售近2万册。应北京大学出版社要求，此次新版做了小幅修订。修订包括以下内容：

　　1. 在第五章，增加了一道逻辑智力思考题及其详细解法。第八章原来只罗列了一些语义悖论，没有对它们做仔细分析，也没有谈如何消解它们。这与全书的体例不相符，此次修订在第五章加写了一小节，概要地讨论塔斯基分层语义学的主要思想和做法，但完全避开了技术性细节。在第十章，原来对睡美人疑难的表述不够清楚和准确，修订时对该疑难重新做了表述，由于原来的插图与新表述内容不相符而被删掉。在第十三章概述罗尔斯正义论的部分，增加了一段文字，讨论他构造正义论的重要方法之一，即"反思的平衡"。

　　2. 对全书大大小小的错讹，从头至尾、仔细认真地做了修改和更正，无分巨细，涉及字词、句子和符号等等。这方面要特别感谢两个人：田茂先生和胡一乐同学，他们认真阅读此书，逐一列出他们发现的可能的错讹之处，田茂先生还制成勘误表发送给我。我仔细核查之后，做了必要的改动。

　　3. 对全书的插图及其大小和位置做了一些调整，增加了少量新插图和配图文字，感谢陈星群老师提供的一些新图片和富于启发的文字。

　　本书是由北京大学出版社同时出版的《悖论研究》的插图普及本。如果有些读者想对悖论有更系统深入的了解，可以参阅《悖论研究》一书，该书提供了更多实质性内容，并将于2016年初推出了修订版。

　　感谢读者对我的悖论著作感兴趣，欢迎你们继续对本书提出评论和修改建议。感谢本书责任编辑王立刚先生出色的眼光和认真负责的编辑工作。

陈　波

2016年1月14日于京西博雅西园

目　录

Are You Ready?

逻辑预备知识

一、逻辑符号说明

命题变项符号：

小写字母p，q，r，s，t等表示任一命题。如p可以代表"樱桃红了"。

命题联结词符号：

"∧"，表示"并且"，如"樱桃红了并且芭蕉绿了"可以写成p∧q；

"∨"表示"或者"，如"李冰能力很强或者李冰品德高尚"可以写成p∨q；

"→"，表示"如果，则"，如"如果王强身高1.8米，则王强是高个子"可以写成p→q；

"↔"表示"当且仅当"，如"x+5=0当且仅当x=−5"可以写成p↔q；

"¬"表示"并非"，如"并非所有的花都是有香味的"可以写成¬p。

这几类命题分别称为：联言命题（p∧q）、选言命题（p∨q）、假言命题（p→q，p↔q）和负命题（¬p）。

个体变项符号：

小写字母x，y，z等表示论域（论证中所涉及的对象范围）中不确定的个体。随论域的不同，它们的值也有所不同，如果论域是"人的集合"，个体变项x就表示某个人；如果论域是"自然数的集合"，个体变项x就表示某个自然数。

个体常项符号：

小写字母a，b，c等表示特定的对象。随论域的不同，这些对象可以是0，1，长江，长城，毛泽东等。

谓词符号：

大写字母F，G，R，S等，经过解释之后，它们表示论域中个体的性质和个体之间的关系。一个谓词符号后面跟有写在一对括号内的适当数目的个体词，就形成最基本的公式，例如F（x），R（x,y），S（x,a,y）。

跟有一个个体常项或个体变项的谓词符号是一元谓词符号，经过解释之后，表示论域中个体的性质。如F表示红色的，则F（x）表示，个体x是红色的；跟有两个个体词的谓词符号是二元谓词符号，依此类推，跟有n个个体词的谓词符号是n元谓词符号。

二元以上的谓词符号，经过解释之后，表示论域中个体之间的关系。例如，R表示"大于"，R（x，y）等于是说"x大于y"；若以自然数为论域，令a为自然数1，S表示"…＋…＝…"，于是，S（x，a，y）等于是说"x＋1＝y"。

量词符号：

"∀"和"∃"分别表示全称量词和存在量词。"∀xF（x）"读作"对于所有x而言，x是F"，"∃xR（x，y）"读作"存在x使得x与y有R关系"。

例如，"有的投票人赞成所有候选人，所以，所有候选人都有人赞成"这个推理，若用"T（x）"表示"x是投票人"，用"H（y）"表示"y是候选人"，用"R（x，y）"表示"x赞成y"，则可表示为：

$$∃x（T（x）∧∀y（H（y）→R（x，y）））→∀y（H（y）→∃x（T（x）∧R（x，y）））$$

模态词符号：

"□"和"◇"分别表示"必然"和"可能"，例如"□p"表示"必然p"，"◇p"表示"可能p"。还有，"Op"表示"应该p"，"Bp"表示"相信p"，"Kp"表示"知道p"。

二、逻辑基本规律

有关正确思维的根本假定，也是理性的交谈能够进行下去的必要条件。

同一律：在同一思维过程中，一切思想（包括概念和命题）都必须与自身保持同一。它的作用在于保证思维的确定性。违反同一律所犯的逻辑错误有"混淆概念"、"偷换概念"、"混淆论题"、"偷换论题"等。

矛盾律：两个互相矛盾的命题不能同真，必有一假。它的作用在于保证思维的一致性。违反矛盾律所犯的逻辑错误是"自相矛盾"。

排中律：两个互相矛盾的命题不能同假，必有一真。它的作用在于保证思维的明确性。违反排中律所犯的逻辑错误有"模棱两可"和"两不可"。

三、复合命题推理

把单个的简单命题作为不再被分析的原子，用命题联结词"并非"、"并且"、"或者"、"如果，则"、"当且仅当"等把它们连接起来，形成复合命题。复合命题推理是以复合命题做前提或结论的推理。

联言推理的有效式包括：合成式，分解式和否定式。

合成式是由分别肯定两个联言支，推出肯定由这两个联言支组成的联言命题，其形式是：p，q，所以p∧q。例如，"孔子是伟大的教育家，孔子是伟大的思想家，所以，孔子既是伟大的教育家又是伟大的思想家"。

分解式是由肯定一个联言命题，推出其中的任一个联言支，其形式是：p∧q，所以p；p∧q，所以q。例如，"胡适是五四新文化运动主将，并且曾任北京大学校长；所以，胡适曾任北京大学校长"。

否定式是由否定一个联言支，而推出对包含这个联言支的联言命题的否定，其形式是：¬p，所以¬（p∧q）。例如从"并非李白是一位著名的小说家"，可以推出："并非李白既是伟大的诗人又是著名的小说家"。

选言推理分为，相容选言推理和不相容选言推理。

相容选言推理的有效式有否定肯定式和添加式。否定肯定式是由肯定一个相容选言命题并且否定其中的一个选言支，则推出必须肯定其中的另一个选言支。其形式是：p∨q，¬p，所以q。例如："或者张三去巴黎或者李四去纽约，李四没有去纽约，所以，张三去了巴黎"。

添加式是由肯定选言命题的任一选言支，推出对选言命题的肯定。其形式是：p，所以p∨q；q，所以p∨q。例如，"雪是白的，所以，或者雪是白的或者卷心菜是蔬菜"，也可以"卷心菜是蔬菜，所以，或者雪是白的或者卷心菜是蔬菜"。

不相容选言推理的有效式有否定肯定式和肯定否定式。否定肯定式是由否定不相容选言命题的一个选言支，推出对它的另一个选言支的肯定。其形式是：p∨q，¬p，所以q。例如："对于前进道路上的困难，或者战而胜之，或者被困难所吓倒。我们不能被前进道路上的困难所吓倒，所以，我们要战而胜之"。

肯定否定式是由肯定一个不相容选言命题的一个选言支，推出对它的另一个选言支的否定。其形式是：p∨q，p，所以¬q。例如："或为玉碎，或为瓦全。宁为玉碎，所以，不为瓦全。"

假言推理有充分条件假言推理，必要条件假言推理和充分必要条件假言推理。

充分条件假言推理的有效式包括肯定前件式和否定后件式。肯定前件式是如果肯定一个充分条件假言命题，并且肯定它的前件，那么，必须肯定它的后件。其形式是：p→q，p，所以q。例如，"如果官员甲拥有不受监控的权力，官员甲就很容易导致腐败；官员甲确实拥有不受监控的权力，所以，官员甲很容易腐败"。否定后件式是如果肯定一个充分条件假言命题，并且否定它的后件，则必须否定它的前件。其形式是：p→q，¬q，所以¬p。例如，"如果小王患肺炎的话，则他的体温会不正常地升高；但经检查，小王现在体温正常，所以，小王目前没有患肺炎"。

必要条件假言推理的有效式包括否定前件式和肯定后件式。否定前件式是如果肯定一个必要条件假言命题，并且否定其前件，则要否定其后件。其形式是：p←q，¬p，所以¬q。例如，"只有王梦溪年满18岁，他才有选举权和被选举权；王梦溪年仅16岁；所以他没有选举权和被选举权"。肯定后件式是如果肯定一个必要条件假言命题，并且肯定其后件，则要肯定其前件。其形式是：p←q，q，所以p。例如，"只有王梦溪年满18岁，他才有选举权和被选举权；王梦溪有选举权和被选举权，所以，他年满18岁"

有效的充分必要条件假言推理为："这个三角形全等，当且仅当，它的三条边相等。已经证明，这个三角形的三条边相等，所以，这个三角形全等。"

四 几种常用的复合命题推理

（1）假言易位推理

其内容是：如果一个充分条件假言命题的前件成立则后件成立，那么，如果其后件不成立则其前件不成立。例如："如果你珍惜生命，那么请别浪费时间。所以，如果你浪费时间，那么，你并不珍惜生命"。其形式是：

> 如果p则q，
> ————————————
> 所以，如果非q则非p。

（2）假言三段论

其内容是：如果一个前提推出一个结论，并且如果该结论又可推出新的结论，则原来的前提可以推出该新结论。例如，"如果x能被6整除，则x能3整除；如果x能被3整除，则x能被1整除。所以，如果x能被6整除，则x能被1整除"。其形式是：

> 如果p那么q，
> 如果q那么r，
> ————————————
> 所以，如果p那么r。

（3）反三段论

其内容是：如果两个前提能够推出一个结论，那么，如果结论不成立且其中的一个前提成立，则另一个前提不成立。例如"如果所有的鸟都会飞并且鸵鸟是鸟，则鸵鸟会飞；所以，如果鸵鸟不会飞并且鸵鸟确实是鸟，则并非所有的鸟都会飞"。其形式是：

> 如果p且q则r
> ─────────────
> 所以，如果非r且q则非p

(4) 归谬式推理

其内容是：如果从一个命题出发能够推出自相矛盾的结论，则这个命题肯定不成立。例如，"如果理发师张三给且只给不给自己理发的人理发，那么他应该给自己理发；如果理发师张三给并且只给不给自己理发的人理发，那么他应该不给自己理发；所以，并非理发师张三给且只给不给自己理发的人理发"。其形式是：

> 如果p则q
> 如果p则非q
> ─────────
> 所以，非p

(5) 反证式推理

其内容是：如果否定一个命题能够推出自相矛盾的结论，则这个命题肯定成立。其形式是：

> 如果非p则q
> 如果非p则非q
> ──────────
> 所以，p

(6) 二难推理

例如，"如果上帝能制造出一块连他自己也举不起来的石头，那么他不是万能的，因为有一块石头他举不起来；如果上帝不能制造出一块连他自己也举不起来的石头，那么，他也不是万能的，因为有一块石头他造不出来。上帝或者能或者不能造出这块石头，总之，上帝不是万能的"。其形式是：

> 如果p则q
> 如果非p则q
> P或者非p
> ──────────
> 所以，q

原来没有学过逻辑学、又想对逻辑学有所了解的读者，可以阅读本书作者的两本逻辑学普及读物：《逻辑学是什么》，北京大学出版社，2002年；《逻辑学十五讲》，北京大学出版社，2008年。

美好的人生是为爱所唤起，并为知识所引导的。

我绝不会为了我的信仰而献身，因为我可能是错的。

对于自由而言，任何一种对他人不造成危害的快乐都值得珍视。

思想自由的最基本条件是不因观点的表达而受到法律的制裁。

——罗素

罗素（B. Russell，1872—1970），英国哲学家，逻辑学家，社会活动家。他在自传中写道："三种简单而又无比强烈的激情支配了我的一生：对于爱的渴望，对于知识的追求，以及对于人类苦难的难以遏制的同情心。"在这三方面，他都达到常人难以企及的高度。他执著地追求爱，要求过一种有意义的生活，先后爱过至少7位女性，结过4次婚。他同情人类苦难，广泛地参与或干预世界性政治事件，曾两度入狱；1955年，他与爱因斯坦共同发起并争取到众多著名科学家的支持，联名签署了著名的《和平宣言》。他对知识的追求近乎冠绝群伦，先后出版过71本书，论及哲学、逻辑学、数学、教育学、伦理学、社会学、政治学、经济学等众多领域。1950年，诺贝尔文学奖表彰其"多样且重要的作品，持续不断地追求人道主义理想和思想自由"。1921年，曾应邀来中国讲学，对中国学术界产生过很大的影响。

埃舍尔　1935

举着反射球的手

　　埃舍尔（M. C. Escher, 1898—1972），荷兰画家。他用他的绘画这个魔镜，给我们映现了一个神奇、错乱的空间，一个不可能的世界。

　　这是画家自己的一幅自画像，他聚精会神地注视着左手举着的反射球，右手正在细致地描绘自己见到的一切。毫无疑问，右手正在勾勒的线条，正是我们现在看到的这幅图的样子。在理想状态下，如果把球面反射出来的桌上的画完美地放大并旋转变形后，又能得到一幅和我们看到的这幅图一模一样的画——而这幅画里也有一个反射球，球里的埃舍尔也正在画着这幅图。画家并非由于疏忽，而是出于故意，设下了这么一个无限循环的世界。

第一章
形形色色的悖论

一、悖论是什么？不是什么？

  "悖论"是英语词"paradox"的中译，后者源自于希腊词
"παράδοξα"以及拉丁词"*paradoxa*"，其中前缀"para-"表示"超过，
超越，与……相反等"，后缀"-doxa"表示"信念、意见、看法等"。
从字面上说，悖论是指与公认的信念或看法相反的命题，或自相矛盾的
命题，或荒谬的理论等。常与"paradox"在近似意义上使用的英文词
还有："antinomy"（二律背反，如康德的时空二律背反）、"riddle"（谜
题，如古德曼的新归纳之谜）、"dilemma"（二难，如关于结婚的二难推
理）、"predicament"（困境，如囚徒困境），"puzzle"（谜题，如弗雷格
之谜、信念之谜），等等。所提到的这些概念和内容在本书后面都将予
以介绍和讨论。

  最早的悖论可追溯到公元前6世纪古希腊克里特岛人埃匹门尼德
（Epimenides），他提出了说谎者悖论："所有的克里特岛人都说谎"。
若他的话为真，由于他也是克里特岛人之一，则他也说谎，故他的话
为假。若他的话为假，则有的克里特岛人不说谎，他可能是这些不说谎
的克里特岛人之一，故他说的可能是真话。这被载入《圣经·新约》的
《提多书》中，因而在西方世俗社会和学术界都很有影响。此后，对悖
论的研究一直绵延不绝，至少经历了两个高峰期，一是欧洲中世纪经院
哲学家对悖论的研究，二是从19世纪末叶延续到今天的悖论研究。

  在中国先秦时期，庄子提出的"吊诡"一说，仍被某些中国学者用

作"悖论"的代名词：

> 梦饮酒者，旦而哭泣；梦哭泣者，旦而田猎。方其梦也，不知其梦也。梦之中又占其梦焉，觉而后知其梦也。且有大觉而后知此其大梦也，而愚者自以为觉，窃窃然知之。"君乎！牧乎！"固哉！丘也与女皆梦也，予谓女梦亦梦也。是其言也，其名为吊诡。万世之后而一遇大圣知其解者，是旦暮遇之也。（《庄子·齐物论》）

这段话是隐士长梧子对瞿鹊子所说的，意思是说：人生无常，如梦如幻。有一夜，梦中饮酒，好快活，哪知早晨醒来大祸临门，一场痛哭。又有一夜，梦伤心事，痛哭一场，哪知早晨醒来出门打猎，快活极了。做梦时不知是在做梦。梦中又做了一个梦，还研究那个梦中梦是凶还是吉。后来梦中梦醒了，才晓得那只是梦啊。后来的后来，彻底清醒了，才晓得从前的种种经历原来是一场大梦啊。蠢人醒了，自认为真醒了，得意洋洋，说长道短，谈起君贵民贱那一套，真是不可救药的老顽固。你老师孔丘，还有你本人，都是在做梦，只是自己不晓得。我说你们在做梦，其实我也是在说梦话。这样的说法，就是所谓的"吊诡"。我也不能把它们解释清楚。也许到遥远的将来，碰巧遇到一位有大智慧的人，他能够把它们解释得一清二楚。

先秦墨家也用到过"悖"这一概念，相当于某种自相矛盾的说法。例如，《墨经》说，"以言为尽悖，悖，说在其言。"（《经下》）"之人之言可，是不悖，则是有可也；之人之言不可，以当，必不当。"（《经说下》）这就是说，断言"所有言论都是假的"将导致矛盾：如若这句话是真的，则至少有的言论（如这句话本身）是真的，故"所有言论都是假的"就是假的。所以，说"言尽悖"者自己陷入了"悖谬"的境地。

在长达几千年的历程中，"悖论"或"吊诡"已成为一个庞大的家族，冠以"悖论"之名的各种语句或推论差异极大。我们有必要先厘清

"悖论"的精确含义，在此基础上展开对悖论的讨论。

悖论是什么：对悖论的四种刻画

按目前的用法，"悖论"一词至少有以下四种含义：

（1）违反常识，有悖直观，似非而是，但却是真的命题。

在数学史上曾喧嚣一时的所谓"无穷小悖论"就是如此：微积分中的无穷小似零（作为加项可以略去），但又非零（可以作为分母），（表面上）自相矛盾。于是，当时的英国大主教、著名哲学家贝克莱（G. Berkeley, 1685—1753）说它像一个飘动不居的鬼魂。所谓的"伽利略悖论"也与此类似：对于任一自然数，都有且只有一个该数的平方数与之对应，由此会造成这样的结果：即作为整体的自然数竟与作为其一部分的平方数一样多！这与当时已知的数学知识相悖，因为当时还不能从数学上很好地理解和刻画"无穷"这个概念。在逻辑中，有所谓的"实质蕴涵悖论"：真命题被任一命题所蕴涵；假命题蕴涵任一命题；以及道义逻辑中的各种"道义悖论"。这些"悖论"都是相应的逻辑系统中的定理，并且这些系统都是可靠的，内部并没有任何矛盾。这些定理之"悖"在于：它们有"悖"于关于相应概念的常识、直观、经验等，它们最多只能叫做"直观悖论"或"经验悖论"，不属于严格意义的"悖论"之列。

（2）似是而非的假命题，虽与公认的看法或观点相矛盾，但其中潜藏着深刻的思想或哲理。

最典型的是古希腊哲学家芝诺（Zeno of Elea，约公元前490—425）提出的四个"芝诺悖论"，即"二分法"、"阿基里斯追不上龟"、"飞矢不动"、"一倍的时间等于一半"。这里仅以他的"二分法"为例：假定某个物体向一个目的地运动，在它达到该目的地之前必须先走完这路程的一半，而要走完这路程的一半，又要走完这一半的一半；要走完这一半的一半，则要先走完这一半的一半的一半，如此递推，以至无穷。因此，第一次运动所要达到的目标是没有的。没有第一次运动的目标就不可能开始运动，因此就没有运动，运动是不可能的。要注意，芝诺的论证并不是想否认运动的现象和结果，而是要说明运动是如何可能的，我们应该如何在理智中、在思维中、在理论中去刻画、把握、理解运动！

与此类似，中国先秦的名家，曾提出了诸如"白马非马"、"鸡三足"、"卵有毛"这样一些表述形式怪诞的命题，其中有些命题甚至隐含集合论思想的萌芽。

（3）从一组看似合理的前提出发，通过有效的逻辑推导，得出了一对自相矛盾的命题，它们与当时普遍接受的常识、直观、理论相冲突，但又不容易弄清楚问题出在哪里，我们亦称之为"悖论"。

例如，本书后面将谈到的布拉里—弗蒂悖论、康托尔悖论、理查德悖论、亨普尔的渡鸦悖论、古德曼的绿蓝悖论、凯伯格的彩票悖论、意外考试悖论、序言悖论等，都属此列。其中，意外考试悖论是这样的：某位教授对学生们说，下周我将给你们安排一次意外考试，你们在考前不能预先知道考试在哪一天。学生们如此思考：既然下周有考试，该考试必定在周一至周五的某一天。问题：该考试能够安排在周五吗？如果它被安排在周五，则周一至周四都未考试，我们就可推算出考试在周五，该考试不再令人意外。故该考试不能安排在周五。同样，该考试也不能安排在周四。因为，如果它被安排在周四，则周一至周三都未考试，我们就可预先推算出在周四或周五；已知考试不能在周五，故只能在周四，该考试也不再令人意外。以此类推，可以论证周一到周三都不可能安排考试。学生们由此得出结论：这样的意外考试不可能存在。但事实是，该教授在下周随便某一天突然宣布：现在考试，也确实大大出乎学生们的意料。由此得到一个矛盾：意外的考试既可以进行，又无法实施。

如果从某些其真实性本来就可疑的前提推导出矛盾，可以推知至少一个前提不成立，这时候没有悖论。例如，中国古代曾有"言尽悖"的说法，《墨经》反驳说："以言为尽悖，悖，说在其言。"（《经下》）用印度因明的话来说，"言尽悖"这句话"自语相违"，必定不成立。但"悖论"的特殊之处在于：推出矛盾的那些前提都得到很强的支持，否定任何一个前提都会导致很麻烦的后果，因而很难抉择。因此可以说：悖论是难解的矛盾。

（4）从一组看似合理的前提出发，通过看似正确有效的逻辑推导，得出了一个由互相矛盾的命题构成的等价式：$p \leftrightarrow \neg p$。

这种悖论最典型的是"强化的说谎者悖论"和"罗素悖论"。前者是指这样一种情形：一个人说了唯一一句话："我正在说的这句话是假的。"如果这句话是真的，则它说的是真实的情形，而它说它本身是假的，因此它是假的；如果这句话是假的，它说它本身是假的，因此它说了真实的情形，故它说了一句真话。于是，这句话是真的当且仅当它是假的。悖论！

通常把上面提到的"悖论"的第一种意义撇开，因为无论怎么定义，悖论似乎都不应该包括那些似非而是的命题。于是，还剩下以下可能性：如果把后面三种用法都包括在内，这是"悖论"的宽定义，有合理性，但不太科学；如果只包括后两种用法，这是"悖论"的中定义，我相当赞同；如果只包括最后一种用法，则是"悖论"的狭定义，国内学界一般持这种看法。例如，《中国大百科全书·哲学》卷的"悖论"定义："指由肯定它真，就推出它假，由肯定它假，就推出它真的一类命题。这类命题也可以表述为：一个命题A，A蕴涵非A，同时非A蕴涵A，A与自身的否定非A等值。"[1]《辞海》的"悖论"定义："一命题B，如果承认B，可推得¬B；反之，如果承认¬B，又可推得B，则称命题B为一悖论。"[2]张建军认为："'公认正确的背景知识'、'严密无误的逻辑推导'、'可以建立矛盾等价式'，是构成严格意义逻辑悖论必不可少的三要素。由此我们可以得到如下定义：逻辑悖论指谓这样一种理论事实或状况，在某些公认正确的背景知识之下，可以合乎逻辑地建立两个

[1] 《中国大百科全书·哲学》第1卷，北京：中国百科全书出版社，1987年，33页。

[2] 《辞海》（缩印本），上海：上海辞书出版社，1989年，979页。

[3] 张建军:《逻辑悖论研究引论》,南京:南京大学出版社,2002年,7—8页。

矛盾语句相互推出的矛盾等价式。"[3]

我基本上赞同张建军关于悖论三要素的说明,认为它是深刻的,但有两点严重保留:首先,我不太赞同把"悖论"仅限制于"由两个互相矛盾命题构成的等价式",因为有许多公认的"悖论",例如有关上帝的全能悖论和全知悖论、各种连锁悖论、各种归纳悖论、许多认知悖论(如摩尔悖论),都不表现为这样的等价式,勉强把它们化归于这样的等价式也不太自然。其次,在我看来,悖论意味着思维在某个地方出了毛病,但张建军的定义中很少有这个意涵,"公认正确的背景知识"、"严密无误的逻辑推导"这些字眼容易给人造成误导,似乎在导出悖论的过程中一切正常且正确。

试参看以下两个关于"悖论"的说明或定义:

苏珊·哈克(S. Haack)在讨论悖论解决方案时指出:悖论在于"从表面上无懈可击的前提,通过表面上无可非议的推理,推出了矛盾的结论。"[4] (着重号系本人所加)而一种合理的悖论解决方案不得不完成两个任务:一是从形式上说明哪些表面上无懈可击的推论的前提或原则是不能允许的;二是从哲学上说明,为什么这些前提或原则表面上是无懈可击的,但实际上是有懈可击的。

[4] Haack, S. *Philosophy of Logics*, Cambridge: Cambridge University Press, 1978, pp.138-139.

布莱克本(S. Blackburn)指出:"当一组看起来毫无争议的前提产生了不可接受或自相矛盾的结论时,悖论出现了。解决一个悖论将牵涉到:或者证明前提中存在隐藏的缺陷,或者表明推理包含错误,或者表明看起来不可接受的结论事实上是可以容忍的。"[5]

[5] Blackburn, S. *Oxford Dictionary of Philosophy*, Oxford, New York: Oxford University Press, 1996, p.276.

以上两段引文旨在强调悖论意味着我们的思维在某些地方——或者在前提,或者在推理过程,或者在结论本身——出了毛病,需要对其进行诊断和治疗。这是我所赞同的。因此,我更愿意接受下面的"悖论"定义:

如果某一个理论的公理和推理规则看上去是合理的,但在这个理论中却推出了两个互相矛盾的命题,或者证明了这样一个命题,它表现为两个互相矛盾的命题的等价式，那么，我们说这个理论包含一个悖论。[6]

[6] Fraenkel, A. A. and Bar-Hillel, Y, *Foundation of Set Theory*, Amsterdam: North-Holland Publishing company. 1958, p.1

或者换一种更松散的说法：如果从看起来合理的前提出发，通过看起来有效的逻辑推导，得出了两个自相矛盾的命题或这样两个命题的等价式，则称导出了悖论。

在撰写本书时，我将对"悖论"做相当宽泛的理解，把许多有意思的、对人类智力构成挑战的东西都包括在内。我的写作原则之一是：跟着"智慧"走，而不是跟着"名词"、"概念"走。我以为，如此写作有助于传播知识，激起兴趣，引发思考，启迪智慧。

有必要强调指出：一方面，悖论很好玩。它们已经成为某种形式的思维魔方，老少咸宜，构成智力的挑战，激发理智的兴趣，养成思考的习惯，孕育新的创造性理论。另一方面，悖论又很难玩。理解悖论，需要掌握一些相关学科的基础知识；解决悖论更不容易，因为悖论表明：我们思维中某些最基本的概念出了问题，我们思维中某些最根本的原则遇到了麻烦。当试图解决这些问题、消除这些麻烦时，我们却发现：它们牵一发而动全身，会产生很多意料不到的后果，有些后果甚至比所要消解的悖论更讨厌。悖论不是那么容易被消解的：这既是悖论的麻烦之处，也是它们的迷人之处。

悖论不是什么

我们还要从相反的方面指出悖论不是什么。

1. 悖论不是谬误。

所谓"谬误"，通常指与真理相反的、虚假的、错误的或荒谬的认识、命题或理论，这是其广义；我们下面仅取其狭义，指在推理或论证过程中所犯的逻辑错误。从词源上说，英语词"fallacy"（谬误）就是指

"有缺陷的推理或论证"。一个推理和论证要得出真实的结论，必须满足两个条件：一是前提真实，二是推理正确。但前提真实这个条件，涉及命题的实际内容，涉及语言、思想和世界的关系，是逻辑学管不了的。但如果要得出真实的或令人信服的结论，逻辑学要求前提必须真实，至少是论辩双方都能够接受。至于前提和结论之间的逻辑关系，则是逻辑学应该管也能够管的，是其职责之所在。谬误常常出现在前提与结论的逻辑关系上，它是指那些貌似正确、具有某种心理说服力、但经仔细分析之后却发现其为无效的推理或论证形式。

谬误的具体形式很繁杂，有人曾列出113种之多。如此多的具体谬误可以分为不同类型，例如，有人将符号学中"语形学、语义学和语用学"的三分法移植到谬误研究中，将谬误也区分为：语形谬误、语义谬误和语用谬误；也有人将谬误区分为形式谬误、实质谬误和无进展谬误。

但较为普遍接受的做法是将其区分为"形式谬误"和"非形式谬误"两大类，再将后者分为若干小类。

所谓"形式谬误"，是指逻辑上无效的推理、论证形式。例如，"如果李鬼谋杀了他的老板，他就是一个恶人；李鬼没有谋杀他的老板，所以，李鬼不是一个恶人。"这个推理使用了命题逻辑中的"否定前件式"：如果p则q，非p，所以，非q。这是无效推理，因为谋杀行为固然足以使某个人成为恶人，但恶人并不局限于谋杀者，还有许多其他的作恶手段，从"李鬼没有谋杀某人"不能推出"李鬼不是恶人"。再看下面两个三段论推理："有些政客是骗子，有些骗子是窃贼，所以，有些政客是窃贼。"这个推理的中项"骗子"不周延（"所有骗子"就周延了），即在相应前提中未被断定其全部外延，违反"中项在前提中至少周延一次"的规则。"所有新纳粹分子都是激进主义者，所有激进主义者都是恐怖分子，所以，所有恐怖分子都是新纳粹分子。"在这个推理中，小项"恐怖分子"在前提中不周延，在结论中却周延了，犯了"周延不当"的逻辑错误。

所谓"非形式谬误"，是指结论不是依据某种推理形式从前提推出，而是依据语言、心理等方面的因素从前提推出，并且这种推出关系是无效的。通常把非形式谬误分为"歧义性谬误"、"假设性谬误"和"关联性谬误"三大类。兹举几例：

歧义性谬误如概念混淆。自然语言中的词语常常是多义的，或者说是语义模糊的。如果人们在论证过程中，有意无意利用这种多义性和模糊性，得出不正确的结论，就会犯"概念混淆"的逻辑错误。例如："凡有意杀人者当处死刑，刽子手是有意杀人者，所以，刽子手当处死刑。"这个推理是不成立的，因为刽子手不是一般的"有意杀人者"，而是"奉命有意杀人者"。又如，三个秀才进京赶考，路上遇到一个算卦的，于是三人合算一卦，算命先生伸出了一个指头，并说"一"，然后不置一语。这个"一"实际上穷尽了所有可能性：三个秀才一起考上；一起考不上；只有一个考上；只有一个考不上。无论什么结果出来，算命先生都是对的，他所利用的就是卦语"一"的不确定性。再如，"蚂蚁是动物，所以，大蚂蚁是大动物"，"这是一头小象，而那是一只大蚯蚓，所以，这只小象比那只大蚯蚓小。"这里，大、小是相对概念，蚂蚁的"大"、动物的"大"、某匹象的"小"等是相对于不同类别而言的，不能混淆。

假设性谬误如窃取论题：指把论题本身或近似论题的命题当作论据去论证论题。有以下两种形式：

一是重复论题，即用另一种与论题在表述方式有差异，但实质内容没有差异的命题做论据。例如，"吸鸦片会令人昏睡，因为鸦片中含有令人昏睡的成分"；"整体而言，让每个人拥有绝对的言论自由肯定对国家有利，因为若社群里每个人都享有完全不受限制的表达自己思想感情的自由，对这个社群是非常有利的"。

二是循环论证，论证者要证明A，这要用到B，证明B要用到C，证明C要用到A。在兜了一个或大或小的圈子之后，又回到最初的出发点。例如，在《论辩的魂灵》一文中，鲁迅就以反讽的笔调揭露了顽固派的这种诡辩手法："你说谎，卖国贼是说谎的，所以你是卖国贼。我骂卖国贼，所以我是爱国者。爱国者的话是最有价值的，所以我的话是不错的。我的话既然不错，你就是卖国贼无疑了。"这里，顽固派所进行的是一个典型的循环论证：通过对方是卖国贼来证明自己是爱国者，通过自己是爱国者来证明对方是卖国贼。

有的学者正确地指出："应该记住这一点，一个很长的讨论是谬误的最有效的面纱。当诡辩以浓缩的形式呈现在我们面前时，像毒药一样，它立刻会被防备和厌恶。一个谬误若用几句话赤裸裸地加以陈述，它不会欺骗一个小孩；若以四开本的书卷加以'稀释'，则它可能会蒙骗半个世界。"[7]

[7] Whately, R. *Elements of Logic*, London: Longmans Green, 1948, vol. 3, section 5。转引自武宏志、马永侠：《谬误研究》，西安：陕西人民出版社，1996 年，197 页。

关联性谬误如赌徒谬误。在轮盘赌游戏中，除非经过特殊设计，红黑两色的出现概率是大致相等的，即通常所说的"五五波"。赌徒据此认为，如果红色先前出现过多，下次更有可能出现黑色；如果他以前老是输，他的下一把就有可能会赢，因此他继续赌下去，直到输光为止。这里出现了"赌徒谬误"。赌徒不明白下述道理：红黑两色的出现概率大体均等，这是大数定律，需要成千上万次实验；而红黑两色在某次投掷中的出现却是一个独立事件，与先前的事件没有任何关联，丝毫不受先前事件的影响，每种颜色的出现机会都是50%，即下一次输赢的机会还是各占一半。

赌徒谬误在日常生活中有很多表现。例如，某对农村夫妇生了四个女儿，他们特别想要一个儿子，于是给第四个女儿起名为"招弟"。他们盘算，既然男孩和女孩的概率大体均等，我们已经生了四个女儿，若再生一个肯定是儿子。于是，他们一共生了九个女儿。"赌徒谬误"把他们弄得筋疲力尽，一贫如洗。 再如，当某支股票价格长期上扬，在初期，投资者可能认为股价走势会持续，"买涨不买跌"；可一旦股价一直高位上扬，投资者又担心上涨空间越来越小，价格走势会"反转"，所以卖出的倾向增强。这是股票交易中的"赌徒谬误"，其根本原因在于：人们倾向于认为，如果一件事总是连续出现一种结果，则很可能会出现不同的结果来将其"平均"一下。正是这种思维使投资者更加相信股价反转出现的可能性。但这是不一定的：股市既可能在相当长一段时间内持续处于"牛市"，也可能在相当长一段时间内持续处于"熊市"，后者正是中国股市的写照。

应该强调的是，"悖论"不是"谬误"。一般而言，"谬误"有以下特点：

（1）论证的前提不真实，或者论证利用了未明确陈述的前提，而未明确陈述的前提却是假的或者是有问题的；

（2）从前提推出结论的过程中，有些步骤不合逻辑，有意无意地违反了逻辑规则；

（3）利用了有心理、情感说服力，却没有理性说服力的论证手段，如诉诸权威、人身攻击等；

（4）谬误大多是局部性、浅层的和表面的，很容易被识别出来；

（5）谬误很容易被反驳和消解掉，不会长久造成不良后果。

"悖论"与"谬误"相同的地方在于：有些前提有缺陷，或者某些推理步骤有问题。但两者不同的地方在于：悖论是更深层的和全局性的，源自于我们的理智深处；产生悖论的真正原因很难被发现；悖论也很难被消解掉，一种解悖方案常会产生另外的严重问题，甚至新产生的问题与原来的悖论一样令人讨厌，甚至可能更难以被人接受。

悖论不是诡辩。

如果有意识地运用谬误的推理形式去证明某个明显错误的观点，以便诱使人受骗上当，从中不当谋利，这就是诡辩。德国哲学家黑格尔指出："诡辩这个词通常意味着以任意的方式，凭借虚假的根据，或者将一个真的道理否定了，弄得动摇了，或者将一个虚假的道理弄得非常动听，好像真的一样。"[8] 因此，诡辩是一种故意违反逻辑规律和规则、

[8]　黑格尔：《哲学史讲演录》第2卷，贺麟、王太庆译，北京：商务印书馆，1983年，7页。

为错误观点所进行的似是而非的论证和辩护。请看下面的例证：

　　两个15岁中学生找到他们的老师，问道："老师，究竟什么叫诡辩呢？"

　　老师稍稍考虑了一下，然后说："有两个人到我这里来做客，一个人很干净，另一个人很脏，我请这两个人洗澡，你们想想，他们两个人中谁会洗呢？"

　　"那还用说，当然是那个脏人。"学生脱口而出。

　　"不对，是干净人，"老师反驳说，"因为他养成了洗澡的习惯，而脏人却觉得自己没有什么可洗的。再想想看，是谁洗澡了呢？"

　　"干净人。"两个学生改口说。

　　"不对，是脏人，因为他需要洗澡。"老师反驳说，然后再次问到，"如此看来，我的客人中谁洗澡了呢？"

　　"脏人！"学生喊着重复了第一次的回答。

　　"又错了，当然是两个人都洗了。"老师说，"因为干净人有洗澡的习惯，而脏人需要洗澡。怎么样？到底谁洗澡了呢？"

　　"那看来是两个人都洗了。"学生犹豫不决地回答。

　　"不对，两个人都没有洗，因为脏人没有洗澡的习惯，干净人不需要洗澡。"

　　"有道理，但是我们究竟该怎样理解呢？"学生埋怨道，"您每次都讲得不一样，而且似乎总是有道理。"

　　"正是如此。你们看，这就是诡辩：以貌似讲理的方式行不讲理之实。"

再看如下两个诡辩：

　　酗酒论证：去年，有6000人死于醉酒，有4000人死于开车，但只有500人死于醉酒开车。因此，醉驾比单纯醉酒或单纯开车更安全。

此论证的悖谬在于：它用造成死亡人数的绝对量而不是相对比率来比较一些行为方式的安全性。假设去年有600万人醉过酒，有800万人开车，但只有1000人醉酒开车。那么，酒醉死亡的比率是1‰，开车死亡的比率是0.5‰，而酒醉开车死亡的比率是50%。哪一种行为方式更危险，不是一目了然了吗？如果按照该论证的逻辑，我们甚至可以得出吃饭比核事故更危险的结论，因为在中国，去年吃饭时被噎死的人数（包括老人和小孩）肯定比死于核事故的人数多。

　　粒子论证：一位粒子物理学家开玩笑说，自从1950年以来，所有的费米子都是在美国发现的，所有的玻色子都是在欧洲发现的。很遗憾，希格斯粒子是玻色子，所以，它不可能在美国被发现。

这个论证的悖谬之处在于，它利用了一个没有明确提及且虚假的前提：如果x至今尚未成功地做到y，则x就不可能成功地做到y。由此，该论证可表示如下：

> 如果x至今尚未成功地做到y，则x不可能成功地做到y。
> 美国科学家在过去的60年都未能成功发现玻色子，
> 　所以，美国科学家不可能成功地发现包括希格斯粒子在内的任何玻色子。

虽然上述推理是有效的，但其大前提即那个预设是不成立的，故那位物理学家原来的那个论证也不能成立：仅仅从其明示的前提出发不能得出他的结论，而未明示的那个前提却是错误的。

应该强调的是，"悖论"不是"诡辩"。粗略说来，诡辩有以下特点：

（1）诡辩者"居心不良"，有意为错误观点辩护，试图把水搅浑，以谋取不当利益；

（2）诡辩者有意使用虚假前提；

（3）诡辩者有意使用不合逻辑的推理技巧；

（4）诡辩者的错误是局部性、浅层的和表面的；

（5）诡辩很容易被发现和被反驳。

"悖论"与"诡辩"最大的不同在于：悖论是诚实而严肃的理智探讨的结果，其目的是为了探求真理、追求智慧；悖论的发现不仅使其他同行和外行感到吃惊，首先是使发现者自己感到吃惊；悖论对严肃的思考者都构成理智的考验；悖论源自于我们的理智深处，其产生原因非常复杂，不那么容易被消解掉。

二、悖论有哪些类型？

1925年，英国数学家拉姆塞（F. P. Ramsey，1903—1930）在一篇题为《数学基础》的论文中，最先把当时已知的悖论分为逻辑—数学悖论和语义悖论两大类。前一种悖论只与元素、类或集合、属于和不属于、基数和序数等数学概念相关，它们能用符号逻辑体系的语言表述，并且只出现在数学中，这样的悖论是逻辑—数学悖论，例如布拉里—弗蒂悖论、康托尔悖论、罗素悖论等。后一种悖论不是纯逻辑和纯数学的，而与一些心理的或语义的概念，如与意义、命名、指称、定义、断定、真、假等相关。这类悖论并不出现在数学中，它们可能不是产生于逻辑和数学中的错误，而是源自于心理学或认识论中关于意义、指称、断定等概念的含混，例如说谎者悖论、格雷林悖论（非自谓悖论）、理查德悖论、贝里悖论等。[9] 拉姆塞的悖论分类很快被普遍接受，只不过后来

[9] Ramsey, F. P.: *The Foundations of Mathematics and Other Logical Essays*, ed. by R. B. Braithwaite, London and New York: Routledge and Kegan Paul Ltd, 1931, pp.1—61.

常把逻辑—数学悖论改称为"语形悖论"。

但是，早在古希腊就发现的与模糊性有关的连锁悖论，如秃头悖论、谷堆悖论等，以及与无穷有关的悖论，如芝诺悖论等，却很难归入上述两类范畴。中世纪逻辑学家还讨论了许多与知道、相信、怀疑、犹疑这类认识论概念以及真假这类语义概念相关的悖论，以及与命令、答应、允诺或希望这一类指导行动的话语或态度有关的悖论，如某人颁布了唯一一道命令："不执行这道命令！"听话人究竟是执行还是不执行这道命令？后来把与语境和认知主体及其背景知识有关的悖论称为"认知悖论"。人们还在不同学科领域发现了不同的悖论，例如，除古典归纳悖论（休谟问题）外，还有多个新归纳之谜；各种与合理行动和决策有关的悖论，如囚徒悖论和纽康姆悖论；一些哲学悖论，特别是一些道德悖论，等等。

在本书中，出于叙述的方便而不是理论上的严格性，我将把广义"悖论"分为以下12组，对它们做分门别类的介绍和讨论。

(1) 扰人的二难困境

(2) 有关上帝的悖论

(3) 模糊性：连锁悖论

(4) 芝诺悖论及其现代变体

(5) 对无穷的认知和数学处理

(6) 逻辑—集合论悖论

(7) 说谎者悖论及其他

(8) 归纳悖论

(9) 认知悖论

(10) 决策和合理行动的悖论

(11) 一些道德悖论

(12) 中国文化中的怪论与悖论

据我所知，这将是中文出版物中对悖论所做的最全面和最系统的探讨。这种说法即使放到英文出版物中也依然成立。我希望，它会受到读者的欢迎，并对其构成挑战，对我们的理智生活有所裨益。

三、如何合理地解决悖论？

罗素可能最先考虑了这一问题，主要针对逻辑—数学悖论（语形悖论）和语义悖论。他认为，一个悖论解决方案应至少满足三个条件：（1）让悖论消失；（2）让数学尽可能保持原样；（3）非特设性，即此方案的提出除了"能够避免悖论"这一理由之外，还应该有别的理由。[10]

[10] 参见罗素：《我的哲学发展》，温锡增译，北京：商务印书馆，1982年，70页。

苏珊·哈克在概括罗素等人论述的基础上，对悖论解决方案提出了更明确的要求。一方面，从形式或技术上说，这种方案应提供一套相容或一致的语义学或集合论理论，用以揭露哪些导致悖论的看上去无懈可击的前提或推理原则必须被拒斥。并且，这种形式理论还应满足下述要求：不应如此宽泛以致损害了本应保留的推理（"不要因厌恶脸而割掉鼻子"原则，克林曾把它概括为："治病但不应治死人"）；但它又要足够宽泛以堵住相关的悖论性论证，以免悖论重新产生（"不要跳出煎锅又入火坑"原则）。另一方面，从哲学上说，这种方案应说明为什么导致悖论的那些前提或推理看上去是无懈可击，而实际上却必须被拒斥。[11]

[11] Haack, S. *Philosophy of Logics*, pp.138-140.

不过，也有人不同意其中某些要求，特别是"非特设性"这一条，例如冯·赖特（G. H. Von Wright）认为，矛盾律和排中律是思维的基本规律和最高准则。假如使用某个短语或词去表示、指称某个事物时导致矛盾，这就是不能如此使用这个词或短语的理由；假如从某个悖论性语句或命题能够推出矛盾，这就是该语句或命题不成立的理由。通过对说谎者悖论和非自谓悖论的详细分析，他指出：

> 悖论并不表明我们目前所知的"思维规律"具有某种疾患或者不充分性。悖论不是虚假推理的结果。它们是从虚假的前提进行正确推理的结果，并且它们的共同特征似乎是：正是这一结果即悖论，才使我们意识到（某前提的）假。倘若不发现悖论，该前提的假也许永远不会为我们所知——正像人们可能永远不会知道分数不能被0除，除非他们实际地尝试去做并得到一个自相矛盾的结果。[12]

在综合前人意见的基础上，我认为，一个合适的悖论解决方案至少要满足下面三个要求：

（1）让悖论消失，至少是将其隔离。这是基于一个根深蒂固的信念：思维中不能允许逻辑矛盾。而悖论是一种特殊的逻辑矛盾，所以仍然是不好的东西，它表明我们的思维在某个地方患了病，需要医治；或者说，我们的大脑"计算机"的某个程序染上了病毒，如果能够直接杀毒，把病毒歼灭，最好；如果不能，至少需要暂时把这些"病毒"隔离起来，不能让其继续侵蚀其他健康的机体。

（2）有一套可行的技术方案。正如张建军指出的："悖论是一种系统性存在物，再简单的悖论也是从具有主体间性的背景知识经逻辑推导构造而来，任何孤立的语句都不可能构成悖论。"[13] 因此，患病的是整个理论体系，而不是某一两个句子，"治病"（消解悖论）时我们既不能"剜肉补疮"，更不能把"病人"治死，即轻易摧毁整个理论体系，这不符合一个重要的方法论原则——"以最小代价获最大收益"，后者要求我们在提出或接受一个新理论或假说时，要尽可能与人们已有的信念保持一致，保存整体，生疾的不是个个别句子；假如其他情况相同的话，一个新假说所要求拒斥的先前信念越少，这个假说就越合理。于是，当提出一种悖论解决方案时，我们不得不从整个理论体系的需要出

[12] 冯·赖特：《知识之树》，胡泽洪译，北京：三联书店，2003年，489—450页。

[13] 张建军：《逻辑悖论研究引论》，8页。

发，小心翼翼地处理该方案与该理论各个部分或环节的关系，一步一步把该方案全部实现出来，最后成为一套完整的技术性架构。

（3）能够从哲学上对其合理性做出证成或说明。悖论并不只与某个专门领域发生关联，相反它涉及我们思维的本源和核心，牵涉的范围极深极广，对于此类问题的处理必须十分小心谨慎。应该明白，技术只是实现思想的工具，任何技术性方案背后都依据一定的思想，而这些思想本身的依据、理由、基础何在，有没有比这更好更合理的供选方案等等，都需要经过一番批判性反省和思考。若没有经过批判性思考和论战的洗礼，一套精巧复杂的技术性架构也无异于独断、教条和迷信，而无批判的大脑正是滋生此类东西的最好土壤。

至于通常特别看重的"非特设性"，我不再特别强调。它是上面（2）的技术可行性和修改理论的保守性策略的应有之义。一个解决悖论的方案，如果除了消除悖论这一个理由之外，还得到许多其他的经验的、直觉的等等理由的支持，这当然是好事情。一个新理论得到的支持越多越好，并且它对已有理论的伤害越小越好。不过，假如有人认为，悖论是我们思维中的"癌症"，不治愈它就不能挽救我们的理论体系，必须"下猛药"才能"治重症"，也未尝不可，只是需要对这一点做出哲学论证，并提出相应的技术方案。

四、悖论研究的意义

初看起来，悖论近乎是一些违背常识和直观的"胡说八道"，就好像一只猫咬着自己的尾巴乱转，最后把自己弄得晕头转向，自己不认得自己了。我们为什么要关注悖论、研究悖论？这里列出如下一些理由：

（1）悖论以触目惊心的形式向我们展示了：我们的看似合理、有效的"共识"、"前提"、"推理规则"在某些地方出了问题，我们思维的最基本的概念、原理、原则在某些地方潜藏着风险。揭示问题要比掩盖问题好。

（2）通过对悖论的思考，我们的前辈们提出了不少解决方案，由此产生了许多新的理论，它们各有利弊。通过对这些理论的再思考，可以锻炼我们的思维，由此激发出新的智慧。

（3）从悖论的不断发现和解决的角度去理解和审视科学史和哲学史，不失为一种独特的视角。例如，悖论曾经造成西方数学史上的三次"危机"：由 $\sqrt{2}$ 造成的"毕达哥拉斯悖论"，以及"芝诺悖论"所涉及的对无穷的理解，导致"第一次危机"，其正面结果之一是引入了无理数，导致数的概念扩大。在17世纪末和18世纪初，由所谓的"无穷小量悖论"引发"第二次危机"，其正面结果是发展了极限论，为微积分奠定了牢固的基础。20世纪初，由罗素悖论引发"第三次危机"，其正面结果是建立了公理集合论、逻辑类型论和塔斯基的语义学等等。有人还试图以哲学史上所发现的"悖论"为线索，去重建西方哲学史的叙述架构。[14]

（4）对各种已发现和新发现的悖论的思考，可以激发我们去创造新的科学或哲学理论，由此推动科学和哲学的繁荣和进步。

（5）通过对悖论的关注和研究，我们可以养成一种温和的、健康的怀疑主义态度，从而避免教条主义和独断论。这种健康的怀疑主义态度有利于科学、社会和人生。

从悖论研究中，我们究竟能够期待一些什么？我认为，我们可以有以下期待：

第一，史实的清理：历史上已经提出了哪些悖论？其中哪些已经获得解决？哪些尚待解决？最好我们能列出一个相对完整的清单。

第二，对历史上的悖论已经提出过哪些比较系统的见解和解决方案？其中哪些比较成功？哪些颇为失败？它们各有什么优势和缺陷？这

[14]　罗伊·索伦森：《悖论简史：哲学和心灵的迷宫》，贾红雨译，北京：北京大学出版社，2007年。

件工作既是史实的清理，也是理论的思考。

第三，在先前工作的基础上，我们能够发现哪些新悖论或悖论的新类型？能够提出什么样的关于悖论的新见解和新方案？

第四，根据关于悖论的新见解和新方案，是否需要对已有的知识体系（特别是逻辑）做出必要的修改或调整？并且，我们能够发展出哪些新的带有建设性的理论或技术方案？

如此等等。

认识你自己。

无知即罪恶。

未经审视的生活是不值得过的。

这个世界上有两种人，一种是快乐的猪，一种是痛苦的人。
做痛苦的人，别做快乐的猪。

——苏格拉底

苏格拉底（Socrates，公元前469—公元前399），古希腊哲学家，他本人、他的学生柏拉图以及柏拉图的学生亚里士多德，并称"古希腊三贤"。他自称是心灵助产士，帮助别人产生他们自己的思想。他还把自己比作一只牛虻，要不断叮咬、刺激雅典城邦，使它能从昏睡中惊醒而焕发出精神。这种使命感和由此而来的思考探索，成为他生活与哲学实践的宗旨。正因如此，他被称为"哲学家的哲学家"。

蜥蜴

埃舍尔　1943

　　一只蜥蜴从一幅二维的画中浮现出来，身躯逐渐鲜活，成为三维世界中的生物，摇摇摆摆顺着书本和三角尺，爬到一个正十二面体上休息，惬意地打个响鼻，继续前进。随后它落到废纸篓，再掉到画上，回归于画中，如同什么也没有发生过一样。而其他蜥蜴追随它的步伐一遍一遍地重复着，竟不会感到厌倦。孔子说"生无所息"，但是蜥蜴们会不会也如子贡那样"愿有所息"？

第二章
扰人的二难困境

一、苏格拉底的诘问法

苏格拉底堪称哲学家的典范，他曾把自己比作将人们从精神的慵懒、怠惰和自欺中刺醒的"牛虻"。他把"认识你自己"这句格言变成了他的终身践履。据说，德尔斐神庙的祭司传下神谕说，没有人比苏格拉底更有智慧。为了验证神谕，苏格拉底向他在公共场合遇到的任何人提问，特别是那些自诩有智慧的人，例如政治家、诗人和手工艺匠人。他主要关心伦理问题，例如什么是德行，什么是勇气，什么是友谊，什么是美，什么是丑等，并且开始提问时总是很谦谨："请教一下……"。当他的对手给出关于这些问题的一个概括性说明和总体性定义后，他会进一步问更多的问题，或举出有关的反例。在他的诘难之下，与他讨论的人通常会放弃其开始给出的定义而提出一个新定义，而这个新定义接着又会受到他的质询，最后这个谈话对象会被弄得一脸茫然、满腹狐疑。由此，苏格拉底不仅证明了他人的无知，而且也证明了他自己除了知道自己无知外，其实也一无所知，这也就是他比其他人更有智慧的地方。他把这套方法比作"精神助产术"，即通过比喻、启发等手段，用发问与回答的形式，使问题的讨论从具体事例出发，逐步深入，层层驳倒错误意见，最后走向某种确定的知识。它包括以下环节：

(1) 反驳：举出该论断的一些反例；

(2) 演绎：从对方论断中引出矛盾；

(3) 归纳：从个别例证中概括出一般；

（4）诱导：提出对方不得不接受的真理；

（5）定义：对一般做出概要性解释。

因此，亚里士多德说："有两件事情公正地归之于苏格拉底，归纳推理和普遍定义，这两者都与科学的始点相关。"[1]

[1] 苗力田主编：《亚里士多德全集》第七卷，北京：中国人民大学出版社，1993 年，297 页。

苏格拉底悖论

苏格拉底断言："我知道我一无所知，这就是我比其他人更有智慧的地方。"

这似乎是一个悖论：如果苏格拉底真的知道自己一无所知，则他至少在这一点上有所知，故他不再是一无所知，因而他说知道自己一无所知就是假的。矛盾！

类似地，人们常说："世界上没有绝对真理。"不知道这句话本身算不算一个"绝对真理"？彻底的怀疑论者说："我什么也不相信，我怀疑一切！"不知道他们是否相信这句话？他们是否怀疑"我怀疑一切"这句话？还有这样一条规则："所有规则都有例外，除了本规则。"不知道这条规则是否还会有其他的例外？

不过，经过仔细思考，我同意这样的论断：把苏格拉底上面的话视为自相矛盾，甚至视为一个悖论，是对柏拉图关于苏格拉底的记述的误读。泰勒（C. C. W. Taylor）指出：

虽然苏格拉底经常说他不知道怎么回答辩论所涉及的问题，但是他从来没有说过他什么都不知道。事实上，他有几次强调过，他有一定的知识，这在《申辩篇》里最为明显。在这篇对话中他有两次声明，他知道放弃自己的神圣的使命是错误和可耻的行为（29b, 37b）。他所要否认的是他拥有智慧，继而否认他在教导民众。显然他明白，教育就是授人以智慧和学识（19d-20c）。考虑到他在《申辩篇》里的宣称，只有神才拥有真正的智慧，人的智慧与这种智慧相比（23a-b）根本不值一提，那么，他否认有智慧可以理解为是对人的局限性的承认，拥有一种能够洞察万物的智慧，那是神所独有的特权。无论是苏格拉底还是其他任何人都不能奢望这种智慧，苏格拉底否认自己有这种智慧，其实是在坚决抵制人类普遍存在的那种亵渎神灵的傲慢。

　　……苏格拉底的确承认有一种自己无法达到的理想的知识范式，但他说过自己懂得某些特殊的知识。这相当于说，只有满足这种范式才能称作知识，而苏格拉底自己的知识状态不能满足这种范式的要求，因此只能称作意见。只要把专家的知识称作完整的知识，把普通人的知识称作零散的知识，我们就可以区分满足范式要求的知识和不满足范式要求的知识，这样也就用不着否认后者也可以冠以知识的头衔（……）。[2]

苏格拉底所注重的是道德知识，他有一个著名的口号："德性即知识"。但是，他不承认在道德问题上有任何专家，至少不承认人类在此问题上有任何权威。因此，没有人（包括他自己在内）有权声称拥有道德真理，做这种声称的人要么是出于无知，要么是有意骗人。

欧绪弗洛困境：对不一致的无知

　　欧绪弗洛（Euthyphro）的父亲有一个奴隶，在酒后争吵中杀死了另一个奴隶。为了阻止他造成进一步伤害，欧氏的父亲把他绑起来，堵上嘴巴，并投入沟中；与此同时，派人到雅典请教神巫如何处置此人。在等待消息的过程中，那个奴隶死于沟内。因为这个缘故，欧绪弗洛控告他的父亲谋杀他人。

　　苏格拉底对欧氏的做法表示怀疑，要求他必须想清楚控告自己父亲的行为是否正当，以免触怒诸神。为了证明自己行为的正当性，欧绪弗

[2]　泰勒：《众说苏格拉底》，欧阳谦译，北京：外语教学与研究出版社，2007年，170—173页。

洛在论辩中表明他相信下面4个命题：

（1）起诉我的父亲是神圣的。

（2）诸神都同意欧绪弗洛控告他父亲这件事情是神圣的。

（3）奥林匹斯诸神之间彼此争斗，互相欺骗，相互为敌。

（4）关于何种行为是公义或不公义、神圣或不神圣等问题，诸神之间存在分歧。

从欧绪弗洛所持有的信念（3）和（4）出发，苏格拉底推出如下信念：

（5）关于欧绪弗洛起诉自己的父亲谋杀这件事情，诸神之间并没有一致的看法。

因此，欧绪弗洛必须相信，某些神灵并不认为他起诉自己的父亲这件事情是公义或神圣的。这与他的信念（2）不一致。

苏格拉底认为，欧绪弗洛没有分辨开下面两个问题：一项行为是神圣的是因为诸神喜悦它，还是诸神喜悦一项行为是因为它是神圣的？苏氏和欧氏都同意诸神喜悦一项行为是因为它是神圣的，而这表明，欧氏确实相信：神圣的本性不依赖诸神对它的喜悦！因此，欧氏本人的观点中隐藏着逻辑的不一致。[3] 可以把这种无知称为"对不一致的无知"。

[3]　参见《欧绪弗洛篇》，载《柏拉图全集》第一卷，王晓朝译，人民出版社，2002年，231—255页。

当苏格拉底通过从对方的信念中推出逻辑矛盾来反驳对方时，他必定已经认识到了矛盾律的作用：理性思维中不能允许逻辑矛盾，尽管他对矛盾律尚没有给予清楚而明确的表述。

拉刻斯：对定义的无知

关于苏格拉底的"诘问法"，其大致步骤是：在对话过程中，先提出问题，使对方对某一道德问题提出最初的定义；其次引进一些事例，从而暴露出这些最初的定义或者太宽泛，或者太狭隘，因而是不合适的，对方必须放弃原定义而提出新定义，这样继续下去，直到最后得到一个比较令人满意的、能够揭示某一道德行为的本质特征的定义为止。下面以《拉刻斯篇》[4]中关于"勇敢"的讨论为例。

[4]　苗力田主编：《古希腊哲学》，北京，中国人民大学出版社，1989年，212—218页。

拉刻斯本人是一位著名的勇士，自认为对勇敢的行为很了解。苏格拉底问他，在所有被称为"勇敢"的行为中有什么共同特征？拉刻斯回答说："一个能坚守岗位、与敌拼搏而不逃跑的人，你就可以说他是勇敢的。"苏格拉底随即找出了一些并不在战场上发生的勇敢的例子，例如，有人在大海上、在疾病中、在贫困中、在政治活动等中表现勇敢的，而这些例子是拉刻斯的定义所没有涉及的，因而其定义过于狭隘，是错误的。拉刻斯接受这种看法，并将其定义修改为："勇敢是灵魂的忍耐。"苏格拉底接着指出，勇敢是一种高贵的品质，而忍耐却有愚蠢的、邪恶的、有害的忍耐，因此拉刻斯的定义过于宽泛，是错误的。拉刻斯又承认了这一点，并为此深感苦恼："在思想中我确实明白什么是勇敢。但不知怎么的，它马上就溜走了，以至我不能在语言中把握它，说出它是什么。"苏格拉底鼓励他不要放弃："亲爱的朋友，优秀的猎手必定紧随猎犬不轻易放弃追逐。"拉刻斯回答说，"确实如此。"拉刻斯在这里显露出"对定义的无知"。

"对不一致的无知"和"对定义的无知"，是一般"无知"的两种表现形态。前者显示了苏氏对矛盾律的洞察，后者显示了他对普遍性知识的追求。苏格拉底知道这两类"无知"，并且还知道自己"无知"，这就是他比其他人"有智慧"的地方。

关于结婚的二难推理

据说，苏格拉底曾劝男人们都要结婚，他的规劝是这样进行的：

如果你结婚，你或者娶到一位好老婆，或者娶到一位坏老婆；

如果你娶到一位好老婆，你会获得人生的幸福；

如果你娶到一位坏老婆，你会成为一位哲学家；

所以，你或者会获得人生的幸福，或者会成为一位哲学家。

这两个结果都是可以接受的，

所以，你应该结婚。

在苏格拉底看来，即使成为一位哲学家，也不是一件太坏的事情。他本人就是一位哲学家。尽管不能由此推出他的老婆就一定坏，但据说他的老婆确实也不太好，经常对他作河东狮吼。恐怕也难怪他的妻子，因为苏格拉底作为一位哲学家是杰出的，但他作为一名丈夫甚至可能是不合格的。据说他长相丑陋，没有什么财产，整天又热衷于与人辩论，由此证明别人的无知，并证明他自己除了知道自己无知外其实也一无所知。当这样的丈夫的妻子也实在是不容易。

苏格拉底在规劝时使用了如下的推理形式：

> 如果M，或者P或者R；
>
> 如果P则Q；
>
> 如果R则S；
>
> 所以，或者Q或者S。
>
> Q和S都是可接受的，
>
> 所以，M。

从逻辑上说，苏格拉底的规劝是不成立的：他从结婚的两种可能后果都是可接受的，推出男人们应该结婚的结论。他使用的是充分条件假言命题的肯定后件式推理：如果P则Q；Q，所以，P。这是一种无效的推理形式。举个反例：如果某人感冒，则某人发烧；某人发烧了，所以，某人感冒了。即使此推理的前提都真，其结论也不一定真，因为感冒固然能引起发烧，别的原因——如某个脏器的炎症——也能引起发烧。所以，从"某人发烧"不能必然地推出"某人感冒",最多只能推出"某人可能感冒了"。

顺便指出,古希腊的斯多亚派构造了另一个推理,旨在劝男人们不要结婚[5]:

[5]　参见 Mates, B. *Stoic Logic*, Berkeley: University of California Press, 1953, p.52.

如果你结婚,你或者与一位漂亮的女人结婚,或者与一位丑陋的女人结婚;

如果她是漂亮的,你将与人分享她;

如果她是丑陋的,你将面对一个惩罚;

但这两者都不是你所想要的,

所以,你不要结婚。

斯多亚派所使用的推理形式是:

或者P或者R,

如果P则Q;

如果R则S;

所以,或者Q或者S。

Q和S都是不可接受的,

所以,非M。

这个推理形式在逻辑上是有效的,但结论却是不可接受的。这只有一种可能:该推理至少有一个前提不成立。我认为,这个推理的两个假言前提都有问题,不成立。如果与一位美人结婚,她今后就一定红杏出墙吗?不一定吧。假如你各方面的条件足够优秀,假如她的道德意识足够稳固,即使她面对众多诱惑,也不一定会红杏出墙、给你戴上绿帽子吧?再说,美与丑没有公认的客观的标准,情人眼里出西施,你爱一位女子,那就有爱她的理由,你至少可以接受她吧?即便别人认为丑,对你来说怎么会是成天面对一个惩罚呢？既然该推理的两个前提都不成立，该推理的结论也不成立。青年男女们，别听斯多亚派的，还是结婚吧，俩人携手相伴，同走人生的旅程，一起经历酸甜苦辣，这样的人生丰富而充实。丰富而充实的人生比贫乏而枯寂的人生不止好一千倍！

二、师徒官司：半费之讼

在雅典民主制时期，人们在议论时政、法庭辩护、发表演说、相互辩论时，都需要相应的技巧或才能。于是，传授文法、修辞、演说、论辩知识的所谓"智者"（Sophists）应运而生，他们靠收徒讲学为生，其活动具有很强的功利性。他们重在培养学生在演说和辩论方面的技艺，以便在政治和诉讼活动中取胜；而知识、真理、满足理智的好奇心，并不是他们所关注的重点。

普罗泰戈拉（Protagoras，约公元前490—前410年）就是智者派的主要代表人物之一。他有一句脍炙人口的名言："人是万物的尺度。"对这句话有不同的诠释。如果把其中的"人"理解为人类，那它表达了某种人类中心主义的观点；如果把"人"理解为个人，那它表达了某种唯我论的观点。这句话的大概意思是：关于世上的万事万物，人们可以提出两个相互矛盾的说法，对于任何命题都可以提出它的反题，并论证它们两者皆真。这样，他的思想就带有浓厚的主观主义和相对主义色彩。

据说有一天，普罗泰戈拉招收了一名学生叫欧提勒士（Euathlus）。普氏与他签定了一份合同：前者向后者传授辩论技巧，教他打官司；后者入学时交一半学费，在他毕业后第一次打赢了官司之后再交另一半学费。时光荏苒，欧小子从普老师那里毕业了。但他总不从事法律方面的事务，普老师也就总得不到那另一半学费。为了要回另一半学费，普老师想了一个主意，他本人去与欧小子打官司，并打着这样的如意算盘：

> 如果打赢了这场官司，按照合同的规定，他应该给我另一半学费。
>
> 如果打输了这场官司，按照法庭的裁决，他应该给我另一半学费。
>
> 或者打赢这场官司，或者打输这场官司。
>
> 总之，他都应该付给我另一半学费。

但欧小子却对普老师说：青，出于蓝而胜于蓝；冰，水为之而寒于水。我是您的学生，您的那一套咱也会：

> 如果我打赢了这场官司，根据法庭的裁决，我不应该给您另一半学费。
>
> 如果我打输了这场官司，根据合同的规定，我不应该给您另一半学费。
>
> 我或者打赢或者打输这场官司。
>
> 总之，我不应该给您另一半学费。

欧小子继续说：吾爱吾师，但吾更爱真理！既然我们在较劲、讲理，那就先把"理"讲清楚！[6]

请读者注意，这里有两个不同的问题：

一个是法律问题：假如你是法官，这师徒俩的官司打到你面前来了，你怎么去裁决这场官司？我的回答是：假如我是法官，我会驳回普老师的起诉，不予立案。因为普老师与欧小子的官司属于一件合同官司，起诉、立案的前提是至少有一方违反了当初的合同。但在普老师起诉欧小子时，后者并没有违反合同，因为根据合同，欧小子在没有打官司之前，或者虽然打了官司但没有赢，都可以不付给普老师另一半学费。这个苦果应该由普老师自己吞下，由于他没有规定支付另一半学

[6] 格利乌斯（Aulus Gellius，公元150年）最早讲到了这个"悖论"，拉尔修重复引证它。参见第欧根尼·拉尔修：《名哲言行录》，徐开来等译，桂林：广西师范大学出版社，2010年，461页。

费的确切期限，等于与学生签订了一份毫无约束力的合同。尽管从情理上说，学生应该支付老师学费，但具有法律约束力的却只有合同。按合同规定，在欧小子没有帮人打赢官司之前，可以不支付普老师那另一半学费，而法官必须按法律办事，也只能按法律办事。当今社会是法律社会，我们应该吸取普老师的教训，签合同时必须非常小心谨慎。有一句忠告：不要随随便便在任何文件上签下你的名字！

另一个是逻辑问题：假如你是一位逻辑学家，你怎么去分析这师徒俩的推理？它们都成立或都不成立吗？为什么？我的解析如下：根据论证规则，论据必须是彼此一致，至少是相容的。如果论据本身不一致，即论据本身包含$p \wedge \neg p$这样的逻辑矛盾，而根据命题逻辑，

$$p \wedge \neg p \rightarrow q$$

即从逻辑矛盾可以推出任一结论。显然，可以作为任何一个结论的论据的东西，就不能是某个确定结论的强有力的论据。因此，一组不一致或自相矛盾的命题不能做论据。普老师与欧小子之所以会得出完全相反的结论，是因为他们的前提中包含着不一致：一是承认合同的至上性，一是承认法庭判决的至上性。他们弄出了两个标准，哪一项对自己有利就利用哪一项。实际上，既然这是一件合同官司，法庭判决也必须根据合同来进行，因此合同是第一位的，是法庭判决的根据和基础；所以，合同标准就是法庭裁决的标准，故只有一个标准，没有两个相互矛盾的标准。"矛盾"是先由普老师臆造出来的，他做了很不好的示范。因此，那师徒俩的两个二难推理都不成立。

据说，我上面的分析与莱布尼茨在其博士论文中对此悖论的分析类似。他也认为，法庭不应做出裁决，因为欧小子还没有打过任何官司，没有违反合同。否则，无论怎么裁决，都将置欧小子于不利的境地。如果直接判决欧小子输了（但没有合适的理由），他当然得给钱；即使判

决欧小子这次官司赢了，他便满足了根据合同必须给钱的条件。普老师可以打第二次官司，要求欧小子付钱，这一次法庭必须根据合同判决普老师胜诉。

据说，美国在1946年的一场堕胎官司类似于上面的"半费之讼"。控方起诉琼斯医生做不合法的堕胎手术，但所找到的唯一证人就是让琼斯做了手术的女士。根据美国法律，在这种情况下，该妇女也参与了不合法行为，是琼斯的同伙，其证据没有效力，不能根据她的证词给琼斯医生定罪。于是，控方就面临一个二难困境：要给琼斯定罪，必须有该妇女提供的证据；一旦该妇女提供证据，她就是琼斯的同伙，其证据没有效力。此情形当然对琼斯医生有利：或者不能证明他有罪，或者他本来就是清白无辜的。

三、鳄鱼悖论及其变体

鳄鱼悖论

这个悖论是由斯多亚派提出来的，在拉尔修（D. Laertius，约公元200—250）的《名哲言行录》中有记载[7]：

[7] 参见Bochenski, I. M. *Ancient Formal Logic*, Amsterdam: North-Holland Publishing Company, 1951, p.101.

> 一条鳄鱼从一位母亲手里抢走了她的小孩，要求母亲猜测它是否会吃掉小孩，条件是：如果她猜对了，它交还小孩；如果她猜错了，它就吃掉小孩。
>
> 这位母亲很聪明，她答道：鳄鱼将会吃掉她的小孩。
>
> 结果如何呢？如果母亲猜对了，按照约定，鳄鱼应交还小孩；但这样一来，母亲就猜错了，又按照约定，鳄鱼应吃掉小孩。但是，如

果鳄鱼吃掉小孩，母亲就猜对了，又按照约定，鳄鱼应交还小孩。于是，鳄鱼面临一个悖谬的境地：它应吃掉小孩当且仅当它应交还小孩。不论怎样，鳄鱼都无法执行自己的约定，它只能乖乖地把小孩交还给了母亲。

不过，如果那位母亲说：鳄鱼先生，您大慈大悲，将会把我的孩子还给我。该鳄鱼会说：啊哈，你猜错了，我不像你说的那样好，我本来就打算吃掉你的孩子。于是，他就把孩子吃掉了，还遵守了诺言。

下面几例都是鳄鱼悖论的变体。

国王和公鸡悖论

很久很久以前，某一天，一位国王对一只大公鸡说：我决定把你吃掉，只采用两种方法来吃你：或者红烧或者清炖。请你猜我会用哪一种方法来吃你。如果你猜错了，我就红烧；如果你猜对了，我就清炖。我是国王，一言出口，驷马难追，我保证遵守我的诺言。

读者朋友，假如你是那只大公鸡，你会怎么猜呢？

假如你猜测说：国王，您会把我清炖了吃。国王赶紧说：啊哈，恭喜你，你猜对了！我正要把你清炖了吃。于是，他就把你清炖了。国王遵守了诺言，没有任何矛盾。

假如你说：国王，您大慈大悲，既不会把我红烧了吃，也不会把我清炖了吃，将会把我放生。我感谢您。国王说：也恭喜你，你猜错了！我已经说过，一定会把你吃掉。既然你猜错了，我就按我的诺言，把你红烧了吃。国王也遵守了诺言，没有任何矛盾。

但那只大公鸡似乎比较聪明：

公鸡：国王，您将会把我红烧了吃。

国王（有点大大咧咧）：恭喜你，你答对了。

于是，国王准备把大公鸡红烧了。

公鸡：国王，慢点。您想干什么？

国王：把你红烧了！

公鸡：我猜的什么？

国王：红烧啊？

公鸡：我猜对了还是猜错了？

国王：猜对了。

公鸡：按您的约定，应该怎么办？

国王：啊，我应该把你清炖了。

于是，国王准备把大公鸡清炖了。

公鸡：国王，您想干什么？

国王：把你清炖了。

公鸡：我猜的什么？

国王：红烧。

公鸡：我猜对了还是猜错了？

国王：猜错了。

公鸡：您应该怎么办？

国王：把你红烧了？

······

　　国王最终也面临一个悖谬性的境地：如果他遵守他的诺言，他就既不能把大公鸡清炖了，也不能把它红烧了。国王还算痛快，遵守了他的诺言，无奈之下把大公鸡放生了。后来，这只大公鸡繁衍出无数子孙，后者又为各种超市和炸鸡店提供了原料，所以，我们今天仍然有许多鸡肉吃。

守桥人悖论

这是欧洲中世纪逻辑学家布里丹（J. Buridan，1295—1358）提出来的：

> 我假定情景是这样的：柏拉图是个有权势的贵族，他带着一帮打手守卫一座桥，未经他的允许，任何人不得通过这座桥。苏格拉底来到桥边，请求柏拉图允许他通过这座桥。柏拉图大怒，发誓说："我向你保证，假如你说的下一个命题是真的，那么我让你过桥；假如你说的是假的，我将把你扔到河水中。"假如苏格拉底用"你将把我扔到河水中"这个诡辩论题作回答，为了信守诺言，柏拉图应该做些什么呢？
>
> 问题是，假如他把苏格拉底扔到水中，他将违背他许下的诺言，因为苏格拉底说的是真话，他应该让苏格拉底过桥。但是他如果这样做，也将违背他许下的诺言，因为苏格拉底说的是假话，他应该把苏格拉底扔到河水中。[8]

[8]　约翰·布里丹：《诡辩论题11—20》，载《逻辑学读本》，陈波主编，北京：中国人民大学出版社，2009年，139页。

堂·吉诃德悖论

这个悖论出自塞万提斯（M. de. Cervantes）的名著《堂·吉诃德》第2卷第51章。吉诃德的仆人桑乔·潘萨成了一个小岛国的国王，他要在这个国家奉行一条奇怪的法律：每位来岛国旅游的人都要回答一个问题：你来这里做什么？如果旅游者回答正确，一切都好办；如果回答错了，他将被绞死。某一天，士兵们遇到了一位旅游者。

> 士兵：先生，您来这里做什么？
>
> 旅游者：我来这里是要被绞死的。

这可把卫兵们难坏了，把他们的脑袋搅成了一锅粥：如果他们把旅游者绞死，他就说对了，就不应该把他绞死；可是，如果不把这个人绞死，他就说错了，就得把他绞死。

士兵们无法做出决断，他们把那位旅游者送到潘萨国王那里。

潘萨国王还算聪明，苦思良久，找不出对策，最后说：不管我做出什么决定，都要破坏这条法律。我们只能废除那条法律，因为它不合理，无法被执行。还是把那位旅游者放了吧。

此悖论与鳄鱼悖论非常类似。旅游者的回答使潘萨国王及其士兵们无法执行那条奇怪的法律而不自相矛盾。

假设的悖论

以下几个悖论也是中世纪学者布里丹提出来的：

（1）苏格拉底想要吃饭

让我们假定：如果柏拉图想要吃饭，那么苏格拉底也想要吃饭；反之不然。人们经常强烈希望有人陪同就餐，以至于无人陪同就无法就餐。让我们再假定，相反地，如果苏格拉底想要吃饭，柏拉图就不想要吃饭；如果苏格拉底不想要吃饭，柏拉图就想要吃饭，因为他与苏格拉底因某事而结怨，以致他不愿意与苏格拉底共同就餐。问题是这个诡辩论题是真还是假？"苏格拉底想要吃饭"和"苏格拉底不想要吃饭"是矛盾命题，无论假定的情形如何，若其中一个为真，另一个必为假。

问题是：如果你说苏格拉底想要吃饭，那么就推出它的对立命题；因为这可推出柏拉图不想要吃饭，反过来又可推出苏格拉底不想要吃饭。另一方面，如果你说苏格拉底不想要吃饭，那么也推出它的对立命题；因为这可推出柏拉图想要吃饭，反过来又可推出苏格拉底也想要吃饭。[9]

[9] 约翰·布里丹：《诡辩论题11—20》，载《逻辑学读本》，陈波主编，北京：中国人民大学出版社，2009年，140页。

这个悖论是从前面的假定直接推出来的，它表明那些假定搁在一起不相容，造成逻辑矛盾。所以，必须放弃其中的某些假定。布里丹也指出了这一点："在严格的解释下，所假定的情景是不可能的。"

（2）苏格拉底诅咒柏拉图

所设定的情景是，苏格拉底说："如果柏拉图在诅咒我，他也会受到诅咒，反之不然。"柏拉图站在他的角度说："如果苏格拉底不在诅咒我，他会受到诅咒，但反之不然。"苏格拉底事实上是否在诅咒柏拉图？这个问题涉及到该诡辩论题的真值。

假如你说苏格拉底在诅咒柏拉图，那么可推出柏拉图诅咒苏格拉底和不诅咒他，这是自相矛盾的命题。假如你说苏格拉底不在诅咒柏拉图，那么它的对立命题被推出。这是因为，可推出柏拉图在诅咒苏格拉底，因而苏格拉底在诅咒柏拉图。[10]

[10] 同上书，141—42页。

布里丹指出："我的观点是，你可以用下面的命题去表达所设定的情景：'苏格拉底在说，假如柏拉图在诅咒他，柏拉图将被诅咒。'现在，对这个命题有两种理解：（a）它可被理解为一个条件命题：'如果柏拉图在诅咒苏格拉底，那么，苏格拉底在说柏拉图将被诅咒。'但是，这个命题是假的、不可能的和相当不能接受的，因为'柏拉图在诅咒苏格拉底'不蕴涵'苏格拉底在说如此这般的话'。事实上，无论柏拉图是不是在诅咒苏格拉底，苏格拉底在说他碰巧在说的事情，没有说他碰巧不在说的事情。另一方面，（b）它可被理解为一个直言命题，其意思是：'苏格拉底在说这样的话：如果如此这般，柏拉图将会被诅咒。'这是可以接受的，因为很可能苏格拉底要说的就是这个意思。对由该情景所设定的第二个命题'柏拉图在说……',也应该做类似的区分。"我把更具体的分析留给读者。

（3）苏格拉底希望柏拉图受到伤害。

所设定的情景是：苏格拉底有条件地希望柏拉图受到伤害，其意思是：如果柏拉图希望他受到伤害，他就希望柏拉图受到伤害；另一方面，如果苏格拉底不希望柏拉图受到伤害，则柏拉图希望苏格拉底受到伤害。关于这个诡辩论题的问题是，苏格拉底是否希望柏拉图受到伤害？

论证完全能够像在诅咒的情形中那样进行。[11]

同样，我把更具体的分析留给读者。

[11]　约翰·布里丹：《诡辩论题11—20》，载《逻辑学读本》，142页。

哲学是神学的婢女。

你能对一个人所贡献的最大服务，就是将他从错误引导到真理。

理性的优点是通过灵魂来表示真实事物的智力习惯。

——托马斯·阿奎那

托马斯·阿奎那（T. Aquinas，约1225—1274），欧洲中世纪最有名的神学家和经院哲学家。他把理性方法引进神学，力图"证明"上帝的存在，用自然法则"论证"君权神圣说。他是自然神学最早的提倡者之一，也是托马斯哲学学派的创立者，成为天主教长期以来研究哲学的重要根据。他所撰写的最知名著作是《神学大全》（*Summa Theologica*）。天主教会认为他是历史上最伟大的神学家，死后将其封为"天使博士"或"全能博士"，是33位教会圣师之一。

瀑布

埃舍尔　1961

　　瀑布一泻而下，冲击着水车，随后顺着水槽而上，到达楼顶再重新落下。从图画中乍看不出水槽有高下之分，借助于楼宇房屋才能发现，原来水流不顾重力的影响而向上运动。这是现实世界中不可能存在的永动机。物体的运动有其推动者，诚然"水之就下，势使之然也"，那"水之就上"又源于什么样的动力？

第三章

有关上帝的悖论

根据《圣经》，上帝在七天之内创造了这个世界。第一天，创造了天和地，并创造了光，把时间分为昼与夜。第二天，创造了空气和水。第三天，用水区分了陆地和海洋，并让地上生长果木菜蔬。第四天，创造了太阳、月亮和星星，并由此划分时间节气。第五天，创造了水中的鱼和空中的鸟。第六天，上帝创造了各种动物，并用泥土按自己的样子造出了人类始祖——亚当，并让他去管理地上的各种动植物。（后来，上帝见亚当孤单，取他身上的一根肋骨造出了夏娃。）第七天，上帝歇息了，于是这一天成为万民的休息日——礼拜天。基督教认为，这位创世的上帝是圣父、圣灵、圣子三位一体，是全知、全善、全能的。

这种上帝观在大约三千年前萌生于古犹太教内，后来也为基督教和伊斯兰教所信奉。这三种宗教的正统信奉者都用非常类似的术语描述上帝（God，或真主安拉），认为上帝至少有下列实质属性：

☆ 唯一性：只有一个上帝。

☆ 全能：上帝的能力是无限的。

☆ 全知：上帝是无所不知的。

☆ 道德完善：上帝是有爱心的、慈善的、仁慈的和正义的。

☆ 必然存在：不像世界以及其中的每一事物，上帝不会获得存在，也不会停止存在。

☆ 创造性：上帝创造世界并且维持它的存在。

☆ 人格：上帝不是一种纯粹抽象的力量或者能量的源泉，他有理智、理解力和意志。[1]

[1] 克里斯·雷奈尔等：《哲学是什么》，夏国军等译，北京：中国人民大学出版社，2010年，276—277页。

从古至今，从来就不缺少深刻的思想家对这样的上帝观念提出质疑和挑战，当然也不缺少同样深刻的思想家为它做辩护和证成。例如，在欧洲中世纪，围绕信仰和理性的关系问题，在基督教哲学家中间就曾发生过激烈的论战。一方是极端的信仰主义者，其典型代表是德尔图良（Tertulian, 145—220），他曾提出"惟其不可能，我才信仰"的主张。但这一方从来不是主流。另一方是理性护教主义者，例如安瑟尔谟（Anselmus, 1033—1109）和托马斯·阿奎那（T. Aquinas, 1224—1274），尽管他们也主张要先信仰后理解，但认为信仰并不排斥理解，甚至需要得到理性的支持和辩护。于是，他们提出各种论证去为上帝存在辩护，先后提出过下述"证明"：

（1）本体论证明，这是安瑟尔谟提出来的。其要点是：上帝是无限完满的；一个不包含"存在"性质的东西就谈不上无限完满；因此，上帝存在。

（2）宇宙论证明，这是阿奎那提出来的。具体有以下三个论证：①自然事物都处于运动之中，而事物的运动需要有推动者，这个推动者本身又需要有另外的推动者……为了不陷于无穷后退，需要有第一推动者，这就是上帝。②事物之间有一个因果关系的链条，每一个事物都以一个在先的事物为动力因，由此上溯，必然有一个终极的动力因，这就是上帝。③自然事物都处于生灭变化之中，其中有些事物是可能存在的，有些事物是必然存在的。一般来说，事物存在的必然性要从其他事物那里获得。由此上溯，需要有某一物，其本身是必然存在的并且给其他事物赋予必然性，这就是上帝。

（3）目的论证明，也是由阿奎那提出来的。具体有以下两个论证：①自然事物的完善性如真、善、美有不同的等级，在这个等级的最高处必定有一个至真、至善、至美的存在物，他使世上万物得以存在并且赋予它们以不同的完善性，这就是上帝。②世上万物，包括冥顽不灵的自然物，都服从或服务于某个目的，其活动都是有计划、有预谋的，这需要一个有智慧的存在物的预先设计和指导。这个最终的设计者和指导者就是上帝。

在本书中，我将撇开这些"证明"不谈，只考察把上面的上帝观念纳入理性的范围之后所产生的各种矛盾、悖论和困境。

一、伊壁鸠鲁悖论

伊壁鸠鲁（Epicurus，公元前341—公元前270），古希腊哲学家。他发展了一个完整且内在关联的哲学体系，包括三部分：研究真理标准的准则学；研究自然及其生灭的物理学；研究人生及其目的的伦理学。他继承了德谟克利特（Democritus，约公元前460—公元前370）的原子论，阐述了一种幸福主义伦理学，有强烈的无神论倾向。他用如下论证去挑战被认为是全知、全善、全能的上帝之存在：

上帝或者愿意但不能除掉世间的丑恶，或者能够但不愿意除掉世间的丑恶，或者既不愿意也不能够除掉世间的丑恶，或者既愿意又能够除掉世间的丑恶。如果上帝愿意而不能够除掉世间的丑恶，则它不是全能的，而这种无能为力是与上帝的本性相矛盾的。如果上帝能够但不愿意除掉世间的丑恶，这就证明上帝的恶意，而这种恶意同样是与上帝的本性相矛盾的。如果上帝既不愿意也不能够除掉世间的丑恶，则他既是恶意的又是无力的，如此一来，他就不再是全善和全能的上帝。如果上帝既愿意又能够除掉世间的丑恶（这是唯一能够适合于神的假定），那么，邪恶是从何处产生的？他为什么不除掉这些邪恶呢？[2]

这个论证具有如下的形式结构：

[2] 没有来自伊壁鸠鲁本人的有关此论证的文字证据，此段引文来自拉克坦谛（Lactantius）在《论上帝的愤怒》（On the Anger of God，13.19）中的转述，他在那里批评了伊壁鸠鲁的论证，参见 http://www.newadvent.org/fathers/0703.htm。

> 如果存在全知、全善、全能的上帝，则或P或Q或R或S；
>
> 如果P则导致矛盾；
>
> 如果Q则导致矛盾；
>
> 如果R则导致矛盾；
>
> 如果S，则邪恶不应该存在；但邪恶确实存在。
>
> 所以，全知、全善、全能的上帝之存在值得怀疑。

由这个论证可引出四个可能的结论：（1）上帝不存在；（2）上帝存在，但并不全善和全能；（3）上帝有使他不能除掉邪恶的苦衷和理由；（4）邪恶不存在。几千年来，这个论证一直作为基督教上帝观的强有力的怀疑推理而存在，如何回应它，也一直是正统基督教不得不面临的问题，故被叫做"伊壁鸠鲁悖论"或"伊壁鸠鲁之谜"。

基督教会接受了圣奥古斯丁（Augustinus, 354—430）所做出的回应，并奉其为经典版本：世界上的恶没有肯定性的存在，它们是善的缺失，其主要根源是用"对自己的爱"取代了"对上帝的爱"，上帝不能对这种对爱的狭隘理解承担责任。当然，还有其他的回应，例如莱布尼茨（G. W. Leibniz, 1646—1716）认为，一个在道德上有邪恶的世界，要比一个只有善的世界更好，因为在形而上学来说，那是更丰富的世界。俄国作家陀思妥耶夫斯基（F. M. Dostoevsky, 1821—1881）则解释说：上帝在创造世界和他的子民的时候，出于对人的至爱，赋予人以自由意志和做自由选择的权利，恶的存在只不过是人滥用自由意志和自由选择权利的结果。不过，为了自由意志和自由选择的权利，作为结果被引到这个世界上的任何苦难，都是值得的。[3] 显然，陀思妥耶夫斯基的回应是沿着上面的可能结论（3）的思路进行的。

请读者认真想一想：伊壁鸠鲁的论证成立吗？上面列举的对该论证的回应有效吗？有没有其他的回应方法？

[3]　参看苏珊·李·安德森：《陀思妥耶夫斯基》，马寅卯译，北京：中华书局，2004年。

二、全能悖论

在欧洲中世纪，有人对宣扬上帝全能的神学家提出一个问题：您说上帝全能，我请问您一个问题：上帝能不能创造一块他自己举不起来的石头？并进行了下面的推理（其中"P"表示"前提"，"C"表示"结论"）：

P1：如果上帝能够创造这样一块石头，则他不是全能的，因为有一块石头他举不起来；

P2：如果上帝不能创造这样一块石头，则他不是全能的，因为有一块石头他不能创造；

P3：上帝或者能够创造这样一块石头，或者不能创造这样一块石头，

C：上帝不可能是全能的。

这是一个典型的二难推理，似乎由此否定了上帝的全能性。

这个悖论的最早形式可以追溯到公元6世纪的伪狄奥尼修斯（Pseudo-Dionysius）。他曾提到，有两个人发生了一场争论：全能的上帝能不能否定他本身及其主张？阿拉伯哲学家阿维罗伊（Averroës，1126—1198）于12世纪阐述了这一论证。阿奎那提出了此悖论的另一个版本：上帝能不能创造一个三角形，其内角之和不等于180°？他的回答是：不能，因为上帝也只能在逻辑规律的范围内活动，应将他的"全能性"理解为"能够做一切可能做的事情"。阿奎那断言："既然某些科学——如逻辑、几何和算术——的原理只能取自于事物的形式原理，那些事物的本质依赖于这些原理，由此推知：上帝也不能使事物违背这些原理。例如，他不能造成下面的事情：一个属不谓述它的种，或者从圆心到圆周的各线段不相等，或者一个三角形的三内角之和不等于两直角。"[4]

[4] 译自 http://en.wikipedia.org/wiki/Omnipotence_paradox#cite_note-Savage.2C_C._Wade_1967_pp._74-0。

现在的问题是：上面的石头推理能够证明上帝不是全能的吗？按下面的两种分析方法，回答都是否定的。

分析1："上帝能不能创造一块他自己举不起来的石头"这样的提问不合理，其中暗含虚假的甚至是自相矛盾的预设。例如，如果有人问一个男人："你已经停止打你的老婆了吗？"，若他回答说"停止了"，则他默认了他过去经常打他的老婆这件事；若他回答"没停止"，则他承认了两件事：他过去经常打他的老婆，并且还在继续打。因为该男人所面对的是一个"复杂问语"：它预先假设了"该男人过去常打他的老婆"，所问的只是"他打老婆的行为是否停止"。与此类似，当问"上帝能否创造一块他自己举不起来的石头"时，也预先假设了"有一块上帝举不起来的石头"，这等于说"有一件上帝不能做的事情"，后者又等于说"上帝不是全能的"。此预设与该二难推理所要导出的结论是一回事。于是，该推理就变成了如下典型的循环论证：

> 如果上帝不是全能的，则他不是全能的；
>
> 如果上帝不是全能的，则他不是全能的；
>
> 或者上帝不是全能的，或者他不是全能的，
>
> 所以，上帝不是全能的。

我们还可以把关于石头的问题置换成另一个更明显的问题："上帝能不能做一件他自己不能做的事情？"。在这个问题中预先安置了一个逻辑矛盾：如果上帝真是万能的话，就没有一件事情是他自己不能做的。再问他能不能做一件他自己不能做的事情，若回答为"能"，则意味着"有一件他不能做的事情"；若回答为"不能"，也意味着"有一件他不能做的事情"，这又等于说"上帝不是全能的"，已经与"上帝是全能的"这个出发前提相冲突。所以，该提问本身是不合法的，石头推理不能证明"上帝不是全能的"。

　　分析2：分析1似乎很有道理，但其实有漏洞。石头推理的问题不在提问本身，而在于第二个前提。若回答"上帝能够创造一块他自己举不起来的石头"，确实预先假设了"有这样一块石头"；但是，若回答"上帝不能创造这样一块石头"，却没有预先假设"有这样一块石头"，因为我们可以解释说：上帝之所以不能创造这样一块石头，是因为对万能的上帝来说，根本不可能有一块他自己举不起来的石头，它的存在违背了预先假定的上帝的全能性。既然该推理的第二个前提有问题，故该推理也不成立，"上帝不是万能的"这个结论仍然推不出来。

　　与上帝全能的悖论十分类似的，是不可抗拒的力的悖论：当不可抗拒的力遇到不可移动的物体时，会发生什么事情？回答是：如果一种力是不可抗拒的，那么，根据定义，就没有任何不可移动的物体；相反，假如有不可移动的物体的话，则没有任何力能够真正定义为不可抗拒的。有人断言，摆脱这个悖论的唯一方式是：让不可抗拒的力和不可移动的物体永不碰面。但这种方式在万能的上帝那里是不可能的，因为我们的目的是追问：上帝内在的全能性是否会使他的这种全能性成为不可能？而且，如果有一种力可以移动一个物体，该物体在原则上就不可能是不可移动的，无论该种力和该物体是否碰面。于是，在实施任何任务之前，很容易设想全能性处于自身融贯*的状态，但对于这种融贯的全能性来说，却无法实施某些可设想的任务，除非牺牲掉全能性的融贯性。

　　于是，即使石头推理不成立，我们也仍然面对一些有意思的问题，例如：如何用理性的方式去证明上帝不是全能的？如何去跟上帝的信仰者讲理，说服他们放弃"上帝全能"的信仰？更一般地说，如何去厘清理性与信仰（如对全知、全善和全能的上帝的信仰）的关系问题。这样的问题对于宗教家也是很重要的，斯温伯恩（R. Swinburne）指出，"每一种这样的特性能否都得到一种逻辑连贯的说明（对这个问题的研究完全符合西方宗教的传统），它们是否能够以一种逻辑连贯的形式结合在一起，对这样一些问题的研究一直是宗教哲学的中心课题，其目的在于

* 融贯：即与自身不相冲突，没有逻辑矛盾。

[5] 里查德·斯温伯恩：《宗教哲学》，载《当代英美哲学地图》，欧阳康主编，北京：人民出版社，2005年，422页。

[6] Mackie, J. L. *The Miracle of Theism*, Oxford: Clarendon Press, 1982, p.160.

说明上帝存在的宣称归根结底是可以理解的和逻辑连贯的。"[5]

当代学者麦基（J. L. Mackie）还提出了另一个版本的"全能悖论"，它始于这样一个问题："一个全能的存在能够创造出他不能控制的事物吗？"[6]无论回答是肯定的还是否定的，似乎都会给全能观念的融贯性造成严重的威胁。

三、全知悖论

按照基督教教义，上帝作为至高无上的存在是全知的：古往今来的一切事情都在其知识范围内，无论过去、现在和将来发生的事件皆为其所知晓。于是，上帝能够预知未来，具有预先知识（foreknowledge）。但上帝的这种预知似乎会与人的自由意志相冲突：

（1）上帝是全知的。

（2）约翰有自由意志。

（3）如果上帝是全知的，则他知道未来所发生的事情，故他今天就知道约翰明天将做什么。

（4）如果上帝今天知道约翰明天将做什么，约翰的行动在时间上就是被预先决定的，故约翰明天所做的事情就是不自由的，因为他不可能以别样的方式去行动。

（5）因此，约翰没有自由意志，因为以不同的方式去选择和行动是自由的关键。

所以，（2）和（5）相互矛盾。

无论神学家还是其他哲学家，都力图消除这种矛盾。其途径至少有如下三条：

第一，否认或限制（1），即不承认上帝是全知的，或者限制其全知性，断言即使是上帝也不可能知道一切真理。

例如，斯温伯恩主张对上帝的全知性加以限制，从而间接否定前提（3），即否认上帝拥有关于未来的知识。他将"全知性"重新定义为：上帝在此刻是全知的，当且仅当他知道有关此刻或者此刻之前（如昨晚6点）的每一个真命题；或者他知道有关此刻之后的一时刻（如明晚6点）的每一个真命题。而明晚6点的每一个真命题，或者是逻辑必然地真、或者他有最重要的理由使之为真，并且此刻他接受那些命题是逻辑上可能的。[7] 具体细节从略。

[7] Swinburne, R. *The Coherence of Theism*, Revised edition, Oxford: Clarendon Press, 1993, pp.180−181.

第二，否认（2），即不承认人有自由意志。这是一种严格的神学决定论观点，但支持者甚少，因为它会带有不可接受的后果。例如，如果人的一切行动都是由神预先决定的，他完全没有自主权，于是他对他的所有行为就不能承担道德责任，我们既不能因为他行善而奖赏他，也不能因为他作恶而惩罚他。

第三，否认（4），即用某种方式说明，上帝的预知并不会导致预先决定论，而与人的自由意志是相容的。有人做出了下面两个区分：

（a）"上帝知道P"蕴涵"P真"；但"上帝知道P"并不蕴涵"上帝使P为真"。一个全能的上帝能够创造一个世界，但他并不使这个世界中为真的事情为真。但一个全知的上帝能知道他不使其为真的事情为真。

（b）"蕴涵的方向"不同于"决定真理的方向"。"P蕴涵Q"当且仅当"P真Q假是一个逻辑矛盾"。"A得以实现"决定"B为真"，当且仅当，"A得以实现"是"B为真"的解释。然后，我们设想：约翰明天将会被诱使去撒谎，但他最后决定讲出实情。于是，"约翰明天将讲出实情"（记为Y）为真。由于上帝全知，"上帝知道约翰明天将讲出实情"（记为G）也为真。请注意：蕴涵的方向是从G到Y，当然得加上"上帝全知"这个条件，而决定真理的方向是从Y到G，是Y真使得G真，而不是相反或其他。于是，对约翰明天讲真话的解释是：因为他自由地选择了讲真话，这完全相容于Y真和G真。约翰能够是一个拥有自由意志的道德行动者，他讲出真话的自由决定解释了Y真，而"上帝全知"和"Y真"一起解释了"G真"。因此，上帝的预知与人的自由是相容的，上面论证中的矛盾是臆造的和虚幻的。[8]

[8]　参见凯斯·E.严德尔：《当代宗教哲学导论》，谢晓健等译，北京：中国人民大学出版社，2010 年，352—353 页。

四、恶和苦难问题

这可以看作是伊壁鸠鲁悖论的现代版本，得到了更严肃和更广泛的讨论。对于任何一神教的正统信仰者来说，下面四个命题是不相容的：

（1）上帝是万能的。

（2）上帝是全知的。

（3）上帝在道德上是完善的。

（4）存在着严重且广泛的恶和苦难。

由这一组命题，至少可以推出下面三个命题之一：对于恶和苦难，

（5）上帝无能为力。

（6）上帝一无所知。

（7）上帝漠不关心。

而（1）和（5）冲突，（2）和（6）冲突，（3）和（7）冲突。

关于（4）的真实性，应该是毫无争议的。只要看看每日新闻就足够了。每一年，上百万的人以各种方式因各种原因而遭受苦难。饥荒、

疾病、战争、贫穷、非正义、疏忽、虐待、犯罪，以及诸如地震、洪水泛滥和干旱等自然灾害，使许许多多的人遭受伤害、痛苦和不幸，甚至死亡。由此，问题出现了：全知、全善和全能的上帝为什么会允许这一切发生？假如他是全知的，他一定会意识到这一点；假如他是全能的，他应该能够阻止它；假如他是大慈大悲并且道德完善的，他应该有意愿去想方设法阻止它。不希望减轻被爱者的苦难——在某些情形下真正使人极度痛苦的、难以忍受的苦难——是一种奇怪的爱；而且，不论好人坏人似乎完全无差别的方式遭受这样的苦难也是一种奇怪的正义。

在基督教传统中，解决这一冲突和矛盾的尝试被叫做"神正论"（theodicy），它典型地捍卫上帝是正义的这一观念。"theodicy"这个语词源自希腊语词 *theos*（a god）和 *dike*（justice）。主要思路有如下三条：（1）恶和苦难没有真正的伤害，因为在这个世界上，健康比疾病更为常见，快乐比痛苦更常见，幸福比苦难更常见，我们遇到一次烦恼就会换来一百次的快乐。（2）恶和苦难是上帝赋予我们自由意志的代价，因为我们在道德上不完善，常常做出错误的甚至是邪恶的决定，人类自己应该为这些恶和苦难负责。（3）我们所遭遇的恶和苦难赋予我们精神提升和践行刚毅、同情等美德的机会。[9] 但这些回答都遭到了很多的甚至是极大的非议。

[9] 参见克里斯·霍奈尔等：《哲学是什么》，290—298 页。

五、帕斯卡赌

布莱斯·帕斯卡（B. Pascal, 1623—1662）是一位优秀的数学家，也是一位原创性的哲学家，他关于概率论的开创性工作无疑影响他提出支持上帝存在的论证，即帕斯卡赌。他的基本观点是：上帝是一个无限的存在，而每个人仅有有限的理智，这导致无法从理智上说明或否认上帝的存在：

> 上帝的存在是不可理解的，上帝的不存在也是不可理解的；灵魂和肉体同在不可理解，我们没有灵魂也不可理解；世界是被创造的不可理解，它不是被创造的也不可理解，等等；有原罪不可理解，没有原罪也不可理解。[10]

并且，感官证据也不能为我们提供所需要的裁决：

> 我四方眺望，看到的只有黑暗。大自然给我呈现的，无一不是疑惑和让人不安的东西。如果我看不到任何显示神性的标志，我就会得出无神论的结论；如果我到处都看到创造主的迹象，我就会在信仰中获得安宁。然而我看到的否定的东西太多，而可以相信的东西太少，我就处于一种可怜的状态……但在我目前所处的状态，我不知道我是谁，也不知道自己的责任了。我一心倾向于知道真正的善在哪里，目的是追求它；为了永恒，我会付出任何代价。[11]

于是，他转而利用概率论和决策论来说明对上帝的信仰的根据：相信上帝是比不信上帝更好的赌注。

> ……是的，但必须打赌；这么做不出于自愿，但你已经上了船。那你将选哪一面呢？让我们来看看。既然非选不可，就让我们来看看什么对你的利益损害最小。你有两样东西可输：即真与善；你有两件东西可赌：即你的理智和你的意志，你的知识和你的福祉；而你的天性又有两样东西要躲避：即错误与不幸。既然非选择不可，所以不管选哪一方，不会更有损于你的理智。这一点已成定局。但你的福祉呢？让我们掂量一下赌上帝存在的得与失吧。我们来考虑两种情况：假如你赢了，你将赢得一切；假如你输了，你却毫无损失。那就毫不

[10]　布莱兹·帕斯卡尔:《思想录》，钱培鑫译，南京：译林出版社，2010年，80 页。

[11]　同上书，79—80 页。

犹豫地打赌上帝存在吧。[12]

[12]　布莱兹·帕斯卡尔:《思想录》,钱培鑫译,南京:译林出版社,2010年,82页。

按照帕斯卡的说法,对于上帝是否存在,我们有两个基本选择:可以选择相信或不相信;这有点像抛硬币,两种可能性均等。在每一种情形下,我们的选择会有相应的报偿。这产生四种可能的情形,以及四种可能的结果,我们不妨将其画成一个二元博弈矩阵:

	上帝存在	上帝不存在
信仰上帝	(a) 天堂:无尽的奖赏	(c) 损失少量世间的快乐
不信仰上帝	(b) 地狱:无尽的惩罚	(d) 获得少量世间的快乐

支持信仰以及与之相配的生活方式或许意味着一个人必须牺牲世俗生活中的各种快乐,承担由于宗教所施加的道德约束,或者由于花费时间从事礼拜活动。但是,作为这种相对小的赌注的回报,一个坚持信仰的人却会赢得一笔无以数计地丰厚的赏赐,即天堂的快乐。另一方面,拒绝做出这种牺牲意味着为了眼前蝇头小利之缘故在冒堕入地狱的危险。帕斯卡论证说,假如一个人假定,上帝的存在或者不存在或多或少是同等可能,那么,理性的行动方针显然是支持信仰的。它类似于花十元钱买一张彩票,而潜在的奖金是一万亿英镑;而且,这一赌注还为你买了一种针对各种灾难的综合保险。

现在,我们来讨论这样一个问题:帕斯卡赌注确实合理吗?

我们可以提出如下四个反对意见:

1. 它把上帝塑造成像我们一样的小心眼:对信仰他的人施以恩惠,对不信仰他的施加惩罚,威逼利诱,恩威并施,这违背了上帝的博爱本性。如果上帝确实是博爱的,他就会把爱的目光投向每一只迷途的羔羊。帕斯卡或许会辩护说,他试图做的一切就是证明:在某些情形下,承认一个人的希望和恐惧会影响他的信仰是合法的,支持基督教信仰比抛弃它更为合理。

2. 它使信仰变了质，即变成一个关于自我利益计算的问题。尽管不能否认有些人的信仰是出于自我利益计算，但在很多的情况下，真正的信仰是出自于理性的思考和抉择。不然就很难解释，为何率先推动社会进步、使其变得更人性化的大都是那些出身富有、受过良好教育、有很高社会地位的知识分子，例如18世纪的法国启蒙思想家，美国的那些开国元勋，我们中国人很熟悉的马克思、恩格斯、列宁等人，以及中国近代史上的孙中山、梁启超、陈独秀、李大钊等人。他们为一个更为理想的社会奔走呼号，有些人付出了自己的一切财富，甚至生命。具体就宗教而言，它所要求的对上帝的信仰是以信任和爱为基础的。

3. 帕斯卡赌预设一个人可以随意选择相信还是不相信上帝，但这一预设是错误的。我们不能仅仅愿意相信上帝存在，就像我们可以愿意相信世界是扁平的或者那个三角形有三条边那样。信仰是由许多事情决定的：例如，个人的经验、证据、教养、教育和推理。虽然我个人的利益、希望和愿望或许在这里也起作用，但是，我不能完全决定让它们凌驾于这些其他的因素之上。帕斯卡也承认这一点的力量，但他论证说，一个人还是可以通过实际参加教会每天的仪式去选择使自己趋向信仰。在他看来，这是教会的主要功能之一：提供一种方式，让怀疑者凭借它可以"减弱他们的敏感度"从而达到信仰。

4. 假如上帝根本不存在，我们却选择相信上帝，这并非没有什么损失，而是损失巨大：不仅浪费了时间和精力，局限了理智，失去了对世界的真实认知，在这个世界上糊里糊涂地度过了一生。

再从概率论和决策论的角度去考虑帕斯卡赌的合理性。

帕斯卡赌用到了决策论，通过衡量每个行动可能获得的净收益，以及获得收益的概率，来帮助人们做出理性的选择。其中用来衡量的指标就是"期望值"。例如，赌博中的期望值=（奖金的价值－付出的成本）×赢得奖金的概率。所有可能的行动中，"期望值"最大的那一个通常被认为是理性的选择。这就引发了一个问题：上帝存在和不存在的概率分别是多少呢？这两个事件是不是等可能事件？我们只能说：不知道。我们现有的感觉经验和推理都不足以明确地指出这个概率。概率论中有一个"中立原理"或"无差别原则"：如果我们没有充足理由说明某事件是否发生，我们就选对等的概率来确定该事件发生或不发生的真实值。不过，这个原理的合法应用是以"客观情况是对称的或无差别的"为依据，例如，若硬币铸造正常，则抛掷硬币出现正面和反面的两种概率相等。当我们不知道"上帝存在"和"上帝不存在"是否有这种对称性时，或者当上帝根本不存在时，应用中立原理往往会导致荒诞的结果。

　　既然中立原理行不通，又没有充足的证据指出一个确定的概率，"上帝存在"的可能性就因人而异了。不同的人在计算期望值时，上帝存在的概率就取决于他对此事的相信程度，或者说愿意相信的程度。于是，从个人角度而言，计算期望值所需的"上帝存在"的概率，并非事实上的概率，而是计算者凭自己的意愿决定的。按照我们作为无神论者的直觉经验，上帝存在的可能性微乎其微。那么，在计算"相信上帝"的期望值时，我们会乘以一个极小的概率，它表明：即使有可能获得永恒的幸福，这个可能性也小得几乎令人绝望。

　　更糟糕的是：我们还必须考虑多神的情况。这个世界上还有很多其他的影响很大的宗教，例如伊斯兰教、佛教和犹太教，它们各自有自己唯一的尊神，有不尽相同甚至完全相反的教义和戒律，每一个宗教都宣称：信我者获得至福和永生，不信我者将招致极可怕的报应。一个人无法同时信奉所有的宗教和所有的神。在没有明显证据支持的情况下，一个人如何决定去相信哪一个神或哪些神存在呢？帕斯卡赌在这里仍然适用吗？我们先考虑两个神的情况，由此得到的博弈矩阵是：

	基督存在	真主存在
相信基督	（a）天堂：无尽的奖赏	（c）地狱：无尽的惩罚
相信真主	（b）地狱：无尽的惩罚	（d）天堂：无尽的奖赏

所有的神都是无限的存在，都有无穷的法力。任何一个神都可以对不信自己的人加以无尽的惩罚。假设世界上有8个神，我信奉了其中6个，尽管他们会给我永恒的至福，但剩下的2个神仍会给我无尽的惩罚，因为每个神都是法力无边的，故6个神的力量并不比2个神的力量来得大。那么，我又有什么理由非要相信上帝不可呢？或许不相信任何神反而来得更好些。这种多神的情景充分揭示了帕斯卡赌的非合理性。

六、克尔凯郭尔的神悖论

索伦·克尔凯郭尔（S. Kierkegaard，1813—1885），丹麦哲学家，被称为存在主义之父。他一生致力于阐明"身为基督徒意味着什么"这项工作，其基本观点是：成为一位宗教信徒，意味着做出一种激情的个人抉择，要置一切证据和理性于不顾，来实现"信仰的飞跃"。信仰有时候是私人性的，它与教义、教会、社会团体和仪式无关。

下面三个不一致的命题被人称为"克尔凯郭尔的神悖论"：

[13]　Rescher, N. *Paradoxes: Their Roots, Range, and Resolution*, Chicago and La Salle, Illinois: Open Court, 2001, p.119.

（1）崇拜上帝在理性上是适当的。

（2）一个理性的人不会也不能崇拜某种他不能适当理解的东西。

（3）人不能适当地理解上帝。[13]

克尔凯郭尔认为，（2）和（3）是明显的生活事实，但（1）却是有问题的，应该加以拒绝。"真理的主观性"和"信仰的飞跃"是克氏哲学的两大核心支柱。克氏完全颠倒了他那个时代所接受的哲学—科学观，坚决主张真理的主观性，认为真理并不取决于信念与对象的适当关系，而是取决于信念与坚持那个信念的个体之间的适当关系。他或她如何坚持那个信念才是那个信念的真理性的标准。因此，克氏断言，真理是内在的，依赖于主体的，是特殊的而不是普遍的，是私人的而不是主体间的。有限的人与无限的上帝之间的鸿沟使得在两者之间架起任何理性桥梁的努力都徒劳无用："让我们把这种未知者称为：上帝。上帝只是我们给这个未知者起的一个名字。理性几乎想不到有必要要去论证这种未知者的存在。也就是说，假如上帝不存在，那当然就不可能论证它；而假如他存在的话，那么去论证他的存在就是愚蠢的。"[14]于是，成为一个基督徒就是一种绝对的承诺，或者说是"信仰的飞跃"。这不能诉诸理智，而要诉诸激情，因为试图理解上帝与信仰上帝是对立的："当信仰开始丧失激情的时候，也就是需要论证来为无信仰鸣锣开道的时候"，"如果人有一天似乎成功地使基督教变得合理了，那么那一天就是基督教寿终正寝的时候。"[15]这是否有回到德尔图良的"因为荒谬，所以信仰"的老路之嫌？

神圣如"上帝"者，也要接受理性的审视和追问，以探究"上帝"概念的内在融贯性，"因为荒谬，所以信仰"的时代已经远去。在历史上，先后提过有关上帝的种种悖论，如伊壁鸠鲁悖论、全能悖论、全知悖论、恶和苦难问题、帕斯卡赌以及克尔凯郭尔的神悖论。本小节对它们做了比较仔细的阐释和初步讨论，由于多种原因，没有详细展开对这些悖论的深入讨论和详尽剖析。现有分析表明，"上帝"概念似乎具有某种"悖论"性质，很难在理性上自圆其说。

[14] 转引自罗伯特·所罗门：《大问题：简明哲学导论》，张卜天译，桂林：广西师范大学出版社，2004年，97页。

[15] 转引自同上书，96页。

真 / 假

上图是英文单词true，即真，但是旋转180度之后，你会发现它成了false，即假。

我们能看到许多语句，在某时为真，某时为假，又或是随着地点的变迁而改变真假，例如"此时此地下雨"。有没有不变易，永远为真、永远为假的句子？在逻辑中，前者被称作重言式，后者则是矛盾式。之所以不变，是因为它们的真假来源于语法结构（或逻辑结构），例如"马是马"永远为真，"马非马"永远为假。而那些真假会变易的句子，是因为它们的真假单由结构无法确定，还需要字面之外的信息——这通常是世界的样貌——如同上图究竟是真是假，还会涉及到摆放的角度那样。

所有智性追求以及艺术追求，均为人类借以理解世界的努力方式。

——王浩

王浩（1921—1995），中国山东人，1943年毕业于西南联大数学系，随后考入清华大学研究生院，师从金岳霖、冯友兰、沈有鼎等名师攻读哲学和逻辑。1946年，赴美国哈佛大学师从著名逻辑学家和哲学家蒯因，仅用15个月就获得博士学位。1948年毕业留美工作，后入籍美国。先后任教于哈佛大学、牛津大学、洛克菲勒大学等名校，主要从事逻辑学、数学、计算机科学和哲学方面的研究。先后当选为美国文理科学院院士，大不列颠科学院通讯院士。1983年，被国际人工智能联合会授予"数学定理自动化证明里程碑奖"。从1970年代起，与哥德尔过从甚密，两人经常促膝长谈，主要讨论哲学问题。后来出版的《关于哥德尔的反思》（1987年），《逻辑之旅——从哥德尔到哲学》（1996年）两书，是哥德尔研究方面的权威性著作。王浩是华人中迄今为止仅有的进入西方主流学术圈、堪称国际一流的逻辑学家、计算机科学家和哲学家。

周期

埃舍尔 1938

　　"谷堆"悖论是这样的：一粒谷子不是谷堆；往不是谷堆的东西上放一粒谷子依然不是谷堆，所以两粒谷子不是谷堆……所以一百粒谷子不是谷堆……所以一万粒谷子依然不是谷堆……所以，不论多少谷粒都不存在谷堆。这个悖论的另一个著名变体是"秃头"悖论。这种悖论的数学形式称为"王氏悖论"（Wang's Paradox），与美国逻辑学家王浩有关。

　　在上图中，从右上角顺时针往左上角，你能看到一个人慢慢地变成了方块。这些形状在每次渐变时变化的都是很小的量，最后却截然不同！

第四章

模糊性：连锁悖论

一、什么是模糊性？

模糊性（vagueness）是一个古老的话题，可以追溯到古希腊麦加拉学派所提出的"秃头"和"谷堆"悖论。上世纪早期，皮尔士（C. S. Peirce）（1902）、罗素（1923）、布莱克（M. Black）（1937）、亨普尔（C. G. Hempel）（1939）等人关注过模糊性，但产生的影响并不大。在1970年代，对模糊性的兴趣井喷式爆发，达米特（M. Dummett）（1975）、法因（K. Fine）（1975）、赖特（1976）等人都探讨过模糊性。此后，来自不同领域的众多学者投身于对模糊性的研究之中，其中很多人是当今的主流哲学家，例如埃文斯（G. Evans）、达米特、普特南、赖特、大卫·刘易斯（D. Lewis）、威廉姆森（D. Williamson）、塞恩斯伯里（R. M. Sainsbury）、夏皮罗（S. Shapiro）、索姆斯（S. Soames）、菲尔德（H. Field）、苏珊·哈克等人。他们提出了多种不同的理论，相互之间产生了很多争论，从而使模糊性成为当代逻辑学、语言学、知识论、形而上学和法学等多学科交叉研究的一个热门话题。[1] 本章将探讨模糊性的特征和范围，列示主要的连锁悖论。

像"高"和"矮"，"大"和"小"，"胖"和"瘦"，"美"和"丑"，"聪明"和"愚笨"，"富有"和"贫穷"，"秃头"，"谷堆"，"孩子"，以及一些颜色谓词如"红"、"黄"、"蓝"，都是典型的模糊谓词。一般认为，它们至少具有如下三个特征：

1. 模糊谓词有难以辨别它们是否适用的界限事例。

[1] 参见以下关于模糊性的专题文集：Keefe, R. & Smith, P. (eds.), *Vagueness: A Reader*, Cambridge: MIT Press, 1997; Graff, D. & Williamson, T. (eds.), *Vagueness*, Ashgate/Dartmouth, 2002; Dietz, R. &Moruzzi, S. (eds.), *Cuts & Clouds: vagueness, its nature and its logic*, Oxford: Oxford University Press, 2009; Ronzitti, G. (ed.), *Vagueness: A Guide*, Springer. 2011.

根据一特定模糊谓词对其是否适用，可以把所有事例分为三组：一组是正面事例，即该谓词对之肯定适用的事例；另一组是反面事例，即该谓词对之肯定不适用的事例，第三组是界限情形（borderline cases），即难以确定该谓词对之是否适用的事例。例如，相对于中国人而言，1.5米以下大概属于"高个子"这个谓词的反面事例，1.8米以上大概属于该谓词的正面事例，而1.6—1.7米大概可以算作该谓词的界限事例，因为我们很难说这样的人是"高个子"，也很难说这样的人不是"高个子"，他们或许属于"既不高也不矮"的界限情形。再如，小青蛙是从小蝌蚪演变而来的，在其演变过程中，肯定会有这样的阶段或时刻，我们很难辨别正在演变的那个小生命究竟是蝌蚪还是青蛙，它们正处于蝌蚪和青蛙的分界线上，是"青蛙"和"蝌蚪"之间的界限情形。所有其他的模糊谓词，如"秃头"、"谷堆"和"孩子"等，都存在这样的界限情形。

2. 模糊谓词"容忍"小幅度变化，它们没有预先定义好的正面事例和反面事例。

模糊谓词是程度谓词，其意义容许有一个摆动幅度，甚至可以分出"比较级"和"最高级"：例如，不高的，比较高的，高的，很高的，非常高的，最高的。每一次只做很小一点改变，例如增减一毫米，不会影响"高的"这个模糊谓词的适用性：原来"不高的"不会因此变成"高的"，原来"高的"不会因此变成"不高的"。赖特用了一个专门的词——"容忍"（tolerance）来描述模糊谓词的这一特性：它是一个表示改变幅度的概念，该改变是如此之小，以至很难对该谓词的适用性造成影响。在英文文献中，有时也把模糊谓词称作"容忍谓词"（tolerant predicates）。

模糊谓词的上述特征派生出两个结果：一是该类谓词没有截然分明的界限。在很多情况下，我们很难确定某个人究竟是高的还是矮的，某个物件究竟是大的还是小的，某个发育中的小动物究竟是蝌蚪还是青蛙，某个颜色斑块究竟是红色还是橘色，因为其间存在难以辨识的界限情形。二是模糊谓词没有预先定义好的确定的外延：既然很多东西属于界限情形，我们难以确定它们究竟是属于该谓词的正外延还是负外延，该谓词也就没有确定的外延了。而清晰概念并非如此，例如数学概念"偶数"和"奇数"，政治身份概念如"共产党员"和"非共产党员"，都有非常确定的外延。

3．模糊谓词将会产生连锁悖论。

所谓连锁悖论，就是从明显真实的前提出发，通过一些非常微小因而难以觉察的改变，或者通过一些直观上明显有限的小的推理步骤（little by little reasoning），得出了直观上不可接受或明显为假的结论。"连锁悖论"（sorites paradox）源出于"谷堆"悖论。英文词"sorites"源于希腊词"soros"，后者的意思就是"堆"，"sorites"的字面意思就是"成堆的东西"。在公元4世纪，有人把"sorites"用于表示一系列推理，叫做"连锁推理"，其中前一推理的结论变成了后一推理的前提，还可以省略掉所有的中间结论，从一系列前提直接推出最后一个结论。连锁推理特别指"连锁三段论"，其中前一命题的谓词是后一命题的主词，最后的结论则由第一个命题的主词和倒数第一个前提的谓词构成。

二、一些典型的连锁悖论

古希腊麦加拉派的逻辑学家欧布里德斯（Eubulides）提出了很多怪论和悖论，其中两个是如下的连锁悖论：

谷堆悖论

一粒谷子算不算谷堆？不算！再加一粒呢？也不算！再加一粒

呢？还不算。再加一粒呢？……因此，无论加多少谷粒，即使加一万粒，也不会造成谷堆。

秃头悖论

掉一根头发算不算秃头？不算！再掉一根呢？也不算！再掉一根呢？还不算。再掉一根呢？……因此，无论掉多少根头发，即使所有的头发都掉光了，也不会造成秃头。

顺便提及，根据网上查到的资料，长金发的人平均有14万根头发，长红发的人平均有9万根头发，长棕发的人平均有10.9万根头发，长黑发的人平均有10.8万根头发。

有资料表明，欧布里德斯提出如上两个悖论，很可能是受到爱利亚的芝诺在一个世纪以前提出的如下悖论的启发：

谷粒和响声悖论

如果1粒谷子落地没有响声，2粒谷子、3粒谷子落地也没有响声，如此类推下去，整袋谷子落地也不会有响声。

应该注意，古希腊思想家在这里并不是要探究事实的真相，而是试图找到逻辑演绎与事实之间的差别。如果承认从一粒谷到谷堆之间、从满头发到秃头之间、谷子落地从没有响声到有响声之间都有一个连续的系列，那么，其间会有一个变化的模糊区域，以至于我们无法弄清楚其确切的分界线在哪里。

根据第欧根尼·拉尔修的《名哲言行录》的记载，斯多亚派的克里西普斯（Chrysippus，公元前280—前206）还提出了如下的悖论：

很少悖论

并非2是很少的而3不是；并非2和3是很少的而4不是；如此类推，直至1万。但是，2是很少的，所以，1万也是很少的。[2]

如上这些悖论流传很广，被后世很多人所知晓。西塞罗（M. T. Cicero，公元前106—43），作为古罗马的演说家、政治家和哲学家，曾谈道：

人们必定要批评[新柏拉图学派]利用一种极端诡辩的论证。这种论证通常在哲学上完全不能令人满意，因为它依赖一种通过一点一点增加或减少而进行推理的方法。他们称这种论证为连锁论证，是因为通过一次增加一颗麦粒到了某个时刻就成了一个麦堆……我们不具备知道绝对界限的能力，以便根据事物的本性能够精确地确定我们在任何方面到底走了多远；这种情况不仅出现在谷堆的例子中（连锁论证从这个事例得名），而在无论什么事例都是如此：如果通过逐渐细微的增加或减少，问我们如此这般的一个人是富人还是穷人，是名人还是无名之辈，问我们远处的东西是多还是少，是大还是小，是长还是短，是宽还是窄，那么，我们不知道在什么程度上能够通过增减给出一个明确的回答。[3]

[2] 关于以上悖论的原始资料，参见 Diogenes Laertius, Galen and Cicero, "On the sorites," in Keefe & Smith, 1997, pp.58–60; Williamson, T. *Vagueness*, London: Routledge, 1994, pp.8–35.

[3] 斯蒂·芬里德：《对逻辑的思考：逻辑哲学导论》，李小五译，沈阳：辽宁教育出版社，1998，215页。

王悖论

[4] 参见Dummett, M. "Wang's Para- dox," in Keefe & Smith, 1997, pp.99- 118. 达米特在后来 补写的文末注释 中谈道："这个标 题［王悖论］与我 记得多年前在一本 短暂存续的牛津出 版物上读过的王浩 教授的一篇文章有 关。假如我很快发 表这篇文章的话， 我或许会去掉这个 标题，因为我从不 假定王教授除了展 示一类古代悖论的 一般形式外，还打 算［就该类悖论］说 任何东西。但是， 既然这个名称已经 获得某种流行，我 认为最好让它保持 原样。"

这是达米特以美籍华裔逻辑学家王浩的名字命名的一个悖论[4]，与数的大小有关：

> 1是一个小数。
>
> 对于任一n，如果n是一个小数，则n+1也是一个小数。
>
> 所以，每一个数都是一个小数。

这个推理的第一个前提确实是真的。而且，给一个太小的数加1也不会使得它从一个小数变成不小的数，故第二个前提似乎也是真的。并且，这个推理似乎也是有效的。假如1是一个小数，则1+1即2也是一个小数；如果2是一个小数，则2+1也是一个小数；只要有足够的耐心，我们可以不断重复这样的推理步骤，以至我们最后得到了100万这个数，按照前面的道理，它也应该是一个小数，但很显然它不再是一个小数，而是一个很大的数！我们究竟错在哪里呢？

如上所述的连锁悖论可以表述成如下四种一般形式：

（a）条件命题的递增形式，例如"谷堆"悖论：

$\neg Fa_1$	1粒谷子不算谷堆；
如果$\neg Fa_1$，则$\neg Fa_2$	如果1粒谷子不算谷堆，则2粒谷子也不算谷堆；
如果$\neg Fa_2$，则$\neg Fa_3$	如果2粒谷子不算谷堆，则3粒谷子也不算谷堆；
如果$\neg Fa_3$，则$\neg Fa_4$	如果3粒谷子不算谷堆，则4粒谷子也不算谷堆；
⋮	⋮
如果$\neg Fa_{n-1}$，则$\neg Fa_n$	如果n-1粒谷子不算谷堆，则n粒谷子也不算谷堆；
$\neg Fa_n$（n是足够大的自然数）	n粒谷子不算谷堆（n是足够大的自然数）

（b）条件命题的递减形式，例如"秃头"悖论：

Fa_n（n是足够大的自然数）	有n根头发的人不算秃头（n是足够大的自然数）
如果Fa_n，则Fa_{n-1}	如果有n根头发的人不算秃头，那么有n-1根头发的人也不算秃头；
如果Fa_{n-1}，则Fa_{n-2}	如果有n-1根头发的人不算秃头，那么有n-2根头发的人也不算秃头；
如果Fa_{n-2}，则Fa_{n-3}	如果有n-2根头发的人不算秃头，那么有n-3根头发的人也不算秃头；
⋮	⋮
如果Fa_2，则Fa_1	如果有2根头发的人不算秃头，那么有1根头发的人也不算秃头；
Fa_1	有1根头发的人不算秃头

（c）否定的合取命题形式，例如"很少"悖论：

Fa_1	1是很少的；
¬（$Fa_1 \wedge \neg Fa_2$）	并非1是很少的，而2不是很少的；
¬（$Fa_2 \wedge \neg Fa_3$）	并非2是很少的，而3不是很少的；
¬（$Fa_3 \wedge \neg Fa_4$）	并非3是很少的，而4不是很少的；
⋮	⋮
¬（$Fa_{n-1} \wedge \neg Fa_n$）	并非n-1是很少的，而n不是很少的；
Fa_n（n是够大大的自然数）	n是很少的（n是足够大的自然数）

（d）数学归纳法形式

Fa_1	a_1具有某种性质（如1是小数）
$\forall n$（$Fa_n \rightarrow Fa_{n+1}$）	对于所有n来说，如果a_n具有某种性质，那么a_{n+1}也具有这种性质（对于任意n，如果n是小数，则n+1也是小数）
所以，$\forall n\ Fa_n$	所以，对于所有n来说，a_n具有某种性质（所以，每一个数都是小数）

应该注意，上述推理模式构成一个连锁悖论，必须满足一些条件。首先，$<a_1, a_2, a_3, \cdots a_i>$必须是一个有序i元组，由i个个体根据一定次序排列而成。例如，根据头发根数的多少对"秃头"排序，根据谷粒的多少对"谷堆"排序。其次，谓词F必须满足三个限制条件：（i）它必须对该序列中的第一项a_1是真的；（ii）它必须对该序列中最末一项a_i是假的；（iii）在该序列中，紧邻的两个项a_n和a_{n+1}必须足够相似以至相对于谓词F难以鉴别，即是说，它们同时满足谓词F或者同时不满足F。由这样的谓词F和序列$<a_1, a_2, a_3, \cdots, a_i>$所构成的论证就是一个"连锁悖论"。[5]在此类悖论中，一个前提的轻微不精确，在一连串推理步骤中被一再复制或放大，最后得到荒谬的结果。这是由演绎推理而导致的悖论，并且很可能是这种悖论中最简单的一类。

下面列举一些与连锁悖论很相似的悖论，它们都是从明显真实的前提出发，通过微小而难以觉察的改变，或者通过直观上有效的小的推理步骤，得出了明显为假的结论，或者是得出了其真实性高度可疑的结论。

忒修斯之船

据普鲁塔克（Plutarch，约公元46—120）记载，忒修斯（Theseus）是传说中的雅典国王，在成为国王之前，他驾船率人前往克里特岛，用利剑杀死了怪物米诺陶，解救了作为贡品的一批童男童女。后来，人们为了纪念他的英雄壮举而一直维修保养那艘船。随着时光流逝，那艘船逐渐破旧，人们依次更换了船上的甲板，以至最后更换了它的每一个构件。这时候，人们禁不住发出疑问：更换了全部构件的忒修斯之船还是原来那艘船吗？后来，常把其所有部分被替换后原主体是否仍然存留的哲学问题称之为"忒修斯之船"。英国哲学家霍布斯（T. Hobbes,

[5] 参见 Hyde, D. "Sorites Paradox," 2011. in Stanford Encyclopedia of Philosophy, http://plato.stanford.edu/entries/sorites-paradox/

1588—1679）曾在其著作《论物体》（第2编，第11章，第7节）中对其加以探讨。

"忒修斯之船"的悖谬之处在于：

（a）如果一艘船仅有部分构件被更换了，那艘船仍然是原来那艘船。

（b）如果一艘船的全部构件都被更换了，那艘船不再是原来那艘船。

（c）根据（a），如果我们每一次只更换那艘船的很少构件，比如说一个构件，在每一次更换后，那艘船仍然是原来那艘船；直到最后一次更换时仍然如此。

（d）根据（b），到最后一次更换时，该艘船的所有构件都被换掉了，那艘船不再是原来那艘船。

（e）矛盾：被更换了全部构件的那只船，既是原来那艘船又不是原来那艘船！ [6]

[6] 参见 Rescher, N. *Paradoxes: Their Roots, Range, and Resolution*, p.86.

忒修斯之船所涉及的问题是：我们如何理解和刻画跨越时间或空间的个体的同一性（identity）？例如，一个人从小孩变成了老人，我们认为还是同一个人；一艘船尽管更换了全部部件，我们是否仍然认为它还是原来那艘船？如果这样的话，莱布尼茨的"同一不可分辨"原则（如果x=y，则Fx↔Fy）和"不可分辨者的同一"原则（如果Fx↔Fy，则x=y）是否仍然成立？其理由是什么？……

卡特勒爵士的袜子

这是忒修斯之船的变体。

据说，约翰·卡特勒爵士有一双非常喜欢的袜子，他一直穿了好多年。一旦某个地方破了，他就要仆人织补，如此不断反复。若干年之后，原来袜子上的一根线都不存留了，全部材料都换成了新的。这时候，他感到纳闷：我的这双袜子还是我原来喜欢的那一双吗？如果不是，它在什么时候变得不是原来那双袜子了呢？

颜色悖论

假设我们把100个色块顺序排列，从左端的红色到右端的橘色。如果我们把所有其他色块拿掉，只留下相邻的两个色块，它们之间的差别仅凭我们的视觉难以觉察和分辨，因而我们应该把它们视为同一，既然第一块是红色，由于第二块在颜色上与第一块无法分辨，则第二块也是红色；而第三块在颜色上与第二块也无法分辨，则第三块也是红色；第四块在颜色上与第三块也无法分辨，则第四块也是红色；如此类推，最后应该得出第一百块也是红色。但事实上，第一百块是橘色的！问题出在哪里呢？我们在哪一步或哪些步的推理上出错了呢？

颜色谓词是观察谓词，涉及我们感官的观察能力和分辨能力。其他连锁悖论都或多或少带有一点"臆造"的性质，人们很容易把"悖论"的产生归结为我们的语词不精确，例如"秃头"、"谷堆"、"很少"、"小数"这些词就是边界不精确的词语，而颜色悖论似乎就是现实世界中真实存在的情形，因此颜色悖论是比较难对付的连锁悖论之一。

以上从忒修斯之船到颜色悖论三个悖论涉及"不可分辨性"，根据莱布尼茨提出的"不可分辨者的同一"原则，即$\forall x \forall y ((Fx \leftrightarrow Fy) \rightarrow (x=y))$，它们都涉及等词"="，有如下的共同形式：

Fa_1	a_1具有F性质
$Fa_1 \leftrightarrow Fa_2$	a_1具有F性质当且仅当a_2具有F性质
如果（$Fa_1 \leftrightarrow Fa_2$），则（$a_1 = a_2$）	如果a_1具有F性质当且仅当a_2具有F性质，则a_1和a_2是不可分辨的
$Fa_2 \leftrightarrow Fa_3$	a_2具有F性质当且仅当a_3具有F性质
如果（$Fa_2 \leftrightarrow Fa_3$），则（$a_2 = a_3$）	如果a_2具有F性质当且仅当a_3具有F性质，则a_2和a_3是不可分辨的
$Fa_3 \leftrightarrow Fa_4$	a_3具有F性质当且仅当a_4具有F性质
如果（$Fa_4 \leftrightarrow Fa_4$），则（$a_3 = a_4$）	如果a_3具有F性质当且仅当a_4具有F性质，则a_3和a_4是不可分辨的
$\vdots$	$\vdots$
$Fa_{n-1} \leftrightarrow Fa_n$	a_{n-1}具有F性质当且仅当a_n具有F性质
如果（$Fa_{n-1} \leftrightarrow Fa_n$），则（$a_{n-1} = a_n$）	如果a_{n-1}具有F性质当且仅当a_n具有F性质，则a_{n-1}和a_1是不可分辨的
Fa_n（n是任意自然数）	a_n具有F性质

自我折磨悖论

由奎恩（W. S. Quinn）提出，亦称"奎恩悖论"[7]。

　　有一个人，权且叫他"约翰"吧，受雇做医学实验：接受很轻微的令人感到些许疼痛的刺激，为此他会得到一笔钱；随着刺激量的逐渐轻微加大，所得到的钱的数目会以更大幅度增加。每一次刺激量加大所造成的疼痛加重是如此轻微，以至很难与上一次刺激所造成的疼痛区分开。所以，可以合理地设想，约翰没有理由叫停下一次刺激量增加，何况他还可以得到更多的钱。但到某一次刺激量增加时，疼痛是如此难以忍受，不是所得到的任何数目的钱所能补偿的。

下面的难题与连锁悖论很类似，但很难说它是一个连锁悖论：

[7] Quinn, W. S. "The puzzle of the selftorturer," *Philosophical Studies*, vol.59.No.1, 1990, pp.79-90.

云彩悖论

通称"一多问题"。彼得·昂格尔（P. Unger）最明确地阐述了这个问题[8]，后来引起了广泛讨论。

[8] Unger, P. "The Problem of the Many," *Midwest Studies in Philosophy* 5, 1980, pp.411-467.

试设想晴朗天空中的一块云彩。从地面上看，那块云彩有明确的边界。但事实并非如此。那块云彩由大量的水蒸气组成，在云彩的外沿，水蒸气的浓度逐渐降低，以至它们是如此稀薄，我们会迟疑地不再把它们视作那块云彩的一部分，而只是说它们靠近那块云彩。但是，变化是渐进的，许多层面都同样可以作为这块云彩的边界。因此，许多水蒸气的聚集，或浓或淡，或大或小，都同样可以视作这块云彩。既然它们有同等的根据，我们凭什么说水蒸气的这团聚集而不是另一团聚集是那块云彩？如果它们全都可以算作云彩，则我们有许多块云彩，而并非只有一块云彩。如果它们每一个都不算作云彩，则我们就没有一块云彩。问题在于：我们如何可能只有一块云彩？尽管事实上确实如此。

云彩悖论的产生源自于下面8个命题，单独来看，它们每一个都是真的，但搁在一起却不相容：

（1）有几团不同的水蒸气聚集s_k，对于每一团来说，其中的水蒸气是否构成了那块云彩，这一点是不清楚的。

（2）晴朗的天空中有一块云彩。

（3）晴朗的天空中至多有一块云彩。

（4）对每一聚集来说，有一个由其中的水蒸气所构成的对象即云彩。

（5）如果聚集s_i中的水蒸气构成对象云彩o_i，并且聚集s_j中的水蒸气构成对象云彩o_j，并且聚集s_i和s_k不是同一个聚集，则云彩o_i和o_j也不是同一个对象。

（6）如果o_i是天空中的云彩，并且o_j也是天空中的云彩，并且云彩o_i不等同于o_j，则它们是天空中两块不同的云彩。

（7）如果任一聚集 s_i 的成员都构成一块云彩，那么，对于任一其他的聚集 s_j 而言，如果其成员构成一对象 o_j，则 o_j 也是一块云彩。

（8）任何云彩都由一团水蒸气构成。

这8个命题相互之间不一致：根据前提（2）天空中有一块云彩及前提（8）任何云彩都是由水蒸气构成的，可以知道，天空中有一块由水蒸气构成的云彩。根据前提（1），有几团不同的水蒸气聚集，设分别为 s_i 和 s_j，如果设天空中这块云彩是由 s_i 中的水蒸气构成，那么根据（4），对于每一个聚集来说，都是由其中水蒸气所构成的云彩，可知，s_j 中的水蒸气可以构成云彩 o_j，又根据（5），如果两个聚集不同，则其构成的云彩也不同，云彩 o_j 不同于天空中我们原有的那块云彩，由此可知，我们的天空中有两块云彩，但这与前提（3）不相容。

对此悖论的解决方案必须合理地说明：为什么要拒斥其中的一个前提？或者，怎么拒斥导致矛盾的推理方式？或者，为什么要容忍该矛盾并与其和平共处？

关于以上的连锁悖论，我先做以下两点评论：

第一，此类悖论给我们的教训是：微小差别的不断累积和放大，可以造成巨大的差别。试考虑三个数：0.9，1，1.1，后一个数与前面数的差只有0.1。若让每个数与自身连乘10次，0.9变成了0.31，1仍然是1，1.1变成了2.85，它是1的近3倍，0.31的近10倍！差距就是这样造成的。所以，每个人都必须当心生命过程中的每一步：小胜有可能积成大胜，小过有可能铸成大错！

第二，连锁悖论对经典逻辑和经典语义学构成了非常严重的挑战。二值原则是经典的语义学和经典逻辑的核心：任一语句或命题是真的或者是假的，非真即假，非假即真，不存在其他的可能性。我们的传统真理论、认识论等等都是建立在二值原则之上的，并且二值原则背后还隐藏着实在论假设：正是独立于心灵和语言的外部实在使得我们说出的任一描述外部实在的语句或命题为真或为假，即使这种真假不被我们所知道，甚至不能被我们所知道。但二值原则似乎对含模糊谓词的句子或命题失效，因为很难说清楚含模糊谓词的句子或命题是真的还是假的。例如，对于处在临界情形的事例来说，你很难说它有某种性质，也很难说它没有某种性质，因此，有时候很难确定像"张三是秃头"这样的句子的真假。但问题的严重性在于：模糊性在自然语言中几乎是无处不在的，若经典逻辑和经典语义学不适用于模糊语句，则几乎等于说：除了数学等少数精确科学之外，它们无处可用。因此，模糊性对经典逻辑、经典语义学、传统的知识论和形而上学构成了严重的挑战。

三、模糊性理论概观

为了回应这种挑战，1970年代以来，模糊性逐渐成为哲学、逻辑学和语言学等学科交叉研究的一个热点问题，并把许多当代的主流哲学家卷入其中，形成了不同的理论，其中主要有：

（1）精确语言进路，其代表人物是弗雷格（G. Frege）、罗素和蒯因。他们认为，模糊性是自然语言的缺陷，应该用精确的人工语言来代替，现代逻辑应该用精确语言来建构，且只适用于精确科学。但由于模糊性在自然语言中无处不在，在绝大多数时候我们是用自然语言来思维，这等于说：现代逻辑不适用于自然语言和我们的日常思维，或者，当把现代逻辑应用于自然语言时，要对后者做语义整编，即用现代逻辑语言对后者做改写，有些无法改写的东西就必须舍弃。这两个后果都难以接受，故这种观点在模糊性研究中处于边缘地位。

（2）多值逻辑和真值度理论：模糊语句的真值超越真假二分，可以在[0, 1]（假和真）这个区间内取多种真值。

（3）超赋值主义：可以用多种方式把模糊语句精确化，尽管它们不在经典语义学的意义上或真或假，但可以有别的真值，如相对于某种精确化方式为真，或超真（supertruth）。

（4）认知主义：模糊性源自于我们的认知能力的局限性，源自于我们对事物存在状况的无知。

（5）语境主义：模糊性是语境敏感的，可以通过话语语境去消解。

（6）虚无主义：模糊谓词没有精确的外延，包含它们的句子也没有确定的真值。

（7）形而上学的模糊性：世界本身是模糊的，存在着模糊对象，例如"云"和"山"。有这样一个论证：山脉是实在的一部分，但它们是模糊的，因为它们没有截然分明的边界：哪里是山脉的终点和平原的起点？这一点是暧昧不清的。因此很容易看出，模糊性是实在的特征，并不是我们的思想或者话语的特征。[9]

[9]　对连锁悖论更专门和更深入的讨论，参见拙著《悖论研究》（北京大学出版社，2014）第三章。

Ceci n'est pas une pipe.

Rene Magritte,《这不是只烟斗》

图里明明是只烟斗，但是画家却在下面用文字说明"这不是只烟斗"，那它是什么？

一个对象是什么，由什么来决定？英语国家有句谚语是"如果一个东西看起来像鸭子，走起来像鸭子，叫起来也像鸭子，那么它就是只鸭子。"但是实际情况要比这复杂得多，譬如这样的"鸭子"，如果基因是兔子，它还算是鸭子吗？任何一组确定物理对象的条件，都能找到例外。与之相对，虚构对象由其定义而决定的。

物理对象没有什么定义可言，只有被观察到的性质——而观察不能穷尽所有性质。在这个意义上，逻辑、数学等演绎科学其实是最简单的。其中有哪些对象，它们有什么性质，一开始就给定了。这些定义能带来什么推论，也都是确定的，不会暧昧。

无穷！没有任何其他的问题曾如此深刻地触动了人类心灵；没有任何其他观念曾如此有效地刺激了人类理智；也没有任何其他概念比无穷的概念更需要加以澄清。

——希尔伯特

希尔伯特（D. Hilbert, 1862—1943），德国数学家，19世纪和20世纪初最具影响力的数学家之一。他发明和发展了大量的思想观念，如不变量理论、公理化几何、希尔伯特空间等。他热忱支持康托尔的集合论与无穷数。他在数学上的领导地位充分体现于：1900年，在巴黎举行的第2届国际数学家大会上，希尔伯特（时年38岁）作了题为《数学问题》的著名讲演，提出了新世纪所面临的23个问题。对这些问题的研究，有力地推动了20世纪各个数学分支的发展。

空中之城

埃舍尔　1928

　　既然柏拉图曾经说过，现实世界是对理念世界的模仿，如果在理念世界中，一切现实世界中的事物都有着其对应的"相"（理念），理念世界才是完美的。那么，处于现实世界的人对理念世界有着不同寻常的向往，也就是可以理解的了。后来许多宗教中不乏对天国的盼望渴求，也许可以视作是这种情结的延伸。集合论中象征无穷的符号ℵ在犹太神秘哲学中代指无限的、纯真的神明；据说它的形状是一个指天指地的人，说明下面的世界是一面镜子，是上面世界的地图。在上图里，天空中飘浮着那座也许是天堂的城市，在地表水面的倒影中，有一个人跪在那只承载世界的大乌龟上祈求着。他在求什么呢？应许进入天堂而得永生么？

第五章

芝诺悖论和超级任务

一、芝诺悖论和归于不可能的证明

芝诺（Zeno of Elea，公元前490—公元前430），爱利亚（如今叫"维利亚"[Velia]，在意大利南部）学派的领袖，是该学派创始人巴门尼德（Parmenides）的学生和朋友，后者年长他25岁。据说芝诺著有一本关于悖论的著作，其中讨论了40个悖论，仅有10个留下来，其中4个还有名称。他用这些悖论力图证明巴门尼德的学说："多"和"变"是虚幻的，不可分的"一"和"静止的存在"才是唯一真实的；运动只是假象；假若我们承认运动、变易和杂多，就会导致矛盾和荒谬（"悖论"）；现象和实在是截然不同的两个世界。下面讨论他论证运动不可能的四个论证，史称"芝诺悖论"。[1]

二分法

假设你要达到某个距离的目标。在你穿过这个距离的全部、达到该目标之前，你必须先穿过这个距离的一半；此前，你又必须穿过这一半的一半；此前，你又必须穿过这一半的一半的一半；如此递推，以至无穷。更具体地说，假如你要达到的目标是一米远的终点。为了达到那个位置，你必须先穿过1/2米，1/4米，1/8米，1/16米，如此等等，以至无穷。由于你不可能在有限时间内越过无穷多个点，你甚至无法开始运动，更不可能达到终点。

[1] 作为记载和讨论这四个悖论的最早文献之一，参见亚里士多德：《物理学》，徐开来译，北京：中国人民大学出版社，2003年，180—181页。

阿基里斯

奥林匹亚长跑冠军阿基里斯与乌龟赛跑。乌龟先爬行一段距离，比如说1米。在阿基里斯追上乌龟之前，他必须先达到乌龟的出发点。而在这段时间内，乌龟又爬行了一段距离，比如说10厘米。阿基里斯又要赶上这段距离，而此时间内乌龟又爬行了一段距离，比如说1厘米。于是，阿基里斯距乌龟越来越近，但永远不可能真正追上它。

飞矢不动

时间划分为不同的瞬间。在每一个瞬间，任何事物都占据一个与它自身等同的空间，即是说，它都处在它所处的地方。空间或处所并不移动。因此，如果一枝射出的箭在任何一个特定瞬间都占据一个与它自身等同的空间，则箭是静止不动的。

运动场

假设有三列物体A、B、C，A列静止不动，B列和C列以相同的速度朝相反方向运动，如下图所示：

$$A_1, A_2, A_3, A_4$$
$$B_4, B_3, B_2, B_1 \rightarrow$$
$$\leftarrow C_1, C_2, C_3, C_4$$

当B_1达到A_4位置时，C_1则达到了A_1的位置。B_1越过四个C的时间等于越过两个A的时间。因此，一倍的时间等于一半。

吴国盛认为，亚里士多德的上面转述过于没有深度，难道芝诺连相对于静止物体的运动与相对于运动物体的运动不相同这一点都不懂吗？

比较合乎情理的解释是，芝诺想通过三列物体在离散的时空结构中的运动揭示运动是不可能的，要害在时空的离散结构上。[2] 他给出了如下解释：

[2]　参见吴国盛：《芝诺悖论古今谈》，《哲学动态》1992年第12期。

假定在时刻1时，三列物体排列如下图所示，其中每个物体占据一个空间单元。

$$A_1, \quad A_2, \quad A_3, \quad A_4$$
$$B_4, \quad B_3, \quad B_2, \quad B_1$$
$$C_1, \quad C_2, \quad C_3, \quad C_4$$

这一个时间单元后是时刻2，再后是时刻3，如此递推。在时刻2的排列情况是：

$$A_1, \quad A_2, \quad A_3, \quad A_4$$
$$B_4, \quad B_3, \quad B_2, \quad B_1$$
$$C_1, \quad C_2, \quad C_3, \quad C_4$$

在时刻3的排列情况是：

$$A_1, \quad A_2, \quad A_3, \quad A_4$$
$$B_4, \quad B_3, \quad B_2, \quad B_1$$
$$C_1, \quad C_2, \quad C_3, \quad C_4$$

芝诺的意思是说，在时刻3时，仅仅过了两个时间单元，B与C两列物体之间却有四个空间单元的位移；在时刻2时，仅仅过了一个时间单元，B与C却有2个空间单元的位移。那么，对应于1个空间单元的位移的时刻是什么呢，也就是在什么时刻出现下面的排列呢？

$$B_4,\ B_3,\ B_2,\ B_1$$
$$C_1,\ C_2,\ C_3,\ C_4$$

对这个问题无法回答，所以在时空的离散结构中谈论运动必然要出现一个时间单元等于两个时间单元的问题，也就是芝诺所说的"一倍时间等于一半的时间"。这当然是荒谬的。

希腊数学史家赫斯（T. L. Heath）认为，这四个悖论刚好形成一个非常有趣且有系统的对称性。第一个和第四个是关于有限空间的运动，而第二和第三个的运动长度是不定的。第一个和第三个的运动个体只有一个，第二和第四则比较两个物体的运动，说明了相对运动与绝对运动是同样不可能的。第一个和第二个悖论假设了空间的连续性，但未假设时间是否连续；第三个和第四个假设了时间的连续性，但未假设空间是否连续。也有这样的说法：以上四个悖论可以分为两组，前两个假定时空是连续的，后两个假定时空是离散的，每组中的第一个论证绝对运动不可能，第二个论证相对运动不可能。

这里有必要强调两点：（1）不要用常识和直观去反驳芝诺悖论。作为哲学家，芝诺肯定是聪明人，他不会否认感觉层面的运动。他所诧异的是：像运动这样神奇的事情是如何发生的？诚如恩格斯（F. Engels）所言，芝诺悖论并不是在描述或否认运动的现象和结果，而是要说明和刻画运动如何可能的原因，即如何在理智中、在思维中、在理论中去理解、刻画、把握运动！（2）芝诺悖论涉及一个更困难的问题：我们如何在思维中去理解和把握无穷？芝诺本人否认无穷数列和无穷量的真实性。他认为，如果你能表明某个东西涉及无穷，你就可以证明该东西不存在。请注意上面"二分法"论证中关键的一步："你不可能在有限的时间内越过无穷多个点"。

一组否认多的悖论

　　如上所述的一组运动悖论所攻击的是常识信念，即运动是真实的。既然运动是某种类型的多，如涉及位置的变动，与位置变动伴随的是时间方面的多，所以，"运动是不可能的并且是虚幻的"这一结论也是对运动所导致的时空方面的多的否定。此外，芝诺还著有一篇论文，其中提供了一组直接否认多的论证。芝诺自己谈到，

　　　　我这个作品实际上是为巴门尼德的论证辩护，反对那些试图取笑他的论证的人，这些人试图从他那个"一存在"的前提推导出许多谬误和矛盾。因此，这篇作品是对那些肯定多的人的一个驳斥。它有意把他们的攻击还置他们自己，旨在通过彻底的考察，揭示从它们那个"多存在"的前提推导出来的结论比假定"一存在"更加可笑。[3]

[3] 柏拉图：《柏拉图全集》第二卷，王晓朝译，北京：人民出版社，2002年，758页。

相似和不相似

　　柏拉图在《巴门尼德篇》中谈到，芝诺论证了关于多的假定——即存在许多事物——将导致一个矛盾。他引用芝诺的原话："假定事物是多，那么它们必定既相似又不相似。但这是不可能的，因为不相似的事物不会相似，相似的事物也不会不相似。"[4]芝诺的意思是：如果设想有许多的事物，例如许多人和许多山。这些事物有共同的属性：是重的。但是，如果它们全都具有这一属性，则它们是同一类的事物，因此就不是多，而是一。通过这样的推理，芝诺相信他已经证明多不是多而是一，这是一个矛盾。所以，不存在"多"，只有"一"，恰如巴门尼德所说的那样。

[4] 同上书，757页。

　　柏拉图立刻反驳说，芝诺在这里犯有歧义谬误。一个事物可以在某个方面与另外的事物相似，但在另一个不同方面却与后者不相似。你与其他事物共有一个属性，并不会使你等同于另一个事物。再次考虑人和

山的例子。人在"是重的"这一点上类似于山，但在"是有智能的"这一点上却区别于山。于是，它们在"是山"这一点上不同：山是山，但人不是山。如柏拉图所言，当芝诺试图引出结论"同一个事物既是多又是一"时，我们却应该说：他正在证明的是某物既是多又是一（在不同的方面），而不是一是多或者多是一。所以，这里没有矛盾，该悖论就这样被柏拉图消解了。

有限制的与无限制的

这个悖论也叫做"稠密性悖论"。假设存在多个事物，而不是如巴门尼德所言，只存在一个事物。于是，那些事物加在一起将是一个确定的或固定的量，也就是说，将是"有限制的"（limited）。但是，如果存在多个事物，比如两个，那么它们必定是不同的。为了确保它们是不同的，必须有第三个事物把它们区隔开来。于是，存在三个事物。……如此递推下去，将得到这样的结论：事物是稠密的，没有一个确定的或固定的量，故它们是"无限制的"（unlimited）。而这是一个矛盾，因为多个事物不可能既是有限的又是无限的。因此，不存在"多"：只存在唯一一个事物，没有多个事物。

通常认为，芝诺的上述论证中有一个成问题的假定：为了确保两个事物是不同的，必须有第三个事物把它们区隔开来。实际上，芝诺最多能够说：两个在空间上分隔开来的物理对象之间，必定存在一个处于它们中间的位置，因为空间是稠密的。但芝诺却错误地断言：在这两个事物之间有第三个物理对象。在某个时间内，两个对象之不同可以仅仅在于：其中一个具有某个属性，而另一个不具有。

大和小

巴门尼德反对事物有大小。芝诺对此提供了论证，但论证的细节不详，下面是后世学者根据有关文献所做的推测性重构。假设存在多个事物，而不是如巴门尼德所言，只存在一个事物。那么，组成"多"的每一个部分必定既如此之小以至没有大小，又如此之大以至趋于无穷。具体推理如下：如果存在多的话，它必定由本身不再是多的部分构成。而本身不再是多的事物不能有大小，否则它们就是可以再划分的，因而本身就是多。把一个没有大小的物体加给另一个物体，就不会有大小的增加。如果把成千个没有大小的物体放在一起，也不会增加什么东西，因为没有大小的东西与"无"（nothing）并无不同，它们就是"无"。因此，如果一个事物是没有大小的话，则可以推出无物存在。既然有事物存在，构成原来的"多"的各部分本身就是有大小的，而这些部分又有各自的子部分，后者也有大小。如此递推，以至无穷。于是，由这些子部分所构成的那些部分就有无穷多个有大小的部分，它们是如此之大，以至大到无穷。

一般认为，在芝诺的上述推理中有很多错误。（1）他一开始就说错了：如果存在多的话，它必定由本身不再是多的部分构成。一所大学就是这种说法的一个反例。大学是由学生组成的多，但这不排除学生本身是多的可能性。什么是整体、什么是多，取决于我们的视角。当我们把一所大学视为由学生组成的"多"时，我们把学生看作没有部分的整体。但是，对于另外的目的而言，学生是由细胞构成的"多"。芝诺弄不清楚这种相对性概念，因而在整体-部分推理上犯错。当代评论者弄清楚这一点之后，在关于多元论和一元论的形而上学争论中，不再严肃考虑芝诺的有关论断。

（2）芝诺错误地认为，"多"的每一个部分必定有非零的大小。1901年，法国数学家勒贝格（H. Lebesgue, 1875—1941）阐明了定义测量的适当办法：即使任何点的单元集的测量值为零，而由点组成的一条线段却有非零的测量值。线段[a, b]的测量值是 b–a，边长为a的立方体的测量值是a^3。勒贝格的理论开启了现行的测度理论，并且也开启了有关长度、容积、时间、质量、电压、亮度和其他连续的量值的测度理论。

　　下面有一个与芝诺关于"大和小"论证类似的论证，请读者评价该论证是否可靠：看该论证的前提是否都是真的，其推理步骤是否都是有效的。"如果在有限长的线段L上有无穷多个点的话，那么，如果这些点都有长度，则L将无限长；如果这些点都没有长度，则L将没有长度。而一个有限长的线段不可能无限长，也不可能没有长度。因此，在有限长的线段上不可能有无穷多个点。"[5]

无限可分性

　　这是芝诺所提出的关于"多"的悖论中最具挑战性的一个，亦称"关于部分和整体的悖论"。设想把一个对象划分为两个不相交的部分，然后类似地把这些部分再划分为部分，直至该划分过程完成为止。假定由此导致的理论上的划分是"穷竭的"，或者会走到一个终点，并且在那个终点我们得到芝诺所谓的"元素"。关于这些元素如何组装成那个对象，存在三种可能性：（1）那些元素是无，所以那整个对象只是一种表象，而这是荒谬的；（2）那些元素是某物，但其大小为零。于是，那个对象是由大小为零的元素构成的。把无穷多个零相加，所得到的和仍然是零。所以，那个对象的大小为零，而这是荒谬的；（3）那些元素是某物，但其大小不为零。这样一来，它们就可以再被划分，划分的过程将无法结束，而这与我们先前假定的该过程已经完结相矛盾。这就是说，上面三种可能性都导致矛盾，所以，对象不能被划分为多个部分。

　　一般认为，在回答芝诺的这个挑战前，我们应该弄清楚他所分割的东西究竟是具体物还是抽象物。如果他把一根物质性的棍子分割成它的组成部分，我们将会达到终极性的成份，如夸克和电子，后者本身不能再分割。这些东西有大小，其大小为零。但是，由此得出整根棍子的大小也为零却不正确。所以，芝诺在这里弄错了。如果芝诺是在分割抽象的路径或轨迹，这将会导致更具挑战性的悖论。如果是这样，上面的选

[5]　参见陈波：《逻辑学导论》第二版，北京：中国人民大学出版社，2006年，93页。

择（2）就是我们所要思考的，我们在谈论多个零的相加。我们假定被分割的对象是一维的，如一条路径。在这种情况下，该对象被视为与其元素是连续的，后者被排列成一个有序的线性连续统，此时我们应该使用勒贝格的测度理论去发现该对象的大小。点元素的大小（长度）是零，但大小为零的所有元素之总体的大小却非零。一个对象的大小是由指派给它的两个端点的坐标数的差所决定的。一个沿直线延伸的对象，其一个端点在该直线的1米处开始，另一端点在该直线的3米处结束，则该对象的大小是2米，而不是0米。所以，这里没有组合问题，芝诺论证中的一个关键步骤不成立。

反对场所的论证

巴门尼德提出过一个反对场所的论证。常识区别了物体和它占据的空间。毕竟，一个物体可以从自己的场所挪开，另一个物体可以占据这个场所。实际上，物体只是离开了自己的地方而留下一个空的场所。由于物体是所是，而场所是所非，故巴门尼德对非存在的反驳也驳倒了场所存在的断言。对巴门尼德的一个回击是：场所并非只是无。畜栏里的各个小隔间是场所，但它们的存在有赖于畜栏之建造，因而它们只是正在成为场所。芝诺对此反驳说：给定一个对象，我们可以假定，关于"什么是它的场所？"这个问题，有单独一个正确的回答。因为每一个存在的事物都有场所，而场所本身也是存在的，因此它必定也有一个场所，由此递推，以至无穷。由此导致太多的场所，而这是一个矛盾。[6]

对芝诺的这个论证的通常回答是否认场所有场所，并且指出场所概念是相对于参考框架的。不过，在芝诺所处的古希腊，场所也有其自身的场所却被当作常识。所以，他的论证是基于错误的假定之上。

[6] 参见亚里士多德:《物理学》，87页。

亚里士多德对四个芝诺悖论的解决

亚里士多德在《物理学》中分析了四个芝诺悖论。[7] 关于"二分法",亚里士多德批评说,芝诺的错误在于:"他认为一个事物不可能在有限的时间里通过无限的东西或者分别与无限的东西相接触。"亚氏区分了两种"无穷":"划分上的无穷"(相当于"潜无穷")和"极端的无穷"(相当于"实无穷")。"……时间自身在划分上也是无限的,所以,穿越的时间不是有限的而是无限的时间,与无限的接触是在数量上无限的而不是有限的瞬间中实现的。"[8] 关于"阿基里斯",亚氏认为,它与"二分法"依据相同的成问题假定,由此得出错误的结论。假如允许阿基里斯通过一个有限的距离,它就可以追上甚至超越乌龟。关于"飞矢不动",亚氏认为,这个论证的前提是时间的不连续性,若不承认这个前提,其结论也就不再成立。他认为,时间并不是由不可分的"瞬间"(moment)组成的,正如别的任何量都不是由不可分的部分组合成的那样。关于"运动场",亚氏认为,芝诺的错误在于,他把一个运动物体经过另一运动物体所花的时间看作等同于以相同速度经过相同大小的静止物体所花的时间,事实上这两者是不相等的。由于芝诺没有意识到绝对运动和相对运动之间的区别,才得出错误的结论。

如何评价芝诺所提出的各种悖论?这里提请读者注意著名哲学家怀特海(A. N. Whitehead,1861—1947)的下述说法:"你的书被之后所有的时代批驳,乃是最大的成功……接触过芝诺哲学的人,没有一个人不反驳他,然而每个时代的人又认为他是值得反驳的。"[9] 对于芝诺哲学和芝诺悖论之价值,难道还有比这一说法更好的评价吗?

归于不可能的证明:归谬法

由上可知,在否认"运动"和"多"的哲学论证中,芝诺使用了一

[7] 参见亚里士多德:《物理学》,第四卷第二章,第六卷第二章和第九章。

[8] 亚里士多德:《物理学》,158 页。译文有改动。

[9] A. N. White-head, *Essays in Science and Philosophy*, New York: Philosophical Library, 1947, p.114.

种归于不可能的论证方法，即归谬法：本来要证明某个论断为假，但以退为进，先假设那个论断为真，逐步推出荒谬的命题或自相矛盾的命题，由此得出结论：所假设的那个论断不能为真，必定为假。例如，芝诺论证说，如果"存在"是多，它必定既是无限大又是无限小，其数量必定既是有限的又是无限的，它一定存在于空间之中，而此空间又必定存在于彼空间中，依此类推，以至无穷。他认为这些都是不可能的，所以"存在"必定是单一的。

顺便提及，与芝诺所使用的归谬法类似的是反证法：本来要证明某个论断为真，但以退为进，先假设那个论断为假，逐步推出明显为假的命题或自相矛盾的命题，由此得出结论：所假设的那个论断不能为假，必定为真。

运用归谬法和反证法，可以解许多思考题。例如：

题1：在一个遥远的海岛上，有一些居民总是说真话，有一些居民总是说假话，他们分别属于说真话者部落和说假话者部落。没有任何其他外在的标记把这两个部落的人区别开来。某一天，你来到这个岛上，遇到三个人，分别是艾丽丝、保罗和查理。你先问艾丽丝，她究竟是说真话的还是说假话的。她用部落语言回答，你没听懂。然后你问保罗，艾丽丝说的是什么。保罗说"艾丽丝说她说假话"。你又问保罗关于查理的情况，保罗说"查理说假话"。最后，你问查理，他说"艾丽丝说假话"。你能推出这三个人各自属于哪个部落吗？

解析：如果艾丽丝是说真话的人，她会说自己说真话；如果她是说假话的人，她也会说自己说真话。因此，无论艾丽丝是说真话的还是说假话的，当被问及自己是说真话还是说假话时，她都不可能说自己说假话。所以，保罗的话"艾丽丝说她说假话"肯定是一句假话，故保罗是说假话者，所以，他的话"查理说假话"是一句假话，查理是说真话的，因此，艾丽丝说假话。于是，这三个人中，只有查理说真话，艾丽丝和保罗都是说假话的。

题2：由于D被谋杀，A、B和C受到传讯，他们中肯定有一人是谋杀者。现场证据表明，仅有一人谋杀了D。警察录得供词如下：

A：（1）我不是律师；（2）我没有谋杀D。

B：（3）我是个律师；（4）我没有杀害D。

C：（5）我不是律师；（6）有一个律师杀了D。

警察最后发现：（7）上述六条供词只有两条是真话；（8）三人中只有一个不是律师。请推出A、B、C的身份，以及谁是谋杀者。

解答：

如果（2）和（4）都是真的，由题干，则C杀了D；由（7），则（5）和（6）都假，即C是律师，且没有律师谋杀D，故C没有杀D。矛盾。所以，（2）和（4）不能都是真的，A和B中至少有一人是杀人犯。

假设（5）真，则C不是律师，由（8），则A和B都是律师，已知A和B中至少有一个是杀人犯，则（6）为真。由（7），则（1）—（4）为假，则B不是律师，则B和C都不是律师，与（8）矛盾。所以，（5）必假，C是律师。

假设（1）为真，则A不是律师；由（8），B和C是律师，故（3）为真；由（7），则（2）、（4）、（5）、（6）为假，A和B杀D，则（6）真。于是有三句真话，与（7）矛盾。所以，（1）必为假，A是律师。所以，B不是律师，（3）为假。已知（2）和（4）中至少有一个假，则（6）必真，则B未谋杀D，则（4）是真的，（2）是假的，A谋杀了D。

结论：A和C是律师，B不是律师，A谋杀了D。

题3：有甲、乙、丙、丁、戊五个人，每个人头上戴一顶白帽子或者黑帽子，每个人显然只能看见别人头上帽子的颜色，看不见自己头上帽子的颜色。并且，一个人戴白帽子的人当且仅当他说真话，戴黑帽子当且仅当他说假话。那五个人各自戴的是什么颜色的帽子呢？已知：

甲说：我看见三顶白帽子一顶黑帽子；

乙说：我看见四顶黑帽子；

丙说：我看见一顶白帽子三顶黑帽子；

戊说：我看见四顶白帽子。

根据上述题干，下列陈述哪个是真的？

A. 甲和丙都戴白帽子；

B. 乙和丙都戴黑帽子；

C. 戊戴白帽子，但丁戴黑帽子；

D. 丙戴黑帽子，但甲戴白帽子；

E. 丙和丁都戴白帽子。

解答：

解这道题只能用假设法和归谬法。先假设甲的话为真，则甲戴白帽子，加起来共有四顶白帽子一顶黑帽子，于是乙和丙的话就是假的，于是乙和丙都戴黑帽子，这与A的话为真的结果（一顶黑帽子）矛盾，因此A的话不可能为真，必定为假，A戴黑帽子。再假设乙的话为真，则他自己戴白帽子，共有一顶白帽子四顶黑帽子；这样，由于丙看不见他自己所戴帽子的颜色，当他说"我看见一顶白帽子三顶黑帽子"时，他所说的就是真话，于是他戴白帽子，这样乙和丙都戴白帽子，有两顶白帽子，与乙原来的话矛盾。所以，乙所说的只能是假话，他戴黑帽子。既然已经确定甲、乙都戴黑帽子，则戊所说的"我看见四顶白帽子"就是假话，戊也戴黑帽子。现假设丙的话为假，则他实际看见的都是黑帽子，他自己也戴黑帽子，于是五个人都戴黑帽子，这样，乙的话就是真话；但我们已经证明乙的话不可能为真，因此丙的话也不可能为假，于是丙和未说话的丁戴白帽子。最后结果是：甲、乙、戊说假话，戴黑帽子；丙、丁说真话，戴白帽子。答案是E。

二、超级任务——芝诺悖论的现代变体

在哲学中，所谓"超级任务"（supertask）是指在有穷时间间隔内相继出现的可数无穷的操作序列；如果操作数目变成不可数无穷，则该任务变成为"超任务"（hypertask）。"超级任务"这个词是由哲学家汤姆逊（J. F. Thomson）创制的[10]，而"超任务"这个词则源自于克拉克和里德合写的论文。[11]

[10] Thomson, J., "Tasks and Super-Tasks," *Analysis* XV: 1954–55, 1–13.

[11] Clark P. & Read S., "Hypertasks," *Synthese* 61 (3): 1984. pp.387–390.

[12] Black M., "Achilles and the Tortoi-se," *Analysis* XI: 1950–1, pp.91–101.

抛球机器

哲学家马克斯·布莱克设想了这样一台抛球机器[12]，该机器用一分钟把一枚玻璃球从A盘送到B盘，然后用1/2分钟再把玻璃球倒回A盘，在下一个1/4分钟又把玻璃球倒到B盘，如此往复，每次的时间都是该序列中前次的一半。于是，该机器来回抛球的时间依次是：$1, 1/2, 1/4, 1/8, 1/16, \cdots\cdots, 1/2^n \cdots\cdots$这个序列是收敛的，恰在两分钟时结束。结束时玻璃球在哪个盘里？这取决于在无穷序列中n次抛球取奇数还是取偶数：若n取奇数时落在B盘，取偶数时落在A盘。可是，小球越抛越快，只有在经过无限次之后才会到达2分钟，但一个无限数是不能区分奇数和偶数的，故根本没有最后一次，可以说玻璃球在A盘和B盘两种可能性似乎都被排除了。但是，假如玻璃球不在A盘也不在B盘，它会在哪里呢？

汤姆逊灯

在上面提到的那篇文章中，为了证明超级任务在逻辑上是不可能的，汤姆逊设想了一盏与普通的灯没有什么区别的灯，后来被叫做"汤姆逊灯"。它也由一个按钮开关来控制。按一下开关灯亮，再按一下灯

灭。一个超自然的精灵喜欢这样把玩这盏灯：把灯拧开一分钟，然后关掉1/2分钟，再拧开1/4分钟，再关掉1/8分钟，再拧开1/16分钟，如此往复，由此得到一个无穷序列：1, 1/2, 1/4, 1/8, 1/16, ……, $1/2^n$……该序列恰好在2分钟时结束。到2分钟的最后一个瞬间，该精灵按了无穷多次开关。现在的问题时，在这一系列过程结束时，那盏灯是开着的还是关着的？

按照物理学常识，这种灯是不可能的。然而，我们的想象力可以不受普通物理学的束缚。关于此灯的操作描述已经达到了最大的逻辑精确性。为了判定该灯是开着还是关着，我们已经获得了全部必要的信息。并且，在过程结束时，该灯要么开着要么关着，这一点似乎也是确定无疑的。

但是，回答关于汤姆逊灯的问题却是荒唐的，因为该问题等价于判定最大的整数究竟是偶数还是奇数。由于整数序列是无穷序列，故没有最大的偶数，也没有最大的奇数。同样地，汤姆逊论证说，在2分钟时，该灯不可能是开着的，因为没有一个时刻，该灯在该时刻是开着的而不会被立即关掉；该灯也不可能是关着的，因为没有一个时刻，该灯在该时刻是关着的而不会被立即拧开。所以，该灯在该时刻既不是开着的也不是关着的，而这与假定的情形矛盾。所以，汤姆逊灯在逻辑上是不可能的。

但也有人和贝纳塞拉夫（Paul Benacerraf）认为，超级任务在逻辑上还是可能的。贝纳塞拉夫同意汤姆逊的说法，所概述的实验并未决定灯在2分钟时所处的状态，如开着还是关着。但是，他与汤姆逊的分歧在于：他不认为由此可以导致矛盾，因为灯在2分钟时的状态不必由先前的状态所逻辑地决定。从逻辑上说，在2分钟时，该灯可以是开着的，也可以是关着的，甚至可能彻底消失了。不能预先排除这些逻辑的可能性。

圆周率机

在一间屋子里同步运行圆周率机和汤姆逊灯。圆周率机是一种神

思维魔方

奇的机器。当开启后，它立即通过高速计算得到圆周率的各位数字：3.141592653……。它计算圆周率的每一位数字所需时间是计算前一位数字的时间的一半，即是说，如果计算第一位数字需要30秒，计算第二位数字则只需15秒，第三位7.5秒，如此递推。每当通过计算得到一位数字时，该数字立即弹入机器顶端的一个窗口内。在任一时刻，只有刚经计算得到的数字才会弹入窗口内。所有计算在一分钟内完成，由此得到一个收敛的序列：$1/2, 1/4, 1/8, 1/16……1/2^n……$在一分钟结束时，该机器将正确地显示圆周率的最后一位数字，并且，在闪烁的照明下可以见到圆周率的所有奇数位数字。但是，这是不可能做到的事情，圆周率是一个无穷数列，它根本没有最后一位数字，也不可能显示其中的所有奇数位的数字。

罗斯—里特伍德悖论

亦称"罐与球问题"[13]，它有附加各种限制条件的多个变体。

假设有一个罐子，它能够装标号为1、2、3……的无穷多个弹子球。在时间$t=0$时，从1到10的弹子球被放进罐内，标号为1的弹子球被从罐中取出。在$t=0.5$时，标号从11到20的弹子球被放进罐内，标号2的弹子球被从罐中取出。在$t=0.75$时，标号从21到30的弹子球被放进罐内，标号3的弹子球被从罐子中取出。一般地说，在$t=1-0.5^n$时，标号从10n+1到10n+10的弹子球被放进罐内，编号n+1的弹子球被从罐中取出。问题：在$t=1$时，罐内有多少个弹子球？或许有人会说，这个问题显然是荒谬的，因为这个过程需要耗费无穷的时间，我们不可能等到那个时候。那么，可以换一个问法，避开所需时间无穷的问题：在差一分钟到正午 12 点时进行第 1 次操作，在差 30 秒（1/2分钟）到正午 12 点时进行第 2 次操作，在差 $1/2^{n-1}$ 分钟到 12 点时进行第 n 次操作。那么，到12点的时候，罐内有多少球呢？

[13] Ross·A., "Imperatives and Logic," *Theoria* 7, 1941, pp.53–71.

看似简单的问题，却出现了不同的甚至是相互矛盾的答案，故称其为"悖论"。最直观的答案是：罐内应该有无穷多个弹子球，因为在12点之前，每一步与先前的步骤相比，所放入的球都比取出的多9个，因此，对于任一步骤n，n步时罐内球的数量是9n。在经过无穷多步骤之后，罐内应该有无穷多个球。但数学家阿利斯（V. Allis）和柯特赛（J. Koetsier）却认为，12点时罐内没有球，因为我们第1次放进1至10号球，然后取出1号球，第2次放入11至20号球，然后取出2号球，以此类推。请注意，n号球总是在第n次操作时被取出，因此无限次操作下去，每个球都会被取出来！但有人发现，这个说法有问题，前面的证明假设我们取出的依次是1号球、2号球、3号球等，如果我们改成依次取10号球、20号球、30号球，则最后罐内又出现无穷多个球了。有些人这样回答：把该问题的解看作无穷序列求和：$10-1+10-1+10-1+\cdots\cdots$，这可以重新排列成一个等价序列：$1-1+1-1+1-1+\cdots\cdots$这样一个和是不确定的，该序列可以如此排列，以至产生我们想要的任一整数和。所以，该问题没有唯一的数学解。但亨利（J. M. Henle）和提莫茨克（T. Tymoczko）却认为，罐内恰好有n个球。具体算法如下：令i表示已经发生的操作的数量，令n表示希望得到的最后留在罐内的球的数量。对于$i = 1$至正无穷，如果$i \leqslant n$，则取出罐内编号2i的球；如果$i > n$，则取出编号$n+i$的球。很显然，n步之前的奇数号球没有被取出，而所有其编号大于等于2n的球被取出。所以，罐内恰好有n个球。当然，还有其他不同的回答。[14]

多神悖论

伯纳德特（J. Bernardete）设想，"一个人从a点出发走1英里。有无穷多个神，每一个神都不认识其他的神，他们都打算阻止那个人达到目的地。当那个人走到半英里处时，一个神会设置一道栅栏阻止他进一步

[14] 参见 Clark, M. *Paradoxes from A to Z*, 2nd edition, Routledge, 2007, pp.147-148；"Ross-Littlewood paradox," in http://en.wikipedia.org/wiki/Ross%E2%80%93Littlewood_paradox#cite_note-1

前行。当那个人走到1/4英里处时，第二个神会设置一道栅栏阻止他前行。当他走到1/8英里处时，第三个神会设置一道栅栏阻止他前行，如此类推，以至无穷。于是，那个人甚至不能开始行走，因为无论他行走多么短的距离，他都会被一道栅栏所阻挡。但这样一来，就根本不会出现栅栏，以至于没有任何东西会阻止他出发。仅仅由于多个人的那些未实施的意图，那个人就被迫停在他实际所处的位置上。"[15]

下面转述雅布罗对这个悖论的消解。[16] 显然，我们自己的世界没有这样的神。但是，所有这些神能够形成它们的意图，并且能够设置阻挡系统，这一点至少在原则上是可能的，并没有被逻辑所排除。但雅布罗分析说，这是一个幻觉。设想那些神躲在那条路沿途某处，从而确保那个人走到某处时，已经在该处设置了一堵墙。但这种阻挡系统不能存活下来以供测试。因为，如果那个人离开A处，无论他走了多短的距离，一堵墙已经设置起来以便阻止他走到该处。假定一堵墙设置在 p点，当且仅当那个人走到 p点；所以，当且仅当在p点之前没有设置任何墙。在A处之外，没有可以设置一堵墙的第一个点。这就是说，点的序列……1/64, 1/32, 1/16, 1/8, 1/4, 1/2有终点但无开端。如果该序列有第一个点，那个人就能够在被阻挡之前走到那里。但是，在由A出发的那条路上的任何一个点上，都有一个神意图设置一堵墙；而在这个点之前都有无穷多个点，在其中每一个点上，如果那个人走到那里，某个神意图设置一堵墙。这样一个阻挡系统在整体上不会像所设想的那样发挥作用，因为：如果那个人开始走，并非神的所有意图都能够实现。记住，实际上，每个神在他所处的位置意图设置一堵墙，当且仅当，没有更靠近A的墙已经设置起来。因为假设那个人开始走了，或者设置了至少一堵墙，或者根本没有任何墙。如果已经有一堵墙，一个神将已经设置了它，尽管已经设置了更靠近A的墙；如果没在任何点上设置一堵墙，每一个神都会没有设置它的墙，即使该点的前面没有墙。而这样的规定在逻辑上是有毛病的；一旦我们明白了这一点，多神悖论就消失了。

[15]　Bernardete J., *Infinity: An Essay in Metaphysics*, Oxford: Clarendon Press, 1964, pp.259-260.

[16]　Yablo S., "A Reply to New Zeno," *Analysis* 60 (2): 2000, pp.148-151.

特里斯特拉姆·杉迪悖论

这个悖论亦称"传记悖论"，由罗素提出。特里斯特拉姆·杉迪（T. Shandy）是劳伦斯·斯特恩（L. Sterne）的9卷本幽默小说《杉迪传》（第一卷出版于1759年，其他各卷出版于1760年代）的主人公，他是一位健谈的故事讲述者。罗素写道："如我们所知，特里斯特拉姆·杉迪用了两年时间来记录他生活中头两天的历史，然后他抱怨道，按照这个速度他永远也写不完。但是我认为，如果他可以永远活下去，且坚持不懈地写下去，那么，即使他的一生始终像开端那样充满了需要记录的内容，他的传记也不会遗漏任何部分。"[17]

罗素的论证大致是这样的，其中假定了"时间在未来方向是无限的"。假设杉迪生于1700年1月1日，而他的自传写作开始于1750年1月1日。写作的头一年（1750年）记录他出生头一天的事情，写作的第二年记录出生第二天的事，第三年记录第三天的事，以此类推。于是，我们得到如下的一一对应表：

[17] Russell B., *The Principles of Mathematics*, London: Allen & Unwin, 1937, pp. 358-60.

写作的年份	所记录的事件
1750年	1700年1月1日
1751年	1700年1月2日
1752年	1700年1月3日
1753年	1700年1月4日
1754年	1700年1月5日
……	……
……	……

对于杉迪生命中的任何一天，杉迪都可以用他生命中后来的一年去记录，正是在这个意义上，罗素说"杉迪的传记不会遗漏任何部分"。不过，杉迪的写作将越来越滞后，例如，第101天和第102天的事情必须

等到约一个世纪之后才能写，而第1001天和第1002天的事情，要等一千年之后才能写。并且，上面的一一对应还需要满足一些先决条件：时间将沿着未来的方向无限延伸；杉迪不会死，他能够永远活下去；杉迪有足够好的记忆力，能够记忆几百年、甚至千年以前在他的生活中所发生的事情，如此等等。

克雷格（W. L. Craig）提出了杉迪悖论的颠倒版。[18]假定时间在过去的方向上是无限的，且杉迪已经写作了无穷长的时间。即使在这种情况下，在年与日之间也存在一一对应，杉迪应该刚刚写完他的传记的最后一页。但克雷格论证说，这是荒谬的。既然杉迪要花一整年的时间去记录昨天的事情，他如何能够已经把昨天的事情记录下来呢？因此，克雷格认为，时间在过去的方向上不可能是无穷。

斯莫尔（R. Small）在1986年对颠倒版的杉迪悖论做了分析[19]，所得到的结论是：不可能在特定的一天和特定的一年之间建立一一对应。假定现在是1985年12月31日午夜，杉迪刚刚完成他的手稿的最后一页。在过去一年里发生了很多的事情，杉迪所记录的是哪一天的事情？最多是1984年12月31日的事情，因为杉迪要用一年时间去记录某一天，所以他在1985年不可能去记录在1985年某一天所发生的事情。但这样一来，所留下的问题是：1984年12月30日所发生的事情，由哪一年来记录呢？按照题设，应该由1985年的前一年即1984年来记录；但同样按照题设，那一天又不可能由1984年来记录，因为杉迪不能在一年内记录当年所发生的事情。矛盾！实际上，这种情形具有一般性：在过去某一年和过去某一天内无法建立满足要求的一一对应，杉迪一直在写的那一天向过去无穷倒退，它不可能是过去的任何一天。斯莫尔由此做出结论：假设过去的时间是无限的，杉迪也一直在写，那么，杉迪将留下无穷多的未完成的写作任务。他最近完成的手稿所记录的是无穷远的过去的事件。

实际上，解决杉迪悖论的办法很简单：罗素没有说杉迪会完成他的

[18] Craig W. L., "Time and Infinity," in *Theism, Atheism, and Big Bang Cosmology*, W. L. Craig and Q. Smith, eds., Oxford: Oxford University Press, 1993, p.100.

[19] Robin Small, "Tristram Shandy's Last Page," *British Journal for the Philosophy of Science* 37 (2), 1986, pp.213−216.

传记，而只是说：假如时间在未来的方向无限延伸的话，我们无法找到杉迪不能记录的某一天。斯莫尔则应该说，杉迪传记的最后一页永远不会完成，它只是一个遥不可及的海市蜃楼！[20]

无穷倒退和无穷嵌套

鸡与蛋的悖论

有一个古老的问题：世界上究竟是先有鸡还是先有蛋？

一种回答是：当然是先有鸡。根据进化论，刚开始时它不是鸡，而是别的动物，后来它们的繁衍方式发生了变化，变成卵生的，才有了蛋。还可以追溯到更远：最初没有卵生动物，很多生物是无性繁殖分裂的，后来慢慢才进化成卵生的或哺乳的动物，所以按道理讲，应该先进化成生物本体，才可能有蛋的由来。但对此的异议是："蛋"有可能来自外星球，后来适应环境而孵化，随后在地球繁衍，由此形成了"鸡生蛋、蛋又孵化成鸡"的循环。

蛋和鸡这个古老的问题是"无穷倒退"最普通的例子。老人牌麦片往往装在一个盒中，盒上面的画是一个老人举着一盒麦片，这个盒上也有一张画有一个老人举着一盒麦片的小画片。自然，那个小盒上又有同样的画片，如此以往，就像一个套一个的无穷连环套一样。中国民间也有一个广为流传的故事：从前，远处有座山，山上有座庙，庙里有两个和尚，老和尚在给小和尚讲故事，他讲的故事是这样的：从前，远处有座山，山上有座庙，庙里有两个和尚，老和尚给小和尚讲故事，他讲的故事是这样的：从前，远处有座山，山上有座庙，庙里有两个和尚，老和尚给小和尚讲故事……

爱尔兰作家乔纳·斯威夫特（J. Swift）在一首诗中描写了关于跳蚤的无穷倒退，英国数学家摩根（A. de Morgan）把它改写成：

[20]　关于杉迪悖论的转述，参考了庞德斯通：《推理的迷宫：悖论、谜题及知识的脆弱性》，李大强译，北京：北京理工大学出版社，2005 年，184—186 页。

大跳蚤有小跳蚤

在它们的背上咬，

小跳蚤又有小跳蚤，

如此下去

没完没了。

大跳蚤倒了个儿——变小

上面还有大跳蚤，

一个上面有一个，

总也找不到

谁的辈数老。[21]

[21]　参见《科学美国人》编辑部编著：《从惊讶到思考——数学悖论奇景》，李思一等译，北京：科学技术文献出版社，1984年，9页。

据新近报道，困扰人类的世纪谜题"鸡生蛋还是蛋生鸡"终于有了答案。英国科学家称：先有鸡后有蛋。他们解释道，鸡蛋只有在一种化学物质的催化下才能形成，而这种物质只存在于鸡的卵巢内。研究发现，这种化学物质是名叫OC-17的蛋白质，它起到催化剂作用，加速蛋壳的形成。而蛋壳就好比是蛋黄的家，保护着蛋黄最终变成小鸡。科学家通过电脑技术不断放大观察鸡蛋的形成过程，发现OC-17在鸡蛋的形成初期起着至关重要的作用。在OC-17蛋白质的作用下，碳酸钙转化为形成蛋壳的方解石。科学家认为，这个发现让人们认识到鸡是如何孕育出蛋的。

爱丽丝和红方国王

在《镜中世界》中，刘易斯·卡罗尔（L. carroll）写道：

"陛下真不该这样大声地打呼噜。"爱丽丝醒了过来，一边揉着眼睛，一边对小猫说。她的声音充满了尊敬，但也显得有些严厉。"你把我从，哦，多么美妙的一场梦里唤醒过来。你一直都跟着我，小黑猫——一直跟我在梦中世界里漫游！你知道吗？我的小乖乖？"

……

"好了，小黑猫，我们现在来认真考虑一下，到底是谁做了那场梦。这是一个严肃的问题。……对了，小黑猫，一定是我或是红方国王做的那场梦。当然，他是我梦中的一部分——但是，我也是他梦中的一部分！真是红方国王吗？亲爱的，你做过他的妻子，你是应该知道的——哦，小黑猫，替我解答这个问题。……"[22]

《爱丽丝漫游奇境记》第4章写道：爱丽丝碰到了红方国王。国王睡着了，特威弟告诉爱丽丝，国王正梦见她，她只是国王睡梦中的人，实际上是不存在的。"要是躺在那儿的国王醒来的话"，特威哥也凑上来说，"你就会——啪的一声——像支蜡烛一样熄掉了！"[23]

爱丽丝所担忧的是：我在做梦，梦见了红方国王。可是他睡着了，却梦见我正做着关于他的梦。啊，我的天！这样梦下去哪有个完，并且到底是国王是她梦中的事物，还是她是国王梦中的事物？哪一个是真实的？或者两个都不是真实的，都只是梦中事物？

庄周梦蝶

实际上，爱丽丝的思考早在中国先哲那里就出现了。最典型的是庄子，他那里有多个关于梦的故事：

> 昔者庄周梦为胡蝶，栩栩然胡蝶也。自喻适志与！不知周也。俄然觉，则蘧蘧然周也。不知周之梦为胡蝶与？胡蝶之梦为周与？周与胡蝶则必有分矣。此之谓物化。（《庄子·齐物论》）

> 梦饮酒者，旦而哭泣；梦哭泣者，旦而田猎。方其梦也，不知其梦也。梦之中又占其梦焉，觉而后知其梦也。且有大觉而后知此其大梦也，而愚者自以为觉，窃窃然知之。"君乎！牧乎！"固哉！丘也与

[22]　刘易斯·卡罗尔：《爱丽丝漫游奇境记》，何文安、李尚武译，南京：译林出版社，2011年，197—198 页。

[23]　同上书，131 页。

女皆梦也，予谓女梦亦梦也。是其言也，其名为吊诡。万世之后而一
遇大圣知其解者，是旦暮遇之也。（《庄子·齐物论》）

梦中梦引出了哲学上关于真实性的深刻问题。罗素曾这样谈到爱
丽丝的梦：假如它不是以幽默的笔调写成的，我们就会发现它太令人
痛苦了。

阿基里斯与乌龟

伊利亚的芝诺是个诡辩大师。他最有名的诡辩当属阿基里斯与乌龟。他辩称阿基里
斯在追上乌龟之前，每当他到达乌龟之前所处的位置，乌龟已经往前爬了一段拉开
了距离；这种情形会重复无穷多次，所以阿基里斯永远追不上乌龟。
芝诺在这里的诈欺在于，他隐瞒了"无穷多次的事情可以在有限的时间内完成"。
由于划分的任意性，每段有穷长的距离都可以被划分为无穷多个部分，假如误以为
遍历无穷多个部分也需要无穷长的时间，那么就会掉入芝诺的陷阱，认为阿基里斯
的确追不上乌龟。

数学的本质就在于它的自由。

我的理论像岩石一样坚固，所有射向它的箭，都会很快被反弹回去射向射箭的人。

——乔治·康托尔

乔治·康托尔（G. Cantor, 1845—1918），德国数学家。两千多年来，科学家们接触到无穷，却又无力去把握和认识它。康托尔以其独特的思维，丰富的想象力，新颖的方法制造了一件人类智慧的精品——集合论和超穷数理论，令19、20世纪之交的整个数学界甚至哲学界感到震惊。以至有这样的说法：关于数学无穷的革命几乎是由他一个人独立完成的。

画展

埃舍尔 1956

　　逻辑论证中不能出现循环论证，否则这个证明过程会被视作无效；而无限在逻辑中也是悖论产生的要素之一，例如集合论悖论便是涉及无穷多个集合或所有以某个方式限定的集合。

　　上图是典型的虚幻与现实糅合自如的一幅作品。从左下角顺时针向右下角看：图中是一个正在举办画展的画廊，在这个画廊中，一位年轻人在仔细地看一幅画；画中是一个港口，轮船后面是一排房子，在这排房子的右上方有个女士正在窗台远眺海边，而这位女士的楼下是正在举办一个画展的画廊，在这个画廊中，站着一位年轻人，这位年轻人正在仔细地看一幅画；画中是一个港口……这个世界就在这幅图中无限循环下去。这是一幅无限的图。

　　有这么一首诗，也许可以略为照应这幅图：

　　　你站在桥上看风景
　　　看风景的人在楼上看你
　　　明月装饰了你的窗子
　　　你装饰了别人的梦
　　　　　　——卞之琳《断章》

第六章

数学中的无穷和关于无穷的数学

一、数学中的无穷"悖论"

数学史上有"三次数学危机"，它们都与数学中所发现的"悖论"有关，或直接或间接地涉及如何认识和处理"无穷"。

希帕索斯悖论

第一次数学危机主要起因于"希帕索斯悖论"，如上所述的芝诺悖论在其中也发挥了很重要的作用。

毕达哥拉斯（Pythagoras）是公元前5世纪古希腊的著名数学家和哲学家，他创立了毕达哥拉斯学派，该学派的哲学信仰是"万物皆数"，其数学信仰是"一切数均可表示成整数或整数之比（分数）"。整数和分数后来合称"有理数"。然而，在毕达哥拉斯定理（中国称"勾股定理"）提出后，该学派中的一个成员希帕索斯（Hippasus）考虑了一个问题：边长为1的正方形其对角线长度是多少呢？他发现，这一长度不能用整数和分数表示，而只能用一个新数，即$\sqrt{2}$来表示。这一简单的数学事实的发现使毕达哥拉斯学派的人感到迷惑不解。它不仅违背了该学派的信条，而且冲击着当时希腊人持有的"一切量都可以用有理数表示"的信仰，故被称为"希帕索斯悖论"。据说，因发现和泄露这一研究结果，希帕索斯被毕达哥拉斯学派的人扔进大海淹死了。此外，芝诺关于运动的四条悖论也从根本上挑战了毕达哥拉斯学派一直贯彻的度量和计算方式，实际上还涉及如何在数学中处理无穷的问题。这些悖论引发了历史上所谓的"第一次数学危机"。

第一次数学次危机的解决：约在公元前370年，柏拉图的学生欧多克萨斯（Eudoxus，约公元前408—前355）解决了关于无理数的问题。他纯粹用公理化方法创立了新的比例理论，巧妙地处理了可公度和不可公度。他处理不可公度的办法，被欧几里得（Euclid）《几何原本》第二卷（比例论）收录，并且与戴德金（J. W. R. Dedekind）于1872年给出的关于无理数的现代解释基本一致。

该次数学危机表明，几何量不能完全由整数及其比来表示，而数却可以由几何量来表示。于是，整数的尊崇地位受到挑战，古希腊的数学观点受到极大的冲击。几何学由此开始在希腊数学中占有特殊地位。该次危机还表明，直觉和经验不一定靠得住，而推理和证明才是可靠的。希腊人从此开始从"自明的"公理出发，经过演绎推理，凭此办法建立几何学体系。这是数学思想上的一次革命，也是第一次数学危机的自然产物。

伽利略悖论

"无穷"曾经困惑了不少古希腊哲学家和数学家，在近代以来，它们仍然困扰着很多优秀的大脑，构成理解方面的障碍，因为无穷所导致的一些结果与通常接受的一些正统观念剧烈冲突。例如，通常认为，整体大于部分，或者说，"整体在数量上多于部分"。举例来说，从直观上看，自然数远远多于其平方数，假如给出一个很短的自然数数列：

> 1, 2, 3, 4, 5, 6, 7, 8, 9, 10
>
> 1, 4, 9, 16, 25, 36, 49, 84, 81, 100

显然，自然数的平方数比自然数少得多，或者说"稀"得多。不过，伽利略在《关于两种新科学体系的对话》一书中写道，假如自然数序列无限延伸，则会出现戏剧性的结果，自然数序列与其平方数的序列可建立一一对应，这两个序列一样长：对于任一自然数n，都有另一个平方数n^2与其对应，并且n^2仍然是一个自然数！

1, 2, 3, 4, 5, 6, 7, 8, 9, 10, …n…

1, 4, 9, 16, 25, 36, 49, 64, 81, 100, …n^2…

伽利略清楚地意识到这是一个重要发现，但不知道从中可以引出什么样的结论。实际上，他引出了一个错误的结论：如果无穷集合的真子集与原集合大小相等，则"相等"、"大于"和"小于"不能应用于有关"无穷"的讨论中。"依我所见，我们只能推断平方数的个数是无穷的，它们的根的个数也是无穷的；平方数的个数不比所有数的个数少，后者的个数也不比前者的个数多；故'相等'、'大于'和'小于'不能应用于无限量"。[1]

莱布尼茨悖论

莱布尼茨也发现了与伽利略悖论类似的令人困惑的现象，即所谓的"整体大于或等于部分"，但他认为这是不可能的，由此做出结论：无穷集不存在。

在给神学家和哲学家尼古拉·马勒伯朗士（N. Malebranche）的一封信中，莱布尼茨讨论了下面的问题：即使把所有自然数1, 2, 3, ……所组成的集合当成一个完成了的实无穷来处理是有意义的，那么问这个集合中有多少个数是否也有意义呢？是否存在无穷数可以用来计数无穷集中的元素呢？莱布尼茨或许不反对这种完成的实无穷，但他认为，用来

[1] Galileo Galilei, *Dialogues Concerning Two New Sciences*, translated by Henry Grew and A. de Salvio, New York: Dover Publications, 1954, p.88.

计数这种集合的无穷数并不存在，其理由如下：只要能够在一个集合中的元素与另一个集合中的元素之间建立一一对应，则我们就可以说这两个集合有同样数目的元素，即使不知道其数目到底是多少。例如，如果我们发现一个礼堂中既没有空座位又没有站着的人，则我们不必清点就能断言：礼堂中的人数与座位数是相等的。当我们这样做时，我们其实是在每一个座位与每一个人之间建立了一一对应。莱布尼茨认为，如果真有无穷数存在的话，我们就可以在两个无穷集之间建立一一对应，故而就可以说，这两个集合拥有同样数目的元素。他发现，很容易在所有自然数1, 2, 3……组成的集合与所有偶数2, 4, 6……组成的集合之间建立一一对应关系，只要令每一个自然数对应于它的二倍就可以了：

莱布尼茨推论说，如果真有像无穷数这样的东西的话，则这种一一对应的存在就会迫使我们做出结论：自然数的数目和偶数的数目是相等的。但他对此感到疑惑：这怎么可能呢？自然数中并非只有偶数，还有奇数，后者的全体又组成一个无穷集。他坚信一条最基本的数学原理，即整体大于它的任何部分，这可以追溯到欧几里得。凭此他做出最后结论：所有自然数的数目这一概念是不一致的，谈论一个无穷集中元素的数目也是没有意义的。否则，将会导致荒谬的结果：所有自然数的数目并不比偶数的数目更多，也就是说，整体不比部分大。

波尔查诺悖论

波尔查诺（B. Bolzano，1781—1848）著有《无穷的悖论》一书[2]，

[2] Bolzano, B., *Paradoxes of the Infinite*, translated from the German by Dr. Fr. Prihonsky, New Haven: Yale University Press, 1950.

该书受到许多后世的杰出逻辑学家，如皮尔士、康托尔（G. Cantor）、戴德金等人的高度评价。波尔查诺认识到无穷集合的重要性，重点研究了实数集合及其性质。为了理解他关于无穷实数集合的思想，我们借助下面的简单图表：

考虑实数线x轴上由大于等于0且小于等于1的所有数所构成的区间[0,1]。接下来在这个区间内画一条斜线，线上每个点的x坐标都大于等于0且小于等于1，y坐标则依线的斜度而变化，从0变化到2。上面的图表给出了x轴[0,1]上的每个x点对应于y轴[0,2]区间上的每个y点，且[0,2]上的每个y点对应于[0,1]上的每个x点。也就是说，在[0,1]上的所有点与[0,2]区间的所有点之间存在一一对应。这证明短区间上的点与长区间上的点一样多。事实上，我们可以使上图中的斜线任意角度倾斜来推广这一结果：[0,1]区间上的点可以与[0,n]上的点一一对应，n表示大于0的任一自然数。

波尔查诺还发现，x轴实数线上的任何区间与整个y轴实数线一一对应。考虑方程$y=(x-\frac{1}{2})/(x-x^2)$，其中x是[0,1]区间中的任一实数，当x=0或x=1时，该函数无定义，因为在这些点上分母为0。在下图中给出了该函数的曲线图，它沿着整个y轴向上和向下延伸，可以看出：x轴[0,1]区间的每一个点恰与y轴上的一个点对应，y轴上的每一个点恰与x轴[0,1]区间的一个点对应。这表明[0,1]区间的点与实数线上的点一样多。可类似地证明，任一小区间上的点都与实数轴上的点一一对应。

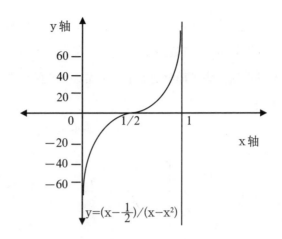

$$y=(x-\tfrac{1}{2})/(x-x^2)$$

波尔查诺还引入"集合"概念去定义无穷，他承认无穷集的存在性。但是，当把无穷集与有穷集相比较时，他仍然对前者所显现出的各种"悖论"性质迷惑不解，甚至得出了不正确的看法：

> 我无法否认，一股悖论的味道笼罩着这些断言；其唯一的来源应该在下面的情形中去寻找：上面所提到的用对偶所刻画的两个集合之间的关系，在有穷集那里，确实足以确立它们有完全一样多的元素。……由此造成的幻觉是：当[所比较的]集合不再是有穷的、相反却是无穷的时候，这种关系也应该成立。[3]

[3] Bolzano, B. *Paradoxes of the Infinite*, p.98.

贝克莱悖论

17世纪，牛顿（I. Newton，1643—1427）、莱布尼茨各自独立地发现了微积分，但侧重点有所不同：牛顿侧重于运动学的视角，莱布尼茨却侧重于几何学的视角。他们的出发点都是直观的无穷小量，其理论都建立在无穷小分析之上，但是，对于一些关键性问题，如无穷小量究竟是不是零，无穷小及其分析是否合理等问题，两个人都没有给出清晰且融贯的回答。牛顿曾给出过三种关于"无穷小"的解释：1669年说它是一种常量，1671年说它是一个趋于零的变量，1676年又说它是"两个正在消逝的量的最终比"。莱布尼兹曾试图用与无穷小量成比例的有限量的差分来代替无穷小量，但他也没有找到从有限量过渡到无穷小量的桥梁。尽管微积分在当时获得了广泛且成功的应用，但"无穷小量"等关键性概念的模糊却威胁到微积分的理论基础的可靠性。

当时的英国大主教、著名哲学家贝克莱于1734年以"渺小的哲学家"之名出版了一本标题很长的书——《分析学家；或一篇致一位不信神数学家的论文，其中审查一下近代分析学的对象、原则及论断是不是比宗教的神秘、信仰的要点有更清晰的表达，或更明显的推理》，对当时微积分的基本概念、基本方法和全部内容提出了激烈且有见地的批评。在《求曲边形的面积》一文中，牛顿说他避免了"无穷小量"，他给x以增量o，展开$(x+o)^n$，减去x^n，再除以o，求出x^n的增量与x的增量之比，然后扔掉增量o这个项，从而得到x^n的流数。贝克莱指责说，在这样的推理过程中，先取一个非零的增量并用它计算，最后又让o"消失"，即令增量为零得出结果。贝克莱断言，关于增量的假设前后矛盾，是"分明的诡辩"，"依靠双重错误得到了不科学却正确的结果"。因为增量有时候像0，作为加项可以忽略不计；有时候又不像0，如可做除数。贝克莱讥讽道："这些消失的增量究竟是什么呢？它们既不是有限量，也不是无限小，又不是零，难道我们不能称它们为消失量的鬼魂吗？"这"像猜谜一样"，"是瞪着眼睛说瞎话"。"再也明白不过的是，从两个互相矛盾的假设，不可能得出任何合理的结论"。[4] 数学史上把贝克莱的诘难——无穷小量究竟是不是0——称之为"贝克莱悖论"，由此引发了所谓的"第二次数学危机"。

第二次数学危机的结果是：柯西（A. L. Cauchy）和魏尔斯特拉斯（K. Weierstrass）等人建立了极限理论，为微积分奠定了严格的基础；同时，该次危机也促进了19世纪的分析严格化、代数抽象化以及几何非欧化的进程。

[4] 参见韩雪涛：《数学悖论与三次数学危机》，长沙：湖南科学技术出版社，2006年，153页。

19世纪末和20世纪初，随着布拉里—弗蒂悖论、康托尔悖论和罗素悖论等一系列逻辑—集合论悖论的发现，引发了所谓的"第三次数学危机"。此部分内容留待本书第七章"语形悖论"去详细探讨。

二、关于无穷的数学：康托尔的贡献

在讨论芝诺悖论时，亚里士多德明确区分了"潜无穷"和"实无穷"：

> ……只有与运动相关的东西是连续的时候，运动才是连续的，而且，虽然在连续的东西中蕴含有无限数的一半，但那不是现实上的，而是潜能上的。如若他[芝诺]要使它们现实化，那么，所造成的就不会是连续的运动而是间断的运动。……所以，对于是否可能通过无限数的时间和长度单位的问题，必须这样来回答：在一种意义上是可能的，在另一种意义上则不可能；因为，如若这些单位是现实上的，就不可能；如若是潜能上的，就可能。[5]

[5] 亚里士多德：《物理学》，244页。

亚里士多德还把实无穷叫做"完成了的无穷"。他相信，实无穷的概念本身或许是不融贯的，因此，无论在数学中还是在自然中都不是实在的。之所以如此，是因为如果实无穷确实存在的话，它们就必须一劳永逸地永远存在，而这是不可能的。潜无穷是时间中的存在，是一个永远可以在随后的时间中展开的过程。潜无穷是唯一能够成为实在的无穷，它是时间中的某些操作的无限制叠加。然而潜无穷永远不可能变成实无穷。亚里士多德断言，假如芝诺不使用实无穷概念，他的"二分法"和"阿基里斯追不上龟"等运动悖论就不会产生。

"无穷"之所以对很多优秀的思想家构成理解的障碍，主要有两个原因：一是无穷集有一些"怪异"性质，例如母集合和子集合有同样多的元素，这与广泛持有的常识信念"整体大于部分"构成冲突，假如我们把母集合看作"整体"，且把其子集合看作"部分"的话。二是假如不得不承认无穷集的话，很多思想家也只能在"潜无穷"的意义上接受它，即把它视作可以在时间进程中无限展开的一种可能过程，而不愿在"实无穷"的意义上接受它，即不愿把无穷集看作一种完成的现实对象去谈论，甚至对其做数学处理。在科学史上，康托尔明确接受"实无穷"并发展了相关的数学理论——集合论的，以至有这样的说法：关于数学无穷的革命几乎是由他独立完成的。

康托尔生于俄国圣彼得堡，后随家人迁居德国法兰克福。他引入"实无穷"概念，在此基础上建立了集合论和超穷数理论。但他的观念与当时主导的数学观念不符，并受到以其大学老师利奥波德·克罗内克（L. Kronecker，1823—1891）为首的众多数学家的长期攻击，克罗内克甚至阻扰他申请柏林大学教授职位。由于其研究工作长期得不到承认，加上疾病和研究工作本身所遭遇的困难，导致他罹患抑郁症，多次因精神失常而住进精神病院。自1869年任职于德国哈雷大学，直到1918年在该大学附属精神病院去世。康托尔的研究工作在晚年终于获得广泛认可，为其赢得很高声誉。著名数学家希尔伯特（D. Hilbert，1862—1943）高度赞誉康托尔的集合论是"数学天才最优秀的作品"，"人类纯粹智力活动的最高成就之一"，"这个时代所能夸耀的最巨大的工作"。

康托尔有一些名言，例如："在数学中，提出问题的技艺比解决问题的技艺更有价值"，"数学在它自身的发展中完全是自由的，对它的概念限制只在于：必须是无矛盾的，并且与由确切定义引进的概念相协调。……数学的本质就在于它的自由"。对他的集合论的持续误解和攻击，他回应说："我的理论像岩石一样坚固，所有射向它的箭，都会很

思维魔方

快被反弹回来射向射箭的人","我对超穷数的真实性毫不怀疑,仰赖上帝的帮助,我认识到它们,在其多样性中我研究它们长达20多年,其间的每一年,甚至几乎是每一天,都把我带到这门科学"。[6] 下面概要介绍康托尔关于无穷的研究。

[6] 参见网址 http://en.wikiquote. org/wiki/Georg_ Cantor,读取日期 2013年8月5日。

（1）一一对应与无穷集定义。康托尔提出集合的"基数"的概念:两个集合A和B能够建立一一对应,则称A和B等势;等势的集合有相同的基数。这里,"基数"是刻画集合中元素数量的一个概念,两个集合具有相同的基数,表示它们的元素数量相同。借助一一对应或基数概念,康托尔如此定义无穷集:一个集合A是无穷集,当且仅当,在A与其真子集B之间能够建立一一对应,或者说,A与B有相同的基数。例如,自然数集、有理数集、实代数数集等都是无穷集。康托尔用$\aleph_0$表示自然数集的基数。任何与自然数集能建立一一对应的集合的基数都是$\aleph_0$。自然数的任一无穷真子集的基数都是$\aleph_0$。基数为$\aleph_0$的无穷集合称为无穷可数的;有穷集合称为有穷可数的。可数集合包括有穷集合和基数为$\aleph_0$的无穷集合。

（2）对角线方法与无穷集的大小和等级。康托尔利用对角线方法证明,存在比自然数集更大的集合,例如实数集。他的证明使用反证法,步骤如下:

（a）假设 [0,1] 区间中的点数是可数无穷多的。

（b）故我们可以把该区间内的所有数字排成数列r_1, r_2, r_3, r_4, ……

（c）已知每一个这类的数字都能表示成小数形式。

（d）我们把所有这些数字排成数列,在一数字有多种表达形式时,如0.7999…和0.8000…,我们选择前者。

（e）举例,该数列的小数形式如下所述:

$r_1 = 0.5105110\cdots$

$r_2 = 0.4132043\cdots$

$r_3 = 0.8245026\cdots$

$r_4 = 0.2330126\cdots$

$r_5 = 0.4107246\cdots$

$r_6 = 0.9937838\cdots$

$r_7 = 0.0105135\cdots$

......

（f）考虑r_k小数点后第k个位的数字，为方便起见，我们用下划线和粗体标记这些数字：

$r_1 = 0.\underline{\mathbf{5}}105110\cdots$

$r_2 = 0.4\underline{\mathbf{1}}32043\cdots$

$r_3 = 0.82\underline{\mathbf{4}}5026\cdots$

$r_4 = 0.233\underline{\mathbf{0}}126\cdots$

$r_5 = 0.4107\underline{\mathbf{2}}46\cdots$

$r_6 = 0.99378\underline{\mathbf{3}}8\cdots$

$r_7 = 0.010513\underline{\mathbf{5}}\cdots$

......

（g）我们设一实数$x \in [0,1]$，x定义如下：

如果r_k的第k个小数位等于5, 则x的第k个小数位是1；

如果r_k的第k个小数位不等于5, 则x的第k个小数位是2。

（h）很明显，x是一个在 [0,1] 区间内的实数，例如由上面所列$r_1, \cdots, r_7$可得到相应的x应为 0.1222221…。

（i）由于我们假设r_1，r_2，r_3，r_4，……包括了 [0,1] 区间内的所有实

数，故必有 $r_n = x$。

（j）但据x的定义，x与r_n至少在第n个小数位上不同，故x不属于数列r_1，r_2，r_3，r_4，……

（k）所以，数列r_1，r_2，r_3，r_4，……未能罗列[0,1]区间内的所有实数，与（a）假设发生矛盾。

（l）所以，在（a）步所提出的假设"[0,1]区间内的点数是可数无穷多的"不成立。

康托尔由此证明：由[0,1]区间内的所有实数构成的集合（实数集）是比自然数集更大的集合，其基数为$2^{\aleph_0} = \aleph_1$，有这样的基数的集合包括：实数集，时间瞬间集，线段上的点集，平面上的点集，球体内的点集，等等。还有基数更大、等级更高的无穷集合，其基数分别为$2^{\aleph_1} = \aleph_2$，……，$2^{\aleph_i} = \aleph_{i+1}$。描述无穷集大小的数，如$\aleph_0$，$\aleph_1$，$\aleph_2$，……$\aleph_{i+1}$等等，叫做"超穷数"。

（3）利用"幂集"概念建立关于无穷集的数学理论。在康托尔那里，一个集合的"幂集"就是其所有子集的集合。任何非空集合的幂集都比其本身大，这个结论对有穷集是显然的，且对无穷集也成立。如果A是一个无穷集，则A的幂集的基数总是比A本身的基数大。也就是说，任何集合都不能与其幂集之间建立一一对应。康托尔由幂集概念得出，存在无穷多的大小不同的无穷集，并引入"超穷数"去表示无穷集的基数。他将有穷数推广到超穷数，这是对数系的一种新扩展，他还研究了超穷算术运算的可能性，并成功地将加法和乘法推广到我们现在所谓的基数运算（但不能对超穷数做减法和除法运算）。

（4）连续统假设。康托尔已经证明了一些超穷数的存在，如$\aleph_0$，$\aleph_1$，$\aleph_2$，……$\aleph_{i+1}$等，还存在其他的超穷数吗？例如，是否存在比如$\aleph_0$严格大但比$\aleph_1$严格小的超穷数？若存在，这个数的例子与自然数集相比太大，与实数集相比太小，从而不能与自然数集或实数集构成一一对应。这个问题称为"连续统假设"（continuum hypothesis），是数学上的一个著名问题，可以将其推广为：在序列 $\aleph_0$, $\aleph_1$, $\aleph_2$, …… $\aleph_{i+1}$的超穷数中，是否还存在其他的超穷数？这个问题被称为"广义连续统假设"，它是关于最基础的数学问题。在1900年于巴黎召开的第二届国际数学家大会上，希尔伯特把康托尔的连续统假设列入20世纪初有待解决的23个重要数学问题的第一位。该问题迄今仍未得到解决。

下面，我们将康托尔关于无穷的研究结果做一次日常应用。有一家旅馆，拥有有穷多个房间，被有穷多位客人住满了，又来了有穷多位客人要求住店。该旅店老店只好对那些新来的客人说，对不起，本店已经住满了，没有空余房间了，请你们到别的旅店看看，欢迎你们下次再来。现在设想，有一家超级旅馆，权且把它叫做"希尔伯特旅馆"，它有无穷多个房间，按次序用自然数数字标记为1，2，3，4，5，……再设想下面的情况：

希尔伯特旅馆有无穷多个房间，已经入住了无穷多个旅客。

（1）如果又来了5位旅客，能否入住？如何入住？

（2）如果又来了9999位旅客，能否入住？如何入住？

（3）如果又来了无穷多位旅客，能否入住，如何入住？

（4）如果又来了无穷多个旅游团，每个团都有无穷多位旅客，能否入住？如何入住？

解答：

（1）将已入住的旅客作如下调整：令已入住n号房间的旅客换到n+5号房间入住，空出前5个房间，由新来的5位旅客入住。

（2）类似（1），令已入住n号房间的旅客换到n+9999号房间，空出前面9999间客房，由新来的9999位旅客入住。

（3）令已入住n号房间的旅客调到2n号房间，空出无穷多个奇数号房间，由新来的无穷多位旅客入住。

（4）即使新来无穷多个旅游团，每个团中有无穷多位旅客，仍可入住，分析从略。

以上解答表明：

$$\aleph_0 + 5 = \aleph_0$$

$$\aleph_0 + 9999 = \aleph_0$$

$$\aleph_0 + n = \aleph_0$$

$$\aleph_0 \times 2 = \aleph_0$$

$$\aleph_0 \times n = \aleph_0$$

$$\aleph_0 \times \aleph_0 = \aleph_0$$

……

这些结果进一步表明，用于普通算术的很多运算对超穷数失效。由此或许不难理解，为什么"无穷"对那么多优秀的大脑几乎构成了一道难以逾越的障碍！在常识的眼光看来，无穷确实是太怪异了！

应该强调指出，即使有了康托尔关于无穷的研究，特别是其数学理论——集合论，但关于无穷的争论仍然没有停止，而且在当代形而上学、认识论、逻辑学、数学哲学等众多领域还有愈演愈烈的趋势。由于康托尔的工作，"无穷"（infinity）现在有三种类型，或者说有对它的三种理解：潜无穷（potential infinity），实无穷（actual infinity），超无穷（transcendental infinity）。关于无穷，我们至少可以区分为四种问题：一是形而上学问题："无穷"真的存在吗？是以潜无穷的形式存在，还是以实无穷甚至超无穷的形式存在？承认无穷会带来哪些益处？假如不接受无穷，会带来哪些麻烦和困难？二是认识论问题：作为一种有限存在物的人类，其心智究竟如何理解和把握无穷？如果能或者不能，其理由和根据是什么？三是数学问题：在数学中是否应该接纳无穷？接纳何种形式的无穷？接纳或者不接纳无穷会有什么样的数学后果？四是宗教哲学或伦理学问题：上帝通常被设定为无穷，其善意、知识和能力都是无穷的，全知、全善和全能。这样的上帝真的存在吗？是否需要证明？

如何证明？承认或不承认有这样一位上帝，在宗教、道德、伦理学等方面会导致什么样的后果？或者说，无限的上帝对于这个世界有什么样的解释力和规范能力？如此等等。关于无穷的争论在当代学术领域仍然激烈地进行着，人类对无穷的探索远没有结束，或许仍将无穷地进行下去！

无限

这幅画名为《合并的无限》，作者是 Bridget Griggs。画中大量地使用了表示无限的符号∞，以及重复。

如何在有限的画面中表现出无限？主要有三种方法：1，使用消退的对象来暗示着无穷无尽的远处；2，利用循环，虽然画面有限，但是如果首尾相接，就可以无穷无尽地循环下去；3，利用分割，图形从大到小依次排列，直到小得看不清。这三种方式都依赖于人的想象力，想象远处还有很多的对象、想象无限地循环、想象细小不可见的东西。想象力是人类知识进步的动力。上帝只创造了自然数，其他的都是想象力的造物；实际中并不存在无限，它只存在于人的想象之中。

葛饰北斋，《神奈川巨浪》

这幅画名为《神奈川巨浪》，是日本画家葛饰北斋最有名的作品。几条小船在大浪中沉浮，远处是依稀可见的富士山，大浪顶端出现分叉，而每个大的分叉又继续分开，直到细小的浪花。这种图案叫做分形，其特点是"自相似性"，即图案的某个小的局部和它的某个大的局部相似，就像图中的浪花和整个巨浪的相似。

自相似性是通过不断地重复迭代而得到的。例如康托尔集，逻辑学家康托尔所设想的一个集合，其元素是位于一条线段上的若干个点，通过不断地去除线段的中间的三分之一而生成。这种不断重复进行的过程，就造成了"自相似"。

我们关于外在世界的陈述不是个别地而是仅仅作为一个
整体来面对感觉经验的法庭的。

逻辑在原则上并不比量子力学更不容许修改。

——蒯因

蒯因（W. V. O. Quine, 1908－2000），20世纪最有影响的美国哲学家和逻辑学家之一。他构造了一个有
统一主题和一以贯之脉络的严整的哲学体系：以一阶逻辑为标准框架，以自然主义语言观和行为主义
意义论为理论基础，运用发生学的经验研究方法，试图回答如下中心问题：我们是如何在"贫乏的"
感觉刺激的基础上，产生出"汹涌的"输出，即我们丰富的世界理论的？由此派生出一系列具有独创
性的哲学学说和论题。他对悖论做了很多研究，构造了体现逻辑主义精神的逻辑加集合论的系统NF
和ML。

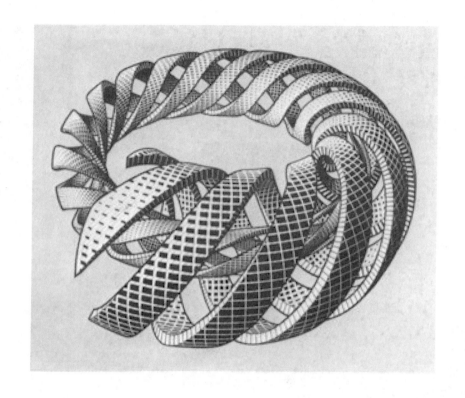

　　自指是许多悖论的要素，例如说谎者悖论、罗素悖论以及它们的变种等等。
《螺旋》由四条独立的带子缠绕纠结而成。这些带子上面布满网格，而网格通常
是时空的显现。例如在物理学中，齐整的网格代表平滑的空间，变形的网格则代
表扭曲的空间。从图上可以看到这四条带子交相旋转，最后其末端伸入始端所形
成的虚空之中。

　　形象的譬喻是，这幅木刻代表了那条传说中的吞吃自我的蛇。这条蛇诸多寓意
中的一种象征是，无限循环是宇宙的本性，它从自身的毁灭中诞生。正如自指类的
悖论，从对句子的否定我们能得到对它的肯定，而从对它的肯定却又得出了对它的
否定。在这个意义上，这幅图可以理解为：自指是悖论的本性。

第七章
语形悖论

一、一些典型的语形悖论

所谓"语形悖论",亦称"逻辑—数学悖论",是指与许多逻辑、集合论和数学概念相关的悖论,这些概念包括类、集合、元素、属于关系、基数、序数等。

布拉里—弗蒂悖论

这是一个关于最大序数的悖论。1895年,康托尔已经发现这一悖论,并于1896年告知了希尔伯特,但未公开发表。1897年3月28日,意大利数学家布拉里—弗蒂(C. Burali-Forti)在巴拉摩数学小组会上,宣读了一篇论文《超穷数本身的一个问题》[1],发表了最大序数悖论。该悖论与集合论中的良序集[2]有关,可叙述如下:

在集合论中有这样三个定理:(1)每一良序集必有一序数;(2)凡由序数组成的集合,按其大小为序排列时,必为一良序集;(3)一切小于或等于序数 α 的序数所组成的良序集,其序数为 α +1。根据康托尔集合论的造集规则(概括规则),由所有序数可组成一良序集 Δ ,其序数为 δ ,这样 δ 也应包括在由所有序数组成的良序集 Δ 之中,而根据(3),由包括了 δ 在内的所有序数组成的良序集 Δ 的序数应为 δ +1,比 δ 要大,故 δ 不会是所有序数的集合的序数,由此

[1] 见于 van Heije-noort (ed.), *From Frege to Godel, A Source Book in Mathematical Logic*, 1879–1931, Harvard University Press, 1967, pp.104–112.

[2] 对于一个全序集A而言,如果任给A的非空子集X,X 都有最小元,则称A是良序集:所有彼此相似的良序集确定的数称为序数。

产生逻辑矛盾。

康托尔悖论

这是关于最大基数[3]的悖论，由康托尔本人发现。在1899年7月28日和8月31日，康托尔在给戴德金的两封信中，讨论了这一悖论。

素朴集合论中有一条康托尔定理：任一集合M的基数小于其幂集P（M）的基数。根据概括规则，可由一切集合组成集合μ，由康托尔定理，μ的基数小于μ的幂集P（μ）的基数。但是，P（μ）又是μ的一个子集，证明如下：设x为μ的一个子集，即x∈P（μ），由此可知x是一集合，故x∈μ，因此P（μ）⊆μ，即P（μ）为μ的子集，从而P（μ）的基数小于或等于μ的基数，由此产生逻辑矛盾。

在这两封信中，康托尔还提出了这样的思想，即区分多数体和集合。他把多数体分为两类：一种是不一致的多数体或绝对无穷的多数体，假定它的所有元素的总体就会导致矛盾。因此，不能把这种多数体看成一个单一体，看成"一个已经完成的东西"。另一种多数体是一致的多数体，其元素的总体可以无矛盾地看成是"结合在一起的"，因而它们能聚合成"一个东西"，即集合。所有序数和所有基数的总体是不一致的、绝对无穷的多数体，因而不是集合。这一思想与冯·诺伊曼（J. von Neumann）在其集合论中区分"真类"和"集合"的做法是相通的。

上述两个悖论牵涉到的数学和集合论的专门概念和原则较多，当时人们还存有一种希望，它们可能是由于某种技术性错误引起的，从而有可能通过发现和改正错误而加以排除。所以，这些悖论没有引起当时数学界的足够注意。

罗素悖论

这也是素朴集合论中的一个悖论。

可用自然语言复述如下：

把所有集合分为两类：（1）正常集合，例如，所有中国人组成的集合，所有自然数组成的集合，所有英文字母组成的集合。这里，"中国人的集合"不是一个中国人，"自然数的集合"不是一个自然数，"英文字母的集合"不是一个英文字母，故这类集合的特点是：集合本身不能作为自己的一个元素。（2）非正常集合，例如，所有非人的事物的集合，所有集合所组成的集合。这里，"所有非人的事物的集合"也是一个非人的事物，"所有集合所组成的集合"也是一个集合，故这类集合的特点是：集合本身可以作为自己的一个元素。现假设由所有正常集合组成一个集合S，那么，S本身是否属于S自身？或者说S究竟是一个正常集合还是一个非正常集合？如果S属于自身，则S是非正常集合，所以，它不应该是由所有正常集合组成的集合S的一个元素，即S不属于它自身；如果S不属于它自身，则它是一正常集合，所以，它是由所有正常集合组成的集合S的一个元素。于是，得到悖论性结果：S属于S当且仅当S不属于S。

早在1901年，罗素就发现了这个悖论。1902年6月，他给弗雷格写了一封信，对他的工作大加赞赏："我发现我在一切本质方面都赞成您的观点……我在您的著作中找到了在其他逻辑学家的著作中不曾有过的探讨、区分和定义。"不过，他接着写到，他只在弗雷格的《算术基本规律》第一卷的一个地方发现了困难，这个困难就是后来著名的"罗素悖论"。弗雷格立刻认识到这个困难的严重性，当时《算术基本规律》第二卷马上就要出版，他赶紧采取一些补救措施，其中之一是加写了一个跋语，报告了这个悖论，弗雷格写道：

在工作结束之后，却发现自己建造的大厦的基础之一被动摇了，对于一个科学家来说，没有任何事情比这更为不幸的了。

恰好在本卷印刷即将完成之际，伯特兰·罗素先生的一封信就把我置于这样的境地。成问题的是我的公理 V。……

"在灾难中有伴相随，对于受难者来说是一个安慰。"如果这是一种安慰的话，那么我也就得到这种安慰了；因为，在证明中使用了概念的外延、类、集合的每一个人，都与我处于同样的地位。成为问题的不仅是我建立算术的特殊方式，而是算术是否完全有可能被给予一个逻辑基础。[4]

[4]　Beaney M., (ed)., *The Frege Reader*, Oxford: Blackwell Publishers, 1997, pp.279-280.

在1903年出版的《数学的原则》一书中，罗素写了一个附录，对弗雷格从《概念文字》到《算术基本规律》等著作第一次做了广泛而详尽的评论，当然也详尽地谈到了他所发现的悖论。罗素晚年写道："每当我想到正直而又充满魅力的行动时，我意识到没有什么能与弗雷格对真理的献身相媲美。他毕生的工作即将大功告成，其大部分著作曾被能力远不如他的人所遗忘。他的第二卷著作正准备出版，一发现自己的基本设定出了错，他马上报以理智的愉悦，而竭力压制个人的失望之情。这几乎是超乎寻常的，对于一个致力于创造性的工作和知识，而不是力图支配别人和出名的人来说，这有力地说明了这样的人所能达到的境界。"[5]

[5]　参见 Van Heijenoort, J. (ed.): *From Frege to Godel*, Asource Book in Mathematical Logic, 1879—1931, pp.124-128.

策梅罗（E. Zermelo）在1903年之前独立地发现了这个悖论，并告知了希尔伯特。所以，这个悖论有时候被称为"罗素—策梅罗悖论"。下面是罗素悖论的几个变形：

性质悖论

大多数性质并不适用于自身，例如，"是一个人"这个性质是一个性质但不是一个人，所以它不适用于"是一个人"这个性质。不过，有些性质是自我适用的，例如，"是一个性质"这个性质显然适用于自身，并且"对多于一百个事物为真"这个性质也是一个对多于一百个事物为真的性质，也是一个自我适用的性质。现在，考虑"不自我适用"这样一个性质。可以证明：这个性质适用于自身当且仅当它不适用于自身。

关系悖论

无论何时，只要R和S不具有R关系，令T是存在于R和S这两个关系之间的关系，那么，不论关系R和S是什么，"R对S具有关系T"等值于"R对S不具有R"。因而，对R和S赋值为T，"T对T具有关系T"等值于"T对T不具有关系T"。[6]

[6] 参见罗素：《逻辑与知识》，苑利均译，张家龙校，北京：商务印书馆，1996年，72页。

书目悖论

一个图书馆编纂了一本书名词典，其中收录这个图书馆里所有没列出自己书名的书。那么它列不列出自己的书名？

罗素悖论只使用了少数几个最基本的逻辑概念、集合、属于关系等，其中没有任何技术上的错误，因而引起了当时逻辑界和数学界的震惊，导致了所谓的"第三次数学危机"。

理发师悖论

这是罗素悖论的日常语言变形。

　　某村庄有一位理发师，他规定：给并且只给本村庄中不给自己刮胡子的人刮胡子。那么，他究竟给不给他自己刮胡子？如果他给自己刮胡子，则按照他的规定，他不应给自己刮胡子；如果他不给自己刮胡子，则按照他的规定，他应该给自己刮胡子。由此得到悖论性结果：他给自己刮胡子，当且仅当，他不给自己刮胡子。

　　但这个悖论的问题是，很容易地找出摆脱悖论的方法或途径：不可能有这样一个理发师，更具体地说，或者这位理发师不是该村村民；如果这位理发师是该村村民，则他颁布了一条自己无法执行的规定；或者她本身是一位女士，不需要给自己刮胡子。蒯因断言，这个悖论所得出的"恰当结论恰好是，没有这样一个理发师。我们所面临的正是两千多年来逻辑学家一直谈论的'归谬推理'。我们否认理发师的时候却是在肯定他的存在，并荒谬地推演出他给自己理发当且仅当他不给自己理发。这个悖论只是证明了，没有哪个乡村会有这样一个人，他给村子里所有不给自己理发的人理发。这种囊括一切的否定初听上去很荒谬：乡村里为什么不会有这样一个人？但这个论证确实表明了为什么没有，所以我们承认这种囊括一切的否定，就像我们承认弗雷德里克在他五岁生日时不只五岁这种可能性一样，尽管这初听起来也很荒谬。"[7]

　　在其他悖论的情况下，常常不那么容易地否定某个前提或结论。因此，理发师悖论有时被叫做"伪悖论"，或者叫做"悖论的拟化形式"[8]。

　　可以构想出许多与那位理发师类似的"悖谬"情景。例如，设想有一位占星家，他只给一切不占卜自己的占星家以忠告。问题：这位占星

[7] 涂纪亮、陈波主编:《蒯因著作集》第五卷，北京：中国人民大学出版社，2007年，10页。
[8] "悖论的拟化形式"是张建军引入的一个称谓，见他的专著《科学的难题——悖论》，杭州：浙江科学技术出版社，1990年，13页。

家是否给自己以忠告？再如，设想有这样一个机器人，它修理一切不修理自身的机器人。问题：当这个机器人出了毛病之后，它是否修理它自身？

二、罗素的类型论

在发现著名的"罗素悖论"之后，罗素本人也在探索解决悖论的途径与方法。在《数学的原则》（1903）一书中，罗素提出了对类型论的最初表述；但在《论超穷数理论和序数理论的某些困难》（1906）一文[9]中，罗素却放弃了类型论，而提出了三种尝试性方案，即曲折理论、限制大小理论、无类或非集合理论。但在《以类型论为基础的数理逻辑》（1908）一文[10]中，他又回到了类型论，并在他与怀特海合著的《数学原理》（3卷，1910，1912，1913）中做了详细阐述。

对悖论原因的哲学分析

在《以类型论为基础的数理逻辑》一文的开头，罗素叙述了一些矛盾即悖论，例如，说谎者悖论，罗素悖论，关系悖论，贝里悖论，柯尼希悖论，理查德悖论，布拉里—弗蒂悖论，其中既有语义悖论，也有语形悖论（逻辑数学悖论）。他指出："在上述所有的矛盾（……）中有一个共同的特点，我们可以将此特点描述为自我指称或自返性。埃匹门尼德的话在其自身的范围之内必定包含自身。如果所有的类——只要它们不是自身的元素——都是w的元素，这一点也必定适用于w；与此类似的关系矛盾也是同样道理。在名称和定义的情形下，悖论产生于将不可命名性和不可定义性视作定义中的要素。在布拉里—弗蒂悖论的例子

[9] Russell, B. "On Some Difficulties in the Theory of Transfinite Numbers and Order Types," *Proceedings of the London Mathematical Society* 4, 1907, pp.29–53.

[10] 载于罗素:《逻辑与知识》，69—124页。本小节引文，除特别注明者外，均引自此文。

里，其序数导致困难的序列是所有序数的序列。在每个矛盾里，都是对一类情形的所有事例说话，而从所说的话中又产生了新的情况。当所有的事例与所说的话有联系时，这新的情况既属于又不属于这类事例。"然后，罗素逐一分析了他上面所提到的那些悖论，以印证他的观点。

强化的说谎者悖论等于说："存在一个我正在肯定的命题，而这个命题是假的。"而这又等值于下面的命题："这对所有这样的命题p都不是真的：如果我肯定p，则p是真的。"罗素指出："这个悖论源于将这个陈述视作肯定了一个命题，因此这个命题必定进入这个陈述的范围。而从这一点可以看出，'所有的命题'这个概念不合理；否则必定有一些（有如上述的）命题，它们论及所有的命题，但是它们又不能无矛盾地包含在它们所论及的那些命题之中。不论我们假定的命题总体是什么，关于这一总体的陈述范围同样在扩大，因而必定不存在命题的总体，而'所有的命题'必定是无意义的短语。"

在罗素悖论中，"类w通过涉及'所有的类'而定义，结果又成了这些类中的一个。"他指出，"不存在这样一个类这一点来自于以下事实：如果我们假定存在这样一个类，这个假定立即（正像上述的矛盾那样）导致产生新的类，这些类处在所假定的所有的类的总体之外。"

在贝里悖论中，"'不可用少于十九个音节命名的最小整数'（'The least integer not nameable in fewer than nineteen syllables'）牵涉到名称的总体，因为它是'这样的最小整数：所有的名称或者不适用于它，或者多于十九个的音节'。……因而'所有的名称'是一个不合理的概念。"

对其他悖论的分析与上面的相同和类似。罗素由此作出结论：

"因此，所有的矛盾都共同有这样一个关于总体的假定：如果它合理，它立即就由它自身所定义的元素而扩大。

这使我们得出以下规则：'凡涉及一个集合的全部元素者，它一定不是这一集合中的一个元素'；或者相反，'如果假定某个集合有一个总体，且这个总体有由这个总体唯一可定义的元素，那么所说的集合就没有总体'。"

在《数学原理》中，罗素以更明确方式说："使我们能够避免不合法总体的那个原则，可以陈述如下：'凡牵涉到一个汇集的**全体**者，它本身不能是该汇集的一个分子'；或者，反过来说，'如果假定某一汇集有一个总体，它便将含有一些只能用这个总体来定义的分子，那么这个就没有总体'。我们把上述原则叫做'恶性循环原则'，因为它能使我们避免那些由假定不合法的总体而产生的恶性循环。……'所有命题'，在它成为一个合法的总体之前，必须以某种方式加以限制，并且任何使它合法的限制，必须使关于总体的陈述不属于这个总体的范围之内。"[11]

正如罗素所说，如上所述的（禁止）"恶性循环原则"（缩写为VCP）"在其范围内是纯粹否定的。它足以表明许多理论是错误的，但是它不能说明怎样纠正这些错误。"于是，罗素提出了基于这一原则之上的建设性方案——类型论。[12]

[11]　Whitehead, A.N. and Russell, B. *Principia Mathematica*, Cambridge: Cambridge University Press, vol.1, 1910, pp.37-38.

[12]　关于语形悖论更专门和更深入的讨论，参见拙著《悖论研究》（北京大学出版社，2014）第五章。

哥德尔不完备性定理

哥德尔不完备性定理说的是，任何一个能够表示初等数论的一致的形式系统，都存在着不可证明的真句子。这是 1931 年时哥德尔所提出来的。他看到了形式数学的极限，或者说，逻辑的失败。图灵同样认识到了这点，但他随即考虑在这样的限制下，逻辑可以做什么——而图灵的工作促成了计算机时代的诞生。

假设原则上人能够把握到所有的初等数论真理，无论是通过哥德尔笃信的直觉，或者是天启或是其他的方式，那么，基于图灵机理念（或是基于逻辑，特别地命题逻辑）而制造的计算机，将不可能具有我们这样的"心"。但可疑的是，人能把握到所有的初等数论真理吗，即使仅仅是原则上？

Rob Gonsalves，《未完成的拼图》

这张图初看并没有奇特之处，只不过是若干个人在完成一幅拼图罢了。但是仔细琢磨，却会发现，其中有些人自身就是要完成的拼图的一部分——可是，自己给自己拼图，这可能吗?

维特根斯坦面对哥德尔不完备性定理曾类似地疑惑过。为此他评论道:"哥德尔的那个谈论它自身的命题，没有涉及它自身。"这源于他对哥德尔定理的不理解。哥德尔拟定了一套编码规则，把使用到的每个符号、表达式都映射成数。哥德尔的命题在这套规则下对应到一个数上，而该命题又是关于那个数具有某性质的陈述。这就是哥德尔命题指涉自己的方式。

如果不考虑那些了解并且关注研究工作的人从研究结果中所获得的智力上的满足，对于任何有关研究工作的价值问题的回答就不可能是合理的。

———塔斯基

塔斯基（A. Tarski, 1901－1983）美国籍波兰裔逻辑学家和数学家。属波兰华沙学派成员，1939年移居美国，一直任教于加利福尼亚大学伯克利分校。广泛涉猎抽象代数、拓扑学、几何学、测度论、数理逻辑、集论和分析哲学等领域，专精于模型论、元数学、代数逻辑。其在逻辑学领域的成就堪与亚里士多德、弗雷格、罗素和哥德尔相提并论。其传记作者写道："塔斯基和同时代的哥德尔一起改变了逻辑学在20世纪的面目，尤其是通过他对真概念和模型论的研究。"

凸与凹　埃舍尔　1955

　　有人说欺骗读者的眼睛是画家的天职。在上图中，埃舍尔巧妙地利用光影色块灰度的不同来造成了不同的凹凸效果。画只有一幅，可是分别看左右两半图片则会产生两种不同的感觉。让我们先遮住右半幅图，从左边开始：这是一座阁楼，左下角有个人正在爬梯子准备上楼；左上方是一个提着篮子的妇人，她正准备走下滑坡；妇人的旁边是一个小号手，他正对着房子的拱顶吹奏着；滑坡的旁边有扇门，门边靠着一个疲惫的男子正在休息，下面一只蜥蜴正在沿着台阶爬向地板中间的水池。现在我们遮住左半幅图，从右边开始：右下角也是一个男子顺着梯子往楼上爬；我们可以看到在梯子左边的灰色天花板上挂着一个吊壶，吊壶旁边的墙上有只蜥蜴正在朝天花板中间凸出来的浮雕爬去；梯子上方是圆拱形的屋顶，旁边也有个号手正在抬起头对着屋顶吹小号。分别来看，这两半幅图都是和谐的，然而合在一起，就会让人觉得怪异了。那两只蜥蜴是在往哪里爬？是天花板还是地板？壶是吊在天花板上还是横放在地板上？中间的是天花板的浮雕还是地板上的水池？小号手是在房外对着屋顶吹奏还是从房内对着屋顶吹奏？

　　具有不同意义的同一个场景如果强行糅合在一幅画中，就会让人觉得怪异；而具有不同意义的同一个词如果强行拼凑在一句话中，就会给人带来混乱。自然语言的歧义性，使得逻辑学者们要创立一种人工语言来解决逻辑问题。因为对于文字意义理解产生的不同，也有可能会造成悖论的出现。例如"美诺悖论"中前后出现的"知道"意义并不相同，如果直接把它们当作同义的，就会得出"我们不能进行任何研究"这样荒谬的结论。而有一个有趣的笑话则是：拥有面包比没有东西更好，没有东西比拥有幸福更好，所以拥有面包比拥有幸福更好。

第八章

语义悖论

所谓"语义悖论"，是指与许多语义学概念如意义、指称、外延、定义、满足、真、假等等相关的悖论。这是一个比较庞大的悖论家族，或许是最难对付的悖论中的一类，另一类是上一章的语形悖论，即逻辑—数学悖论。

一、语义悖论举要

说谎者悖论及其变体

这是最早提出的语义悖论，也是最典型的。

公元前6世纪，古希腊克里特岛人埃匹门尼德说了唯一一句话："所有克里特岛人都说谎"，假如这句话为真，既然他自己也是克里特岛人，可推出该句话为假；假如这句话为假，则并非"所有克里特岛人都说谎"，由此可知有的克里特岛人不说谎，埃匹门尼德可能属于不说谎的克里特岛人之列，故该句话可能为真。所以，埃匹门尼德的那句话还不会导致严格意义上的悖论。

公元前4世纪，欧布里德斯把它改述为：一个人说："我正在说的这句话是假话。"可以确定，这个人说真话当且仅当这个人说假话。有时候，也把说谎者悖论表述为：

> 本方框内的这个语句是假的

或表述为：

S1: S1是假的。

容易推知，此方框内的那句话是真的当且仅当它是假的，S1是真的当且仅当S1是假的，由此得到严格意义的悖论。

欧洲中世纪逻辑学家研究了说谎者悖论的许多变体。仅举两种类型：一种是"明信片悖论"。

一张明信片的一面写有一句话："本明信片背面的那句话是真的。"翻过明信片，只见背面的那句话是："本明信片正面的那句话是假的。"无论从哪句话出发，最后都会得到悖论性结果：该明信片上的某句话为真当且仅当该句话为假。

下面是"明信片悖论"的一个变体：

苏格拉底说了唯一一句话：柏拉图说假话；

柏拉图说了唯一一句话：苏格拉底说真话。

问：苏格拉底（或柏拉图）究竟说真话还是说假话？

要确定苏格拉底是否说真话，只要看柏拉图的话真不真；而要确定柏拉图的话之真假，又要回到苏格拉底自己的话，这实际上等于苏格拉底自己说自己说假话，最后导致悖论。

把明信片悖论展开，让圈子兜得更大，这就是所谓的"转圈悖论"（本书作者杜撰的一个名词）。

一般地说，若依次给出有穷多个句子，其中每一个都说到下一个句子的真假，并且最后一个句子断定第一个句子的真假。如果其中出现奇数个假，则所有这些句子构成一个悖论，并且此情况构成"恶性循环"。图示如下：

S_0：S_1是假的

S_1：S_2是假的

S_2：S_3是假的

S_3：S_4是假的

⋮

⋮

S_{n-1}：S_n是假的

S_n：S_0是真的

若出现奇数个假，则为恶性循环，导致悖论。

另一种可以叫做"经验悖论"。给出几个命题，根据常识和经验，可以确定一些命题的真假，另一个命题的真假却不能凭经验或常识确定，而要靠它自身确定：如果它是真的，会逻辑地推出它是假的；如果它是假的，会逻辑地推出它是真的。例如：

有唯一的析取命题："2+2＝5或者这个析取命题是假的。"

由于此析取命题的一个析取支2+2＝5明显为假，于是该析取命题真不真就取决于它的另一个析取支"这个析取命题是假的"的真假，可以逻辑地推知：此析取支为真当且仅当此析取支为假。

在此类悖论中，一组命题的真假取决于其中一个支命题的真假，后者就像一个砝码一样，但这个支命题却通过迂回的途径说自己为假，从而导致悖论。在这个意义上，本书作者给它们杜撰另一个名称：砝码悖论。

说谎者悖论

哥德尔在证明不完备性定理的时候，采用了类似"说谎者悖论"的花招。他巧妙地把"本陈述不可证"编码成了一个数字，从而可以在数论中讨论它的性质。说谎者悖论的一般形式是"本句话是假的"。它的悖谬之处在于，无论认为它是真还是假，都会导致矛盾。

它源自古代克里特岛上的一个人自言该岛上的人都是骗子，后来发展出了许多不同的版本。最著名的是罗素悖论：罗素根据弗雷格对集合的概念来构造了一个矛盾对象"不属于自身的集合的集合"，其通俗版本是"只为不自己理发的人理发的理发师"。

在童话中，仙女为了让匹诺曹改掉说谎的坏习惯，给他施了魔法，从此匹诺曹一说谎鼻子就会变长。可是，假如匹诺曹说"这句话是谎言"，结果会怎样？

马列维奇，《白色上的白色》

这是乌克兰画家马列维奇的画，《白色上的白色》。他的另一幅纯黑的方块画于 2002 年以 100 万美元拍卖。

画中白底上的白色，与背景难以区分。好在逻辑中的真与假却是完全对立，不会模糊不清。在巴门尼德那里有两条认识路线：真理之路和意见之路。真理之路是确定的，"是者为是，非者为非"；意见之路却不确定，"是者与非者既同又不同"。追求真理相对而言要更加轻松，每个论断是不是真理，都是确定的，不至于陷入无尽的纷争之中。尽管生活由意见充斥，但是智者偏爱真理，因为它们黑白分明。

思维魔方

否定的回答和发疯的计算机

欧洲中世纪逻辑学家布里丹提出了有关否定回答的悖论：

让我们假定：把这个命题提交给你，你有义务直接回答它，只能说"是"或"否"。你应该愿意履行这一义务：归根结底，任何一个提交给你的命题或是真的或不是真的。回答"是"意味着它真，回答"否"意味着它不真。我们经常正确地用"是"或"否"来回答问题，你也应该做好准备和尽义务这样回答问题。现在我有一个问题问你，"你将以否定的方式回答问题吗？"[1]

[1] 陈波主编：《逻辑学读本》，北京：中国人民大学出版社，2009 年，137—138 页。

根据题设，如果你回答"是"，即你肯定地回答该问题，你就没有按问题的字面意思去回答它，因此你在否定地回答它；如果你回答"否"，即你否定地回答该问题，你就在按该问题的字面意思去回答它，因此你在肯定地回答它。由此导致悖论：你肯定地回答该问题当且仅当你否定地回答该问题！

后人把这个悖论改成了所谓的"发疯的计算机"。请一台计算机验证悖论式语句"S1：S1是假的"的真假，并给它指令：若该语句为真，输出结果为"yes"；若该语句为假，输出结果为"no"。这台计算机却因此发疯，在"yes"和"no"之间来回变换，程序无法结束，因而不能停机，直至该台计算机报废。又有人在科幻小说中写道，某些科学家想让计算机不工作来节省机器的寿命，于是给它发布一条指令："你必须拒绝我现在给你编的语句，因为我编的所有语句都是假的。"不曾料想，该台计算机却因此不停地重复工作而耗尽了它的寿命。

蒯因的"加引号"悖论

说谎者悖论还可以表述为："这个句子是假的"。可以证明：该句子是真的当且仅当它是假的。有人提出质疑：在"这个句子是假的"中，所用的"这个句子"这个短语什么都没有指称。若这个短语指称什么的话，那就是指"这个句子是假的"这个句子。因此，若把所指的这个句子加上引号来替换"这个句子"这个短语，就得到："'这个句子是假的'是假的"。但该句子之外的整个部分不再把"假的"这种性质赋予自身，而只是赋予某个不同于自身的东西，由此就不再产生悖论了。

为了对付如上的责难，蒯因构造了另一个说谎者悖论式语句：

"一旦给自己加上引号就生成一个假句子"一旦给自己加上引号就生成一个假句子。

这个句子明确规定了由这17个汉字组成的字串，并且说明了：如果你把它们写两次，用引号来标明这两次出现中的第一次，其结果就是假的。但这个结果同样是在做出陈述的句子。这个句子是真的当且仅当它是假的，这样我们又回到了一个严格意义上的悖论。

理查德悖论

这是由法国人理查德（J. Richard）于1905年发现的一个悖论。

任一语句都是用可能重复的法语或其他语言的字母加上若干其他符号或空位构成的有穷长的符号序列。现在设想：由能用有穷长语句加以定义的一切十进位小数组成一个集合E，并且令E中的元素按字典

顺序排列为 E_1，E_2，E_3，$\cdots$，E_n，$\cdots$，且令 $E_n = 0.Xn_1 Xn_2 \cdots Xn_n \cdots$，这里 Xn_n 表示 E 中第 n 个小数的小数点之后的第 n 位数。另外构造一个无限十进位小数 $N = 0.y_1 y_2 y_3 \cdots y_n \cdots$，并将 y_n 定义为：如果 $Xn_n = 1$，则令 $y_n \neq 1$；若 $Xn_n \neq 1$，则令 $y_n = 1$，也就是说使每一个 y_n 都不同于 Xn_n。N 是能用有穷长的语句定义的无限十进位小数，而 E 是由所有能用有穷长语句加以定义的无限十进位小数的集合，故 $N \in E$。但是，由 N 的定义知，N 与 E 中的任意十进位小数都有一个有穷差值，故 N 与 E 中的任意个十进位小数都不同，所以 $N \notin E$。由此导致悖论。

理查德悖论有很多的变形，其中一个变形据说为哥德尔证明其著名的不完全性定理提供了思路。

贝里悖论

罗素在《以类型论为基础的数理逻辑》（1908）一文中提到这个悖论，据罗素称，它是由剑桥大学的图书馆员贝里（G. Berry）于1906年发现的。这个悖论原来的表述依赖于英语表达式，现改用汉语表述：

用少于十八个汉字不能命名的最小整数

这个短语本身只有17个汉字，它却命名了这个最小整数，矛盾！据认为，贝里悖论是"理查德悖论的一种深刻和天才的简化"，它以极其简单明了的形式揭示了日常语言概念所潜藏的矛盾。

格雷林悖论

这个悖论是由德国人格雷林（K. Grelling）于1908年提出并发表

的，亦称"非自谓悖论"或"他谓悖论"。

可把所有形容词分为两类：一类是对自身适用的，如"pentasyllabic"（5个音节的），"中文的"、"短的"；一类是对自身不适用的，如"monosyllabic"（单音节的），"英文的"、"红色的"。前一类词称为"自谓的"，后一类词称为"非自谓的"或"他谓的"。人们通常认为形容词不是自谓的就是他谓的。那么，"他谓的"是不是他谓的呢？假如它是自谓的，即适用于自身的，则它是他谓的；假如它是他谓的，则它也适用于自身，即它是自谓的。结果是："他谓的"是自谓的，当且仅当，"他谓的"是他谓的。这是一个明显的悖论。

伪司各脱悖论

这是在14世纪萨克森的阿尔伯特（Albert of Saxony）和伪司各脱（Pseudo-Scott）的逻辑著述中发现的一个悖论的变体：

> （A）本论证是有效的，所以，1 + 1 = 3。

学过逻辑学的人都知道，一个推理和论证是有效的，如果它们能够确保若前提真则结论真。现在考虑（A）这个论证：假设它的前提真，即（A）这个论证是有效的；既然这个论证是有效的，且其前提为真，则它的结论必定真，但"1 + 1 = 3"是假的；既然这个论证有效，从其结论为假就可以反推出其前提为假，即这个论证不有效。矛盾！但假设（A）的前提为假，却推不出任何矛盾。所以，（A）是一个"半"悖论。

欧洲中世纪逻辑学家对这个悖论的处理方案类似于他们对说谎者悖论的处理，认为：对于任何一个论证而言，若它包含断言该论证本身的

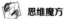 **思维魔方**

有效性或无效性的前提或结论，则它是有缺陷的。作为一个论证的构成成份出现的子句，当断言它出现其中的那个论证是有效或无效的时候，它并没有表达一个或真或假的陈述。

可靠性悖论

这是一位逻辑学家比照上面谈到的"有效性悖论"所造出来的一个变体。

> （B）本论证是不可靠的，所以，本论证是不可靠的。

学过逻辑学的人也都知道，一个推理和论证是可靠的，必须满足两个条件：其前提都是真实的，并且其推理形式是有效的。而一个论证是不可靠的，则至少满足下面的条件之一：或者其前提不都真实，或者其推理形式不有效。现在回过头来看（B）。假设（B）是不可靠的，若（B）的前提为真，于是，其不可靠性必定来源于其推理形式无效，但（B）的推理形式是p→p，这是经典逻辑的一个重言式，肯定是有效的，所以本论证又是可靠的；假设（B）是不可靠的，因其推理形式p→p有效，则其前提为假，即本论证是可靠的；假设（B）是可靠的，因其推理形式有效，则其前提也应为真，即本论证是不可靠的。由此推知：（B）这个论证既是可靠的又是不可靠的。

雅布罗悖论

[3] Yablo. S., "Paradox without Self-reference," *Analysis* 53 (4), 1993, pp.251-252.

雅布罗于1993年发表仅仅两页的短文[3]，旨在证明：即使完全没有自指，仍然可以产生像说谎者悖论那样的悖论。

　　设想一个无穷长的句子序列S_1，S_2，S_3，……，其中每个句子都说后面跟着的所有句子是不真的（untrue）：

　　（S_1）对于所有的k>1，S_k是不真的。

　　（S_2）对于所有的k>2，S_k是不真的。

　　（S_3）对于所有的k>3，S_k是不真的。

⋮

⋮

　　假设任意选定的某个S_n是真的，由上可知，S_n所说的是：对于所有的k>n，S_k是不真的。于是，（a）S_{n+1}是不真的，并且（b）对于所有的k>n+1，S_k是不真的。根据（b），S_{n+1}所说的确实是事实，所以，与（a）相反，S_{n+1}是真的。由此得到矛盾：S_{n+1}是真的又是不真的。所以，该序列中每个句子都是不真的。但这样一来，既然紧跟在任意选定的某个S_n后面的那些句子全都是不真的，S_n就变成真的了。悖论！

　　例如：S_2说：对于所有k>2的句子，S_k是不真的，即从第3句话开始，以后的句子S_3，S_4…都是不真的。而S_1说：对于所有k>1的句子，S_k是不真的，那从第2句话开始，以后的句子S_2，S_3，S_4…都是不真的。由S_1所说的是事实，所以S_2是真的，但S_1又断言了S_2也是不真的，由此得到矛盾：S_2是真的又是不真的。由此推知，该序列中每个句子都是不真的。这样一来，既然紧跟在任意选定的某个S_n后面的那些句子都是不真的，S_n就变成真的了。悖论！

雅布罗由此断言："对于类似说谎者悖论的悖论来说，自指既不是必要条件，也不是充分条件。"

无聊和有趣的悖论

　　这个世界上，有许多人很有趣，也有不少人很无聊。你用一张表列举出你所接触的所有无聊的人，用另一张表列举出你所接触的所有有趣的人。在无聊表中，在某个位置上自然列有你所接触过的最无聊的人的名字。但这一点却使他变得很有趣起来。因此，你得把他的名字移到有趣表中。于是，在无聊表中有另一个人成了最无聊的人，这又使得他成为有趣之人，你又得把他的名字移到有趣表中。如此循环往复，无聊表中变得空无所有，有趣表中却非常拥挤。结果是：这个无差异的世界是多么无聊啊，简直无聊透顶！

上面的论证改编自关于"所有数都是有意思的"这一命题的证明。据说，大数学家哈代（G.H.Hardy，1877—1947）在造访躺在疗养院的印度数学天才拉玛努贾（S. Ramanujan，1887—1920）时，不知道说些什么好，于是谈到：他来这里时所乘坐的那辆出租车有一个相当无趣的车牌：1729。拉玛努贾紧接着回答说：啊，不，这是一个很有趣的数字，因为它是可以用两种不同方式得出的两个整数立方的最小和：$1729 = 1^3 + 12^3 = 10^3 + 9^3$。后来，有许多数学家证明，没有一个数是无趣的。谁是这个证明的首创者已不可考。有数学家说，很多看上去无趣的数字其实是有趣的。例如，39似乎是一个没有非凡特性的数，因而是无趣的，而81这个数字却是有趣的，因为它可以表示为3的平方数的平方数。但仔细思考一下，正是因为39是最小的无趣整数这一点，使它变得很有趣。可以把上述思考概括成一个一般性的证明：假如存在无趣的数，就必定存在第一个无趣的数，但作为第一个无趣的数，这本身就是一个有趣的特性。所以，所有的数都是有趣的。[4]

[4]　参见罗伊·索伦森：《悖论简史：哲学和心灵的迷宫》，305—306页。

王尔德和摩尔的"悖"论

奥斯卡·王尔德（O. Wilde，1854—1900），是英国唯美主义作家。他极其自信，"除了我的天才，我没有什么好申报的"；其行为特立独行，"除了诱惑之外，我可以抵抗任何诱惑"；其作品机智、风趣、尖刻，充满了格言隽语，到处可以找到近乎悖论的言论，它们所反映的也许是生活本身的悖谬之处。兹举数例：

我的缺点就是我没有缺点。

第一，我永远是对的；第二，如果我错了，请参见第一条。

如果你以为已经理解我的意思了，你就已经误解了我的意思。

生活里有两个悲剧：一个是没有得到我们想要的，另一个是得到了我们想要的。

人是理性的动物，但要求他按照理性的要求去行动时，他却要发脾气。

邪恶是善良人所编造的谎言，用以解释其他人的奇特魅力。

公众是惊人的宽容，可以原谅一切，除了天才。

我们这个时代的人，读书太多所以不再聪慧，思考太多所以不再美丽。

逢场作戏和终生不渝之间的唯一区别在于，逢场作戏更为长久一点。

爱，始于自我欺骗，终于欺骗他人。这就是所谓的浪漫。

什么是离婚的主要原因？结婚。

艺术是世界上唯一严肃的事物，而艺术家则是唯一永远不严肃的人。

我敬佩简单的快乐，那是复杂性的最后避难所。

只有浅薄的人才不根据表象做出判断。

一个不危险的想法就不配称作"想法"。

只有浅薄的人才不根据表象作出判断。罗素曾经谈到，他相信哲学家乔治·摩尔（G. Moore）平生只有一次撒谎，就是当某人问他是否总是说真话时，他想了一会儿后，回答道："不是。"

二、塔斯基语义学简述

1933年，塔斯基发表了一篇重要论文《形式化语言中的真概念》，"它的任务是，相对于一个给定的语言，建立一种实质上充分和形式上正确的关于'真句子'这个词项的定义"。[5]塔斯基认为，这个定义应该把握亚里士多德关于真的直觉：

[5] Tarski, A. *Logic, Semantics, Metamathematics,* Oxford: Clarendon Press, 1956, p.152.

说是者为非，或说非者为是，是假的；
说是者为是，或说非者为非，是真的。

他将其用精确的符号公式表示出来，得到著名的T模式：
T　X是真语句当且仅当p

这里"p"可用"真的"这个词适用于它的任何句子代替，而"X"则可由这句子的名称代替，其名称可以是引号名称，也可以是结构摹状名称。下面是T等式的一个著名的例子：

"雪是白的"是真的当且仅当雪是白的

塔斯基发现，当把T模式应用于日常语言时，却会导致悖论。他转述了乌卡谢维茨给出的一个导致悖论的描述。令符号C是"C不是一个真语句"这一语句的缩写，于是我们有：

（α）"C不是一个真语句"等同于C。

然后对语句C的那个带引号的名称，提出T模式的具体说明，即

（β）"C不是一个真语句"是一个真语句，当且仅当，C不是一个真语句。

从前提（α）和（β），立刻就得到一个悖论：

（γ）C是一个真语句，当且仅当，C不是一个真语句。

塔斯基认为，悖论的产生有两个原因：一是日常语言的普遍性，又

称"语义封闭性"，即这种语言不仅包含它的句子及其他表达式，而且
包含了这些句子和表达式的名称，以及包含这些名称的句子，并且还包
含了像"真的"、"假的"、"指称"、"外延"这样的语义表达式。二是通
行的逻辑推理规则在其中成立。为了避免悖论，我们显然不能抛弃通行
的逻辑推理规则。他于是把矛头指向日常语言的普遍性，并做出结论
说：这种普遍性是造成一切语义悖论的根源；要在一个如此丰富、普遍
的语言系统内，无矛盾地定义真概念是不可能的。于是，塔斯基指出，
一个可接受的真定义应该满足两个限制条件：一是实质的充分性或内容
的适当性，一是形式的正确性。

一个真定义是实质上充分的，是指它能够把T模式的所有特例作为
后承推演出来，凡不能衍推T模式的所有特例的不能作为真定义，例如
"X是真的当且仅当 （在圣经中断定）p"就不能作为真定义，因为它
不能推出"'布什于1988年当选为美国总统'是真的，当且仅当（在圣
经中断定）布什于1988年当选为美国总统"。由此可知，T模式并不是
真定义，它本身只是无穷多的语句的一个模式，至多算作"真的"部分
定义，只有T模式的所有特例的逻辑合取才能作为"真的"完全定义。
实质充分性条件唯一确定了词项"真的"外延即适用范围，因此，每个
实质上充分的真定义都必定与实际构造的定义相等值。

真定义的形式正确性包括下述要求：（1）必须区分语言的层级，即
区分被谈论的语言和用来进行这种谈论的语言，前者是对象语言，后
者是元语言。真定义必须相对于一定的语言层次，例如"在对象语言O
中真"只能在元语言M中才能得到定义，而"在元语言M中真"则只能
在元元语言M中才能得到定义。（2）这两种语言都必须有"明确规定的
结构"，即都必须用公理化、形式化的方法来表述：首先给出不加定义
的初始词项，给出造词、造句的规则(形成规则)，通过定义引入其他词
项；其次给出与初始词项相关的公理和推理规则，并经过证明程序得到
定理或可证语句。由此保证两种语言中的每一个表达式在形式上都可唯

一地确定，避免歧义和混淆。(3) 元语言必须比对象语言"实质上更丰富"，这就是说，元语言必须把对象语言作为一个真部分包括在自身之内，此外它还包括：对象语言的表达式的名称，如其引号名称或结构摹状名称；通常的逻辑工具，如"并非"、"或者"、"并且"、"如果，则"、"当且仅当"之类的逻辑词项；适用于对象语言句子的语义表达式，如"真的"、"假的"、"满足"、"有效"等。不过，由于这些语义词项并不足够清晰以至可以安全使用，所以它们不能作为初始词项，而只能通过严格的定义引入。借用逻辑类型论的术语，元语言必须具有比对象语言更高类型的变元。

塔斯基区分了两种形式的语言：一类是"较贫乏的"，即其元语言真正丰富于对象语言，元语言具有比对象语言更高的逻辑类型；一类是"较丰富的"，即其对象语言和元语言中的变元具有相同的逻辑类型，以致元语言中所有的词项和语法形式都能在对象语言中得到翻译。对于这两类不同的形式语言，塔斯基得到了两个不同结果：(1) 对于前者，无矛盾地给出实质上充分、形式上正确的真定义是可能。他相对于类演算（作为对象语言），并使用一个形式化的元语言，给出了他的真定义。用这种办法，摆脱或避免了语义悖论。(2) 对于后者，要给出这样的定义而不导致矛盾(悖论)是不可能的；他相对于形式算术系统证明了这一点，这就是著名的真的不可定义性定理。

《塞拉菲尼抄本》

这是《塞拉菲尼抄本》中的一页，该书由天书般的文字和匪夷所思的图案组成，被称作是另一个世界的百科全书。

这些符号究竟代表什么意思，作者本人并没有说明；其他人把它当作密文来研究，至今也没有被破解。在得到解释之前，它们只不过是符号，最终可能有意义也可能没有意义。现代逻辑的语言里也采用着许多符号。它们通常都是数学的，但是原则上逻辑语言中的符号可以是任何的东西，例如动物这样的实体，或是图中那难懂的符号。逻辑系统中给符号赋予意义的是"语义解释"，它相当于于一个翻译程序或者是解码方法，把语言中所用到的符号对应到意上面去。而符号的意思可能是对象，也可能是对象的表现方式，或是其他的东西。

聪明人使其信念与其证据相匹配。

做一位哲学家，但在你的全部哲学中仍然站立一个人。

在每一种情形下，精确都优于美妙，正像理性优于微妙的情感。

——休谟

休谟（D. Hume，1711—1776），苏格兰哲学家。1734年，第一次到法国，开始其哲学研究，并从事著述活动。1763年，休谟又去法国，担任英国驻法国使馆的秘书，代理过公使。1752年至1761年，休谟从事英国史的编撰工作。其主要哲学著作有：《人性论》（1739—1740）、《人类理智研究》（1748）、《道德原则研究》（1752）和《自然宗教对话录》（1779）等。其对因果性和归纳法的怀疑把康德从其独断论的迷梦中惊醒。与约翰·洛克（J. Locke，1632—1704）及乔治·贝克莱（G. Berkeley，1685—1753）并称英国三大经验论者。

异境

埃舍尔 1947

这是三个世界的聚合之处。顶部的世界重力指向画内，中间的重力向下，底部的重力向着画外。三个方向上各悬挂着一个号角，鸟儿悠然地伫立旁边。它们各自拥有自己的大地、天空、星辰；或许还有着自己的历史、各自的摩西、恺撒……

哲学争论中"可能世界"的提出多是因为反事实条件句的要求。反事实条件句的形式是：假如……，就会……。由于反事实条件句陈述非现实的内容，那么，如何判断它的真值就成了一个难题。例如，考虑基于《圣经·撒母耳记上》第23节的两句话：（a）假如大卫留在基伊拉城，扫罗就会围攻这个城市；（b）假如大卫留在基伊拉城，扫罗就会赦免这个城市。如果大卫没有留在基伊拉城，那么根据p→q，p假，故p→q真，（a）、（b）两句话都是真的。而这非常不合乎直观。

所以人们假设有这么一个世界A，在这里它的所有一切都和现实世界一样，不同的就是大卫当时没有离开基伊拉城而是留了下来。

然而这又产生了新的问题，世界A和现实世界有什么关系？哪个世界才是实在的世界？哪个才是设想中的世界？我们认为A是我们设想的，但是为什么不能说我们的世界是世界A中的人们所设想的？或者两个世界的本体论地位都相同？

可能世界在本体论上的意义是一个有趣的话题，此外可能世界中的人（例如大卫）和现实世界中的人（例如大卫）之间的关系又是怎么样的？依然有许多问题需要进一步的思考。

第九章

休谟问题和归纳悖论

一、休谟问题及其解决方案

休谟对归纳法的质疑

　　休谟出生于苏格兰爱丁堡一个不太富裕的贵族家庭。3岁丧父，由母亲抚育成人。12岁进入爱丁堡中学，但中途辍学，在家里自学文学和哲学。1729年开始专攻哲学。1732年，刚满21岁的他开始撰写《人性论》。1734—1737年旅居法国乡间，完成了他的代表作《人性论》（第1—2卷，1739；第3卷，1740）。正是在《人性论》第一卷（1739）及其改写本《人类理智研究》（1748）中，休谟从经验论立场出发，对因果关系的客观性提出了根本性质疑，其中隐含着对归纳合理性的根本性质疑。他的这个怀疑主义论证，在哲学史上产生了巨大而又深远的影响，史称"休谟问题"，亦称"归纳问题"。

　　首先指出，休谟并没有使用"归纳推理"或其类似的表述，他最常用的说法是"或然论证"，在《人类理智研究》中常用"因果推理"，所探讨的主要推理形式是下面的"预测归纳推理"：

　　　　迄今所观察到的太阳每天都从东方升起，

　　　　所以，太阳明天仍将从东方升起。

或者，

迄今所观察到的火都是热的，并且这是火，

所以，这是热的。

它们从关于迄今已观察到的情况的断言推移到迄今尚未观察到的情况的断言，这是各种形式的归纳推理的共同特点。所以，休谟关于预测归纳推理的说法也一般性地适用于归纳推理的各种形式。

按我的理解，休谟关于因果关系和归纳推理的怀疑论证可重构如下：

（1）思维的全部材料来自于知觉（perception），知觉包括印象和观念，印象是最强烈和最生动的，观念则是印象的摹本。

（2）人类理智的对象分为"观念的联系"和"实际的事情"；人类知识也分为"关于观念间联系的知识"和"关于实际事情的知识"。

（3）前一类知识仅仅凭借直观或演证就能发现其确实性如何。

（4）后一类知识的确实性不能凭借直观或演证来确证，而是建立在因果关系上的。

（5）一切因果推理都是建立在经验上的，因为原因与结果是不同的事件，结果并不内在地包含在原因中；无论对原因做多么精细的观察与分析，都不可能找出其结果。

（6）因果关系包括三个要素：空间上的相互邻近，时间上的先后相继，以及必然性，其中"必然性"是经验观察中所没有的。

（7）因果推理必须依赖于如下的"类似原则"或"自然齐一律"："……我们所没有经验过的例子必然类似于我们所经验过的例子，而自然的进程是永远一致地继续同一不变的。"[1]

（8）对自然齐一律无法提供演证式证明，"因为自然的进程可以改变，虽然一个对象与我们以前经验过的对象相似，但它也可能被不同或

[1] 休谟：《人性论》，关文运译，北京：商务印书馆，1997年，106页。

相反的结果所伴随，这里并不蕴涵矛盾"。[2]

（9）对自然齐一律也不能提供或然性论证，因为或然性是"建立在我们所经验过的那些对象与我们所没有经验过的那些对象互相类似那样一个假设。所以，这种假设决不能来自于或然性。"[3] 否则，就是循环论证和无穷倒退，是逻辑上的无效论证。

（10）对自然齐一律的证明也不能通过诉诸一个对象"产生出"另一个对象的"能力"来进行，因为"能力"概念来自于对一些对象的可感性质的观察，而由观察做出推断时必须依赖自然齐一律。

（11）因此，自然齐一律没有得到有效的证明。

（12）所以，以自然齐一律为基础的因果推理也不是逻辑上有效的推理，因为有可能做如下设想：作为原因的事件发生，而作为结果的事件不发生；或者说，当其前提为真时，其结论可能为假。

休谟由此得出了他的最后结论："由此看来，不但我们的理性不能帮助我们发现原因和结果的最终联系，而且即使在经验给我们指出它们的恒常结合以后，我们也不能凭自己的理性使自己相信，我们为什么把那种经验扩大到我们所观察的那些特殊事例之外。我们只能假设，却永远不能证明，我们所经验过的那些对象必然类似于我们所未曾发现的那些对象"。[4]

休谟的论证主要是针对因果关系的，但其中包含一个对归纳推理的怀疑主义论证。也可以按现代方式，把这一论证重构如下：

（1）归纳推理不能得到演绎主义的证成。因为在归纳推理中，存在着两个逻辑的跳跃：一是从实际观察到的有限事例跳到了涉及潜无穷对象的全称结论；二是从过去、现在的经验跳到了对未来的预测。而这两者都没有演绎逻辑的保证，因为适用于有限的不一定适用于无限，并且将来可能与过去和现在不同。

（2）归纳推理的有效性也不能归纳地证明，例如根据归纳法在实践中的成功去证明归纳，这就要用到归纳推理，因此导致无穷倒退或循

[2]　休谟：《人类理智研究道德原理研究》，周晓亮译，沈阳：沈阳出版社，2001年，33页。

[3]　休谟：《人性论》，107—108页

[4]　休谟：《人性论》，109页。

环论证。

（3）归纳推理要以普遍因果律和自然齐一律为基础，而这两者的客观真理性并未得到证明。因为感官最多告诉我们过去一直如此，并没有告诉我们将来仍然如此；并且，感官告诉我们的只是现象间的先后关系和恒常汇合，而不是具有必然性的因果关系；因果律和自然齐一律没有经验的证据，只不过出自人们的习惯性的心理联想。

应该指出，休谟对归纳合理性的质疑是针对一切归纳推理和归纳方法的，并且它实际上涉及到"普遍必然的经验知识是否可能？如何可能？"的问题，涉及到人类的认识能力及其限度等根本性问题。因此，休谟的诘难是深刻的，极富挑战性，以致有这样的说法："休谟的困境就是人类的困境"（Hume's predicament is human predicament）。

休谟问题得到了哲学家和逻辑学家的高度重视，他们提出了各种各样的归纳证成方案，主要有：

（1）演绎主义证成，指通过给归纳推理增加一个被认为是普遍必然的大前提，把它与归纳例证相结合，以此确保归纳结论的必然真实性。这种证成方案实际上暗中承认了归纳推理本身不能得必然结论，其主张者首推密尔，此后著名的有罗素以及金岳霖。

（2）先验论和约定论证成，其代表人物是康德、庞卡莱等人。例如，约定论通过把归纳推理的大前提归诸于某类主观约定或社会约定来为归纳证成。

（3）归纳主义证成，指通过列举使用归纳法在实践中所获得的成功来为归纳法证成。

（4）概率主义证成，主要是由逻辑实证主义者所提出的一种归纳证成方案。

由于上述各种证成方案在总体上都不太成功，波普尔（K. R. Popper）坚持一种反归纳主义的立场。

迄今为止，没有一种归纳证成方案得到普遍接受，故下述说法仍然成立:"归纳法是自然科学的胜利,却是哲学的耻辱"。[5]

关于休谟问题的评论

关于休谟问题,我所持的观点包括否定的方面和肯定的方面。[6]

其否定方面是:归纳问题在逻辑上无解,即对于"归纳推理是否既能够扩展知识又具有保真性"这个问题,逻辑既不能提供绝对肯定的答案,也不能提供绝对否定的答案,因为该问题是建立在三个虚假预设之上的:

(1)存在(绝对)普遍必然的知识,这是休谟提出归纳问题时的一个预设。但这个预设是成问题的:(a)从休谟哲学内部不能得出这个预设。因为休谟主张彻底的经验论立场,他把感觉印象当作一切知识的源泉:"我们的一切观念或微弱的知觉是从我们的印象或强烈的知觉中得来的,而且我们无法思考在我们身外的我们未曾看到的任何东西,或在我们内心未曾感到的任何东西。"[7]而从感觉经验中无法建立普遍必然性,除非引入先验性因素,但这一做法是与其彻底的经验论立场相矛盾的。(b)可以证明,即使关于观念之间关系的知识也只具有相对的必然性。(c)在彻底的经验论立场上可发展出整体主义知识观,后者承认一切命题的可修正性。因此,休谟关于"存在着普遍必然性知识"的预设是不成立的。

(2)在休谟问题的背后,隐藏着对演绎必然性的崇拜,即把合法的推理局限于有保真性的演绎推理,除演绎推理之外的其他思维活动,如归纳推理,都是非理性、非逻辑的。因为休谟明确指出,归纳推理是基于自然齐一律和因果律之上的,而从原因到结果的转移不是借助于理性完成的,而是依靠习惯和经验——"习惯是人生的伟大指导"。[8]休谟对归纳问题给予了心理主义的解决,实际上也就是给予了非理性主义的解决。但"合法的推理只局限于有保真性的演绎推理"这个预设与前一

[5] 洪谦主编:《逻辑经验主义》,北京:商务印书馆,1989年,257页。

[6] 下面的论述是极其纲要性的,详细论述参见我的《逻辑哲学》一书的第十三章《归纳的证成》(北京:北京大学出版社,2005年,345—363页)。

[7] 休谟:《〈人性论〉概要》,见于周晓亮:《休谟哲学研究》附录一,北京:人民出版社,1999年,369页。

[8] 休谟:《人类理智研究 道德原理研究》,43页。

个预设相比更成问题，并且造成的危害也更大：它已经演变成为一个根深蒂固的演绎主义传统。

（3）休谟要求，只能在感觉经验的范围内去证明因果关系的客观性和经验知识的普遍真理性。例如他指出："任何实际的事情只能从其原因或结果来证明；除非根据经验我们无法知道任何事情为另一件事情的原因。"[9]（着重号系引者所加）而这个要求本身是不合理的。如休谟所言，感觉经验所告诉我们的只是先后关系，而不是因果关系，因果关系的断言超出了感觉经验的范围。如果我们像休谟那样，只停留在感觉经验的范围内，那就只能与休谟一样得出怀疑主义的结论。但是，正如马克思所指出的，"人的思维是否具有客观的真理性，这并不是一个**理论**的问题，而是一个**实践**的问题。人应该在实践中证明自己思维的真理性，即自己思维的现实性和力量"。[10]

历史上有人提出，归纳是我们用来预测事件进程的一种策略，尽管这种策略不能保证人们一定获得真理，但它的合理性在于：它是人们为获得真理所能采取的诸多策略中的最佳策略；并且，归纳是一个自我修正的过程，它让过去的经验决定对未来的预测，并且被新的经验修正、否定虚假的信念。如果我们始终一贯地坚持归纳策略，我们最终总会达到真实的归纳结论。

我对上述归纳证成方案持同情态度，由此引出我本人关于归纳问题的肯定性观点：

（1）归纳是在茫茫宇宙中生存的人类必须采取、也只能采取的认知策略。人是宇宙的婴孩。与这个浩大无边、深不可测、妙不可言的宇宙相比，人只是一粒微尘。人要想在这个宇宙中生存下去，他就必须认识这个宇宙，探究她的奥秘，从中获取自己的生存资源，使自己从肉体到精神都获得发展。除了采取观察、实验、归纳、假说演绎法、试错法等等之外，我想象不出人类还有什么其他可能的认知策略。在这个意义上，归纳对于人类来说具有实践的必然性。

[9] 休谟：《〈人性论〉概要》，见于周晓亮：《休谟哲学研究》附录一，374页。

[10] 《马克思恩格斯选集》第一卷，北京：人民出版社，1995年，55页。

　　(2) 人类有理由从经验的重复中建立某种确实性和规律性。宇宙是摆在渺小的人类面前的一个巨大谜团，归纳逻辑要建立一套猜宇宙之谜的模式、方法和准则。虽然它不能确保人类猜对，但运用它却使人类有可能猜对，从而获得关于这个宇宙的具有一定普遍性和规律性的认识。这样说的根据在于确信宇宙中存在某种类似于自然齐一律和客观因果律之类的东西，该确信本身也来自宇宙和经验，来自自然的教导，因为在经验中显现给我们的这个世界并不是完全无序的，而是呈现出一定的合规律性：四季更迭，昼夜交替，各生物物种之间的相互依存，以及像"水往低处流，人向高处走"这样的自然或社会现象。既然世界不断地向我们显现这种重复性，我们就有理由期待这个世界还会这样重复下去。这样的期待是合理的期待，而不这样期待是不合理的。例如，设想明天的太阳会与以往不同，不再从东方升起而从西方升起，尽管这在逻辑上合理，但在事实上不合理，它除了逻辑的理由外没有任何事实的理由，而关于这个世界的事实性断言是不能仅凭借逻辑的理由来加以肯定或否定的。

　　(3) 人类有可能建立起局部合理的归纳逻辑和归纳方法论，并且已部分成为现实。例如，简单枚举法，排除归纳法，回溯推理法，类比法，假说演绎法，波普尔所谓的"试错法"，概率计算和数理统计方法，以及各种归纳概率逻辑，都提供了具有一定合理性的"猜"宇宙之谜的方法，当然还可能发展出别的此类方法。重要的不是去指责这些方法不能必然推出真实的结论，而是要弄清楚它们的前提条件、适用范围及其局限性等等，对这些方法做局部证成。人们常常通过指责现有归纳逻辑不成熟，得出"归纳逻辑不可能"的结论，该结论所断定的大大超出了该前提的范围，它本质上与归纳推理相似，根据演绎逻辑也是推不出来的。或许，我们对归纳逻辑应该保持必要且足够的耐心。

　　(4) 归纳结论永远只是可能真，而不是必然真。由于宇宙无论是从宏观或微观的角度看都是无限的，人类在任何给定的时刻都不能说他已经获得了关于这个宇宙的完全充分的认识，甚至也不能有把握地说，他已经获得了关于宇宙的某个局部或片段的完全充分的认识。人类在任何时候运用归纳方法所获得的任何具体认识中都含有可错性成分，在原则上都是可修正的。因此，对于任何已有的理论，对于归纳逻辑和归纳方法论本身，我们都应该保持一种健康的怀疑、诘难、批评的态度；对于任何未知的事物，我们都应该保持一种理智的好奇，以免陷入独断论、教条主义、绝对主义。这是事情的一方面。但事情还有另一方面。既然我们根据已有理论所进行的实践一再取得成功，那就说明我们根据归纳法所获得的理论中肯定有真理性成分，我们不能因为已有理论中含有可能被未来的经验证伪的可错性成分，就完全否认现有理论的真理性，否认归纳逻辑及其方法论在一定程度上的合理性和可靠性。也就是说，我们应该对被实践一再证明为真的理论，对于归纳法本身保持必要的信心，以免陷入相对主义、虚无主义、不可知论。

我认为，归纳逻辑应研究这样一个完整过程：如何从经验的学习中建立可错的归纳判断并用于指导以后的行动，并且根据环境的反馈修正已有的归纳判断，获得正确性程度越来越高的认识。因此，我所理解的归纳逻辑就包括如下四部分内容：发现的逻辑，（客观）证成的逻辑，（主观）接受的逻辑，以及修改或进化的逻辑。

布里丹的驴子和因果决定论

布里丹的驴子是对人无法做出决定的状态的一个比喻性描述，它指下述悖谬性情景：

> 有一头驴子，它行事非常理性，每当要做选择或决定时，务必要让自己仔细想清楚，以便该决定或选择得到足够强和足够充分的真实理由的支持。某一天，它饿得发昏，到处找草料吃，误打误撞发现了

两堆草料，它们的大小差不多，鲜美程度也差不多。站在两堆草料之间，这头驴子犯了难：我该先吃哪一堆草料呢？我先吃它有哪些理由呢？这些理由真实且充分吗？每当快要做出一个决定时，它马上想到另一些理由把它否决了。于是，它在两堆草料之间左思量右，最后竟然活活饿死了。

可以参看下面的插图[11]：

[11]　图片来源：http://orwell.ru/library/poems/factory/Buridan's%20ass。读取日期：2013 年 8 月 8 日。

这个悖论虽以14世纪法国哲学家布里丹的名字传世，但遍查布里丹的著述，也找不到他对这个悖论的原始表述，倒是在亚里士多德的《论天》中找到了类似的描述：有一个人，他既渴又饿，且程度相同，当他身处食物和水之间时，无法决定究竟是应该先进食还是先饮水。但这个悖论也不是与布里丹一点关系也没有：他提倡一种道德决定论，为了避免无知和所存障碍的干扰，在面对不同的行为选择时，人们总是应该选择更大的善。斯宾诺莎最早把这个悖论与布里丹连接起来，认为它牵涉到自由意志与因果决定论的关系：

> 如果人们的行为不是出于自由的意志，当他到了一种均衡状态，像布里丹的驴子那样时，他将怎么办呢？他不会饥饿而死吗？假如这样，我们岂不将他认作泥塑的人或驴子吗？倘若否认这一点，那么我们不能承认他能够自决，具有去所要去的地方、做所要做的事情的能力。[12]

[12] 斯宾诺莎：《伦理学》，贺麟译，北京：商务印书馆，1983 年，91—92 页。

假设在该驴子的因果历史中没有任何东西促使它走向这堆草料而不是那堆草料，并且假设它的所有行为都是因果决定的，是先前原因的不可避免的后果，而这些原因又是由别的先前原因所决定的，由此不断追溯下去，该驴子只好站在两堆草料之间，等着最终饿死。如果因果决定论对动物成立，则我们可以期待它对人也成立。如亚里士多德谈到的，像驴子那样行事的人也会在进食和饮水之间摇摆不定，以致最后死掉。但这就能证明因果决定论的荒谬吗？不一定吧。我们可以探寻该动物或该人如此行事的原因：它或他之所以如此行事，是因为他们秉持了某种错误观念；或者，他们之所以如此行事，是他们经过理性思考和判断的结果，也是他们自觉做出的一种选择，因为有时候无所作为也是一种"选择"；或许，他们是通过此种方式来实施自杀行为；或者，他们由于过去的行为过于理性和严谨，对自己苛责太严，竟然疯掉了，再也不能理性地行事；如此等等。所有这些解释仍然是一种"因果"解释。所以，斯宾诺莎对布里丹的驴子情形究竟能够说明什么也是含糊其辞的：

> 我宣称我完全承认，如果一个人处在那种均衡的状态，并假定他除饥渴外别无知觉，且假定食物和饮料也和他有同样远的距离，则他

必会死于饥渴。假如你问我像这样的人究竟是驴子呢还是认作人？那我只能说，我不知道；同时我也不知道，究竟那悬梁自尽的是否应认为是人，或究竟小孩、愚人、疯人是否应该认为是人。[13]

[13]　斯宾诺莎：《伦理学》,94 页。

　　这里，我想就布里丹的驴子发几句感想。如果一位理性主义者，对理性的执著到了那头驴子的地步，则他已经蜕变成为一位非理性主义者，一位理性拜物教主，一位理性独断论者。实际上，作为真正的理性主义者，我们应该承认我们的理性能力在很多方面是受到限制的，如自然禀赋的限制，现实条件的限制，个人化特点的限制，等等。因此，我们应该对我们的理性能力保持必要的怀疑，对其做适度的节制。所以，做一位温和的有节制的怀疑论者，常常是受过良好教养的知识分子的一个特征：他们尊重常识，尊重习俗、成规和传统，保持中庸、温婉、谦和的行事方式；他们在思想上可能狂飙突进，但在行为上却可能中规中矩，如哲学家休谟，如文学家歌德。有时候，如果理智想不清楚，听从本能的呼唤，遵照常识的指令，可能是最为理性的选择。又回到那头驴子：既然饿了，吃进草料，填饱肚子，让自己活下去，这才是最重要的，也是最理性的选择；至于在哪里吃，吃什么样的草料，则是次要的。我曾说过一句话：聪明人不能生活在贫穷之中，在思考了布里丹的那头蠢驴案例之后，或许还应该补上一句：聪明人更不能把自己活活饿死，除非他有意选择以此种方式自杀。

二、归纳悖论和反归纳主义

　　归纳悖论可以视为休谟问题在现代归纳概率逻辑中的变形，它们也涉及到归纳合理性及其辩护问题，一般与对某个全称假说的确证、否证、相信、接受等等相关，指运用看似合理的归纳原则或归纳推理，得出了严重违反常识和直觉的结论，或做出了互相矛盾的预测。主要的归纳悖论有以下三个：亨普尔悖论、古德曼悖论、凯伯格悖论。[14]

亨普尔悖论及其解决方法

亨普尔悖论

亦称"渡鸦悖论"（The Paradox of Ravens）、"确证悖论"等，最早由亨普尔在1937年提出，后在《确证逻辑研究》（1945）一文[15]中详细阐述，该文第三节从逻辑方面表述该悖论，称其为"逻辑悖论"；第五节从直觉方面表述该悖论，称其为"直觉悖论"。该悖论主要揭示了关于确证的"尼柯德标准"和"等值条件"之间的冲突。

尼柯德标准：对于一个形如"所有A是B"的全称假说（可用逻辑符号表示为"$\forall x (Ax \to Bx)$"）来说，

（1）一个既是A又是B的个体a确证该全称假说；

（2）一个是A但不是B的个体a否证该全称假说；

（3）一个不是A的个体a，无论它是不是B，与确证该全称假说不相干。

这里，所谓"确证"（confirmation），亦称"证实"，是指为一个全称假说"所有A是B"提供正面的支持性例证；所谓"否证"（falsification），亦称"证伪"，是指为该假说提供反面例证：若那个或那些例证成立，该假说必定是假的。

等值条件：如果假说H_1与假说H_2逻辑等值，证据E_1与证据E_2逻辑等值，那么，若证据E_1确证假说H_1，则它也同时确证假说H_2；并且，若证据E_1同时确证假说H_1和H_2，则证据E_2也同时确证假说H_1和H_2。

单独来看，尼柯德标准和等值条件都是相当合理的。但是，把它们两者结合在一起，却会在确证中导致反直观或悖谬的结果。

[14] 关于归纳悖论的阐述，曾参考陈晓平：《归纳逻辑和归纳悖论》，武汉：武汉大学出版社，1994年；《贝叶斯方法与科学合理性——对休谟问题的思考》，北京：人民出版社，2010年。有兴趣的读者可以去阅读这两本书，其中有更细致和更技术性的讨论。

[15] Hempel, C. G. "Studies in the Logic of Confirmation," *Mind*, vol.54, 1945, pp.1–26, pp.97–121. 中译文见江天骥主编：《科学哲学名著选读》，武汉：湖北人民出版社，1988年，453—516页。

考虑待确证假说H_1：$\forall x\,(Ax \rightarrow Bx)$。

逻辑悖论1：根据尼柯德标准，确证H_1的证据是E_1：$Aa \wedge Ba$；否证H_1的证据是E_2：$A_b \wedge \neg B_b$。由H_1，可以推出其逻辑等值命题H_2：$\forall x\,(\neg Bx \rightarrow \neg Ax)$。设有证据$E_3$：$\neg Bc \wedge \neg Ac$，根据尼柯德标准（1），它确证假说$H_2$；因为$H_2$逻辑等值于$H_1$，所以，根据等值条件，$E_3$也确证假说$H_1$。但根据尼柯德标准（3），$E_3$与$H_1$的确证不相干。于是，我们得到了矛盾的结果：$E_3$既确证假说$H_1$，又与确证$H_1$不相干！

直觉悖论1：考虑待确证命题"所有渡鸦都是黑色的"，它分别等值于"不存在非黑色的渡鸦"和"所有非黑色的东西都是非渡鸦"。根据尼柯德标准和等值条件，除了非黑色的渡鸦否证该命题之外，任何一个既不是黑色的又不是渡鸦的东西，例如白雪、红花、绿叶、黄雀，都是该命题的确证事例。这严重违反了人们的常识和经验，甚至是荒谬的。因为这样一来，我们根本不必走出书房，只要看着屋内非黑色的东西，并确认它们不是渡鸦，就足以确证"所有渡鸦都是黑色的"这个命题。于是，所有的野外观察和实验研究都变得没有必要了。这会毁掉自然科学的根基。

逻辑悖论2：考虑待确证假说H_3：$\forall x\,((Cx \vee \neg Cx) \rightarrow (Bx \vee \neg Ax))$。设有证据$E_4$：$(Cd \vee \neg Cd) \wedge (Bd \vee \neg Ad)$，根据尼柯德标准（1），$E_4$确证假说$H_3$；而$E_4$逻辑等值于$Bd \vee \neg Ad$，根据等值条件，后者也确证假说$H_3$；而$H_3$逻辑等值于$H_1$，又根据等值条件，故$E_4$也确证假说$H_1$。但根据尼柯德标准（3），$E_4$与假说$H_1$的确证不相干。于是，我们得到一个矛盾的结果：$E_4$既确证假说$H_1$，又与确证$H_1$不相干！

直觉悖论2：考虑待确证命题"所有渡鸦都是黑色的"，根据尼柯德标准和等值条件，任何一个是黑色的东西或者不是渡鸦的东西，例如黑板、蓝天、白粉笔、黄衣服，都是该命题的确证事例。这也严重违反了人们的常识和经验，甚至是荒谬的。

逻辑悖论3：考虑待确证假设H_4：$\forall x\,((\neg Bx \wedge Ax) \rightarrow (Cx \wedge \neg Cx))$，

根据尼柯德标准（1），H_4 的证据应该是 E_5：$(\neg Be \wedge Ae) \wedge (Ce \wedge \neg Ce)$，即 E_5 确证 H_4。而 H_4 逻辑等值于 H_1，根据等值条件，故 E_5 也确证 H_1。但是，E_5 是一个矛盾式，这样的确证事例不存在。所以，H_4 无确证事例，故 H_1 也无确证事例。我们又得到一个矛盾的结果：H_1 应该有确证事例，但又不可能有确证事例！

直觉悖论3：人们能够通过找到黑色的渡鸦来确证"所有的渡鸦都是黑色的"，怎么能够说该全称假说没有确证事例呢？！

亨普尔的消解方案

一般来说，解决确证悖论有以下途径：修改等值条件或排斥它；修改尼柯德标准或排除其中的某些部分；找出其他隐含的错误和误解。

亨普尔认为，等值条件是关于确证的任何合适定义所必须满足的一个条件。若违反这个条件，对某些事例能否确证某个假说，将不仅取决于该假说所表述的内容，而且取决于该假说被表述的方式：若以某种方式表述，那些事例确证该假说；若换一种逻辑上等价的表述方式，那些事例就不再确证该假说了。这是难以理喻的。所以，他选择保留等值条件而修改尼柯德标准。具体的消解悖论的方案如下：

对于逻辑悖论1和2，通过前面的叙述发现，在确证假说 H_1 "$\forall x (Ax \rightarrow Bx)$" 时，如果保留等值条件，从尼柯德标准（1）可以推出：一个不是A的事例（无论它是不是B）确证 H_1，这与尼柯德标准（3）相冲突。亨普尔选择保留标准（1）而排除（3），悖论因此消除。

对于逻辑悖论3，实际上仅仅是等值条件与尼柯德标准（1）相冲突：若承认等值条件，根据尼柯德标准（1），H_4 的确证事例只能是 $(\neg B_d \wedge A_d) \wedge (C_d \wedge \neg C_d)$，但这一事例是矛盾的，它不可能存在！这就是说，$H_4$ 又不可能有确证事例。由于 H_1 等值于 H_4，这就是说，H_1 既有确证事例又没有确证事例。这样一来，仅仅排除尼柯德标准（3）就解决不了问题。究竟怎么消解该悖论？亨普尔没有给出办法。

对于直觉悖论3，亨普尔在《新近的归纳问题》（1966）一文[16]中

[16] Hempel, C. "Recent Problems of Induction," in R. G. Colodny (ed.), *Mind and Cosmos, Essays in Contemporary Science and Philosophy*, Pittsburgh: University of Pittsburgh Press, 1966, pp. 112–134.

给出了解决方案：既然已经排除尼柯德标准（3），那么，尼柯德标准（1）就只是确证该假说的充分条件而不是必要条件，即如果一个事例不满足尼柯德标准（1），这个事例未必不确证这个假说，就像在逻辑悖论3中，H_4没有确证事例从而H_1也没有确证事例，但这并不排除H_1（根据其他标准）有确证事例的可能性。

对于直觉悖论1和2，亨普尔通过途径1消除悖论，指出人们有两点误解：

第一，人们认为"所有A都是B"这种形式的假说，局限于A类的事物上，把非A类的事物排除在外。实际上，这个假说所说的是"所有事物是B或者不是A"，即把所有事物分为两大类，每个个体只要是B就确证了这个假说，只要是非A也确证了这个假说。

第二，人们不自觉地引入了证据外的背景知识。从逻辑上看，一个仅包含黑色物体的证据确证"所有事物都是黑色的"这个命题，因此也就确证了"所有渡鸦都是黑色的"这个假说。但由于人们参照一些常识，认为并不是所有事物都是黑色的，就认为这个确证关系有问题。但是，若不引入背景知识，这个关系在逻辑上是没有任何问题的。

归结起来，亨普尔对逻辑悖论3没有提出解决方案；对于其他悖论，主要是通过排除尼柯德标准（3）来解决问题。但为什么要排除（3）而保留另外两个标准？他没有给出理由，至少所给出的理由并不充分。

另外的考虑

有人怀疑，亨普尔悖论果真是悖论吗？考虑这样的情形：在我们面前放着一个袋子，有人对袋子里的东西做了这样一个断言："这个袋子里的圆球都是白色的。"我们摸出白色的圆球无疑确证了这个假说，提高了它为真的可能性；摸出的黑色圆球否证了该假说，也就是推翻了该假说。至于摸出的红色的鞋子，绿色的木块，黑色的钢笔等等东西，我们会怎么看待呢？起码它们没有否证该假说，最多将其视之无关的；即使将其视为该假说的确证事例，也没有什么不可以，它们对该假说提供空的支持，或者最小程度的支持。这里有反直观的东西吗？！

《推理的迷宫》的作者庞德斯通（W. Poundstone）认为，我们不能把对"所有渡鸦都是黑色的"的确证转换成对"所有非黑色的东西都是非渡鸦"的确证，后者相当于确证"宇宙中没有非黑色的渡鸦"，这是一个需要无穷多步骤的因而是不可能完成的超级任务。至少有以下理由：

（1）"渡鸦"是一个合理的概念，而"非渡鸦"不是。因为诸渡鸦有许多一致的特征，而"非渡鸦"则是一个包罗甚广的词，一切不符合渡鸦的特征的东西都可以放进来。"渡鸦"这个概念代表一种身份，而"非渡鸦"这个概念只是一个背景。根据某鸟类学家的说法，世界上普通渡鸦的数量在50万只左右，而非黑色的东西的数量很难计算，这是一个天文数字。因此，为了效率起见，科学家很少用负概念思考。

（2）一条红鲱鱼确实有可能证实"所有的渡鸦是黑色的"，但这仅仅在无穷小的程度上提供了证实，因为非黑色的东西太多了，甚至是无穷多。相比之下，检查渡鸦的颜色显然是更有效率的证实该假说的方法。雷歇尔（N. Rescher）延续这条思路，并做了这样的计算：若以渡鸦和非黑色的东西为检验对象，要得到在统计学上有效的样本，分别所需花费的成本是：以渡鸦为样本需要1万美元，以非黑色的对象为样本则需要20亿美元！[17]

因此，庞德斯通断言："考虑到证据的总体性，我们发现，检验非黑色的非渡鸦是浪费时间，为了确定'所有渡鸦都是黑色的'真假，最好的办法是观察渡鸦及其亲属，研究生物差异。"[18]可以看出，该作者至少是在怀疑等值条件在验证假说过程中的作用，这与亨普尔的选择不同。

[17]　庞德斯通：《推理的迷宫》，39—51页。

[18]　同上书，50页，译文略有改动。

古德曼悖论

亦称"绿蓝悖论"、"新归纳之谜",由古德曼(N. Goodman,1906—1998)在《关于确证的疑问》(1946)一文[19]中初步提出,并在《事实、虚构与预测》(1955)一书[20]加以系统讨论。该悖论的基本意思是:运用简单枚举法,从同样的观察事例可以得到不同的甚至是相互矛盾的预测结论。

古德曼区分了旧的归纳问题(休谟问题)和新的归纳之谜。休谟认为,当我们基于经验做出关于未知或未来的情况的断言时,我们是没有充分根据的,因为这类断言既不是经验的报道,也不是经验证据的逻辑推论。仅仅当我们证成了因果律和自然齐一律之后,我们所使用的归纳法才能得到证成,但证成前两者的唯一途径却是诉诸归纳,而这是循环论证。尽管归纳没有得到证成,甚至在原则上不可能得到证成,但我们还是禁不住做出归纳断言,这是为什么呢?休谟的回答是:重复的经验在人们那里形成条件反射,从而养成了习惯,获得了本能,正是这种习惯和本能促使人们根据经验的重复做出归纳断言。在这个意义上,可以说"习惯是人生的伟大指南"。古德曼认为:"休谟抓住了关键性问题,并且相当有效地考虑了他的回答。并且我认为,他的回答是合理的和中肯的,即使它不能完全令人满意。"[21]既然一切分析都表明,关于如何证明归纳推理有效性的问题是无解的,我们就应该抛掉它,转而研究这样的问题:一是用某种一般的方式,给直观上可接受的归纳与直观上不可接受的归纳划界,而不必总是诉诸直觉;二是为我们偏爱第一组归纳而不是第二组归纳做辩护。这就是他所提出的"新归纳之谜",所谓"绿蓝悖论"就是与新归纳之谜相关的。

设现在的时间为t,并且下述推理是直觉上可接受的归纳论证:

[19]　Goodman, N. "A Query on Confirmation," *Journal of Philosophy*, XLIII, 1946, pp.383–385.

[20]　Goodman, N. *Fact, Fiction and Forecast*, Cambridge, MA: Harvard University Press, 1955. 纳尔逊·古德曼:《事实、虚构和预测》,刘华杰译,北京:商务印书馆,2007年。

[21]　同上书,61页。

A₁　翡翠1是绿色的，

翡翠2是绿色的，

翡翠3是绿色的，

翡翠4是绿色的，

⋮

即是说，迄今为止观察到的所有翡翠都是绿色的，

所以，所有翡翠（无论是否已经观察到）都是绿色的。

现在通过下面的定义引入一个新颜色谓词"绿蓝的"（grue）[22]：

[22]　"grue"是古德曼生造的一个英文词，由分别截取"green"（绿色的）和"blue"（蓝色的）的首尾组合而成，故译为"绿蓝"。他还用同样的办法生造了另一个英文词"bleen"（蓝绿）。

D₁：x是绿蓝的，当且仅当，x在时间t之前被观察到并且是绿色的，或者x在时间t之后被观察到并且是蓝色的。

然后考虑下述归纳论证：

A₂　翡翠1是绿蓝的，

翡翠2是绿蓝的，

翡翠3是绿蓝的，

翡翠4是绿蓝的，

⋮

即是说，迄今为止观察到的所有翡翠都是绿蓝的，

所以，所有翡翠（无论是否已经观察到）都是绿蓝的。

请注意，这里A₁和A₂都是使用简单枚举归纳法，并且若A₁的前提为真，根据"绿蓝"的定义D₁，则A₂的前提也是真的。但A₁和A₂的推论在直觉上是相互矛盾的，因为根据A₁，在时间t之后的看到的翡翠将是绿色的，而根据A₂，在时间t之后看到的翡翠将是蓝色的。这就是说，A₁和

A_2使用同样的归纳推理形式，并且从同样的归纳证据出发，却得到了互不相容的结论。这就是悖论所在！该悖论也可以表述成这样的形式：

P_1：现有证据同等地支持A_1和A_2的结论；

P_2：受现有证据同等支持的结论是同等可信的；

P_3：A_1的结论是高度可信的；

P_4：A_2的结论不是可信的（下面说明）；

C：以上四个命题不相容。

古德曼还用类似方法定义了另一个颜色谓词"蓝绿的"（bleen）：

D_2：x是蓝绿的，当且仅当，x在时间t之前被观察到并且是蓝色的，或者x在时间t之后被观察到并且是绿色的。

并由此可以引出类似的"蓝绿悖论"。

关于"绿蓝悖论"（或"蓝绿悖论"），有必要做以下几点澄清：

（1）有人反驳说，悖论的产生源自于我们采用了与时间相关的谓词。根据古德曼的定义，"绿蓝的"与"蓝绿的"是一对依赖于时间参数t的谓词，然而"绿色的"与"蓝色的"则不依赖于时间，这就是产生悖论的根源。因此，我们应当选择"绿色的"与"蓝色的"，而不是选择"绿蓝的"和"蓝绿的"这样的谓词。不过，古德曼回答说，在说绿蓝-蓝绿的人群中，"绿蓝的"和"蓝绿的"是初始谓词，而"绿色的"和"蓝色的"则是被定义谓词，其定义如下：

D_3：x是绿色的，当且仅当，x在时间t之前被观察到并且是绿蓝的，或者x在时间t之后被观察到并且是蓝绿的。

D_4：x是蓝色的，当且仅当，x在时间t之前被观察到并且是蓝绿的，或者x在时间t之后被观察到并且是绿蓝的。

　　这样一来，"绿蓝的"和"蓝绿的"就不是依赖于时间t的谓词，而"绿色的"和"蓝色的"倒是依赖于时间t的谓词。古德曼由此断言："确实，如果我们从'蓝色的'和'绿色的'开始，那么'绿蓝的'和'蓝绿的'将用'蓝色的'和'绿色的'以及一个时间词来解释。但同样可以说，如果我们从'绿蓝的'和'蓝绿的'开始，那么'绿色的'和'蓝色的'将用'绿蓝的'和'蓝绿的'以及一个时间词来解释。"[23] 这两对谓词并不能通过诉诸时间参数t区别开来，它们是完全对称的，相互之间没有实质性区别。

　　（2）古德曼提出的"绿蓝悖论"是要把直观上可接受的归纳推理与直观上不可接受的归纳推理区别开来，前者导致"类律假设"（law-like hypotheses），后者导致"偶适假设"（accidental hypotheses）。例如，当我们发现，我们周围的人，例如我们的祖父母、外祖父母、父母，以及我们所知道的其他人，都会先后死去，我们做出结论：所有的人都是会死的。该结论是一个类律假设，该归纳推理是直观上可接受的。但是，假如我们发现，我们小区花园内的花草虫鱼鸟都有生命，由此得出结论：我们小区花园内的所有东西都有生命。该归纳结论就是一个偶适假设，该归纳推理在直观上是不可接受的。

　　（3）古德曼试图用出现在归纳概括中的一个谓词在"语言上的牢靠性"（linguistic entrenchment）来区分这两类假设，并由此区分这两类归纳。一个出现在归纳概括中的谓词是牢靠的，因为它是在过去的归纳实践中被经常使用的，更为人所熟知的，被人所习惯使用。古德曼指出，归纳推理的原则"被它们与我们的归纳实践的一致所证成"。[24] 例如，"绿色的"相对于"绿蓝的"，"蓝色的"相对于"蓝绿的"就是更牢靠的，基于前两个谓词所做出的归纳概括是更可接受的，也是更可信赖的。

[23] Goodman, N. *Fact, Fiction and Forecast*, pp.79—80.

[24] 同上，p.63.

有人质疑，按这样的理论，科学创造将成为不太可能的事情，因为科学创造常常要引入新谓词，一般而言，新谓词总是最不牢靠的。为了回答这样的质疑，古德曼引入了"母谓词"、"自获的牢靠性"和"继承的牢靠性"等概念。谓词P是谓词Q的"母谓词"，当且仅当，P的外延包含了Q的外延，例如"生物"是"植物"和"动物"的母谓词，"大学生"是"这个教室里的大学生"的母谓词，"汽车"是"丰田汽车"的母谓词。科学中新引入的谓词虽然没有自获的牢靠性，却可能从母谓词那里继承牢靠性，比如说"黑洞"相对于"天体"，因此，并非所有新谓词都不是牢靠的。

（4）古德曼进而把"预测"、"概括"和"归纳推理"纳入一个更宽泛的概念即"投射"（projection）之中，因此他把自己的归纳理论叫做"投射理论"。该理论的主要任务就是要区分"可投射的谓词"和"不可投射的谓词"，以及"可投射的假设"和"不可投射的假设"，而"可投射性"又是与前面所谈到的"牢靠性"概念相关联的。例如，他用以拒斥不可投射假设的第一个规则是：

> 对于两个均被支持、均未被违反并且均未穷尽的却相互冲突的假设，如果其中第一个比第二个更为牢靠，那么第二个就是不可投射的，因而应当被拒斥。

这里，"被支持"意指"有正面事例"，"被违反"意指"有反面事例"，"未穷尽"意指"有未被检验的事例"。而且，"一个假设H_1比另一假设H_2更牢靠"意指：就其牢靠性而言，H_1前件并不比H_2的前件更差，且H_1的后件比H_2的后件更好。

于是，"什么样的归纳推理是可以接受的"这个问题，就归结为"什么样的谓词是牢靠的，可以投射的"这个问题。古德曼认为，归纳逻辑应该制定一些规则，说明哪些谓词是牢靠的和可投射的，哪些谓词不是，由牢靠和可投射谓词组成的归纳概括是"类律陈述"，含不牢靠和不可投射谓词的归纳概括是"偶适陈述"。

所以，绿蓝悖论反映了我们在如何区分类律假设和偶适概括、可投射谓词和不可投射谓词上存在的困难。自从1955年古德曼的《事实、虚构与预测》一书出版以来，关于绿蓝问题的热烈争论一直持续到现在。[25] 在争论中，已经提出了不少各具特色的解决方案，其中著名的有古德曼本人的牢靠性方案，范·弗拉森（B. C. Von Fraassen）和波普尔等人的简单性方案、证伪主义方案，蒯因的自然种类方案，伽登佛斯的概念空间方案，以及各种贝叶斯型方案。至今仍没有哪一个方案成为主流意见，被大多数哲学家所接受。"绿蓝悖论"仍然在困扰着我们。

凯伯格悖论

亦称"彩票悖论"，由凯伯格（Jr. H. E. Kyburg, 1928—2007）最早在《概率与随机》一文中提出。该文先提交给符号逻辑学会1959年年会，后提交给科学哲学和科学史1960年度国际会议，1963年在《心灵》杂志发表。对该悖论的正式表述则出现在《概率和合理信念的逻辑》(1961)[26] 一书中。

考虑下述情形：假定有一组彩票卖一百万张，有并且只有一张彩票得头奖。在这种情况下，接受"彩票i不能得头奖"这一假说是合理的，并且该假说对任一i都成立，只要$1 \leqslant i \leqslant 1000000$。但是，由此却可以逻辑推出一个包括一百万个合取支的合取命题："彩票1不能得头奖，并且彩票2不能得头奖，并且……，并且彩票1000000不能得头奖"，该合取命题等值于"一百万张彩票中没有一张能够得头奖"。由于后者是先前可合理接受的那些假说的逻辑后承，因此它也是可合理接受的。但是，此假说却与另一个肯定为真的命题（当然也是一个可

[25] 有关重要文章，汇集在 Stalker, D. (ed.) *Grue! The New Riddle of Induction* (Chicago, IL: Open Court Publishing Company, 1994) 一书中。

[26] Kyburg, H. E. *Probability and the Logic of Rational Belief*, Middletown, 1961.

合理接受的假说）"恰好有一张彩票得头奖"互相矛盾。

亨普尔提出并考虑了接受假说的三个合理性条件：

（1）接受一个很可能为真的假说是合理的；

（2）接受从一组可合理接受的假说推出的逻辑后承是合理的；

（3）接受一组彼此不一致的假说是不合理的。

这个悖论引起了广泛而持久的关注，因为它提出了有关知识表征和不确定推理的一些严肃问题。涉及如上所述的接受假说的三个合理性条件能否同时成立，一致性、统计证据和概率计算在确定信念中的作用，以及逻辑的或概率的一致性对于合理信念所具有的精确的规范力量，等等。

下面谈谈斯穆里安（R. Smullyan）所提出的该悖论的一个变体，证明你或者不一致或者不谦虚：

> 人脑不过是一部有限的机器，所以你相信的命题只是有穷的。我们不妨把这些命题叫做$p_1, p_2, \cdots, p_n$，这里n是你相信的命题的总数。所以，命题$p_1, p_2, \cdots, p_n$，你是个个都相信的。可是，除非你自命不凡，你总知道自己有时会出错，因此你相信的命题并非样样都真。所以，只要你不自命不凡，你就知道命题$p_1, p_2, \cdots, p_n$至少有一个为假。可是，命题$p_1, p_2, \cdots, p_n$当中你又个个都信。这明摆着是个矛盾。[27]

我把对凯伯格悖论及斯穆里安变体的进一步思考留给读者。

[27] 斯穆里安：《这本书的名字叫什么？》，康宏逵译，上海：上海译文出版社，1987年，212页。

波普尔的反归纳主义

波普尔是著名的反归纳主义者。他把归纳理解为从单称陈述（观察或实验结果的报告）推导出全称结论（假说或理论）的过程，并认为由于归纳过程中存在着从有限到无限，从过去、现在到未来的跨越，因此归纳不仅不能得到必然的真理，而且不能得到或然的真理。单称命题和全称命题在证实和证伪问题上存在不对称：前者既能被经验证实，又能被经验证伪；全称命题则不能被经验证实，只能被经验证伪。因此，作为归纳结论的全称命题总有可能受到反驳，是可错的。例如，当发现一只黑天鹅时，"所有的天鹅都是白色的"被证伪；在北极发现半夜的太阳时，"太阳每24小时升落一次"被推翻；"每一个生物必死"被细菌不断分裂繁殖而不死的新发现所否定；"面包给人营养"被法国农村发生的麦角中毒事件所否定。因此，命题的意义不在于它的可证实性，而在于它的可证伪性。"可证伪性原则"应该成为科学和非科学的划界标准。科学知识的发展不是已被经验证实的真命题或真知识的不断积累，而是一个通过不断地证伪排除错误的过程，它是按下述四段式进行的：

P1→TT→EE → P2……（问题→理论假设→反例→新问题）

这里P1表示问题，TT表示解决问题的各种假说或尝试性理论，EE表示通过批判、检验、反驳而清除错误，P2表示新的问题。关于这个图式，根据波普尔的观点可做如下解释：（1）由问题到理论的过程并不是一个归纳过程，而是一个猜测和反驳的过程，该过程本质上是科学发现的心理学和科学史的研究对象。"科学：猜测和反驳"是他的一句名言。（2）TT→EE主要是一个演绎过程，即由猜测性假说推出各种结论，这有两个作用：一是把这些结论置于与其他理论的逻辑关系中，对该理论作前验评价；二是把这些结论或预言交付观察、实验或实践去做证伪性检验，对它做后验评价。（3）科学方法就是试错法，即针对问题提出尝试性猜测，并通过检验清除猜测中的错误。（4）科学的发展"始于问题，终于问题"的过程是没有终结的。与此相关，波普尔还持有另一个重要观点：观察渗透理论。这一套理论被叫做"批判的理性主义"。

我认为，波普尔对否证法的过分强调和对归纳法的彻底否定，都是不成立的，理由如下：（1）正如全称命题在证实和证伪问题上不对称一样，存在命题或特称命题在证实和证伪问题上同样不对称。例如，只要发现一个S是P，就能证实"有些S是P"为真；当涉及无穷对象时，我们却永远无法证伪它，即证明它为假，因为证伪特称命题就等价于证实作为一个全称否定命题"所有S都不是P"。在这个意义上，证实和证伪都有缺陷，都不是万能的、绝对的。（2）由于波普尔坚持"观察渗透理论"，这将从逻辑上导致接受整体主义知识观，也就是要接受下述观点：受到经验证实或证伪的是科学理论整体，不存在纯粹的观察陈述，因此当一个观察陈述与经验相符或相反时，我们就不能在绝对的意义上肯定或否定该陈述。

科学家们实际上有许多不同的选择，并不是非要否定或抛弃该假说或理论不可。这也就是说，证伪与证实一样，都带有某种相对性，肯定的或绝对的证伪不存在。由此推出的结论是：归纳问题不能被否定地解决，即不能断言说归纳推理必然不能得真实的结论。

对未来漠不关心，这不是理性人所应持的态度。完全虚无化的可能性，必须用勇气和尊严来面对。并且，知晓危险是能够对付危险的先决条件。

——冯·赖特

冯·赖特（G. H. von Wright, 1916—2003），芬兰哲学家和逻辑学家，维特根斯坦的教授职位继任者和遗嘱执行人之一。其研究领域涉及归纳逻辑、哲学逻辑、伦理学和一般价值规范理论、行动理论、人文科学方法论、文化哲学、心智哲学、维特根斯坦研究等。他是哲学逻辑和维特根斯坦研究方面公认的国际权威，但其思想却具有浓厚的人文主义意味，特别是中晚期更是明显偏向人文主义研究。他的研究成果产生了广泛的国际性影响。冯·赖特不是像尼采和叔本华那样在学术领域内锋芒毕露、横冲直撞的斗士，不是那种给人以情感的冲击和心灵的震撼的思想家，而是一位稳健、儒雅、勤勉的学者，一位分析型技术型的哲学家，一位学术圈里的绅士，其睿智、深邃、平和犹如晚年的歌德。

（上面的照片是笔者于1997年与冯·赖特的合影，摄于他家客厅。）

三界

埃舍尔 1955

此幅作品让人想起一则禅宗公案，

问："三界竞起时如何？"

师曰："坐却著。"

曰："未审师意如何？"

师曰："移取庐山来，即向汝道。"

——《祖堂集卷七·岩头》

第十章

概率统计悖论

一、蒙特·霍尔问题

亦称"三门问题"，源自于一个在美国长期很受欢迎的电视游戏节目"让我们赌一把"（*Let's Make a Deal*），该问题的名字来自该节目从1960—1990年代的主持人蒙提·霍尔（M. Hall）。游戏到了最后环节，获胜者当然有机会获得奖品。为了增加悬念和趣味性，主持人让他或她从三扇关闭的门中挑选一扇门，以便获得藏在门后面的奖品，其中一扇门后面有一辆汽车，另两扇门后面各有一只山羊。当获胜者挑选了一扇门后（但并不打开），知道门后实情的蒙提·霍尔会打开其中一扇藏有山羊的门，然后问获胜者是否改变他的最初选择：他可以改变也可以不改变。无论是否改变，获胜者都面临这样的问题：他应该选剩下的两扇门中的哪一扇呢？

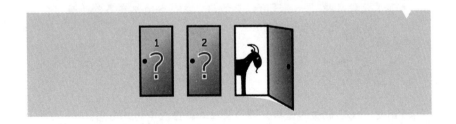

1990年，一位观众给《展示》杂志（*Parade*）的"请问玛丽莲"专栏投寄了一封信，主持该专栏的莎凡特（M. vos Savant）曾以高达228的IQ获得吉尼斯智商世界纪录。

类似的问题早在1975年2月就由一位观众在给《美国统计学家》杂志的信中提出过，该观众在随后寄给该杂志的信件（1975年8月）中首次使用了"蒙提·霍尔问题"这个名称。

问题的戏剧性在于：玛丽莲在给前面提到的那位观众的回信中说：如果重新选择，中奖的概率会从1/3提高到2/3，故重新选择对获胜者有利。此信件以及玛丽莲的回复在美国几乎引发一场全民论战，许多人投入激烈的争论之中。指责玛丽莲的信件像雪片般飞向杂志社，其中有很多是数学家，包括杰出的数论专家保罗·埃道思（P. Erdös）。

后来有学者更明确地陈述了"蒙提·霍尔"问题，加上了各种隐含的限制条件：

- 获胜者在三扇门中挑选一扇，他并不知道门后面藏有什么。
- 主持人知道每扇门后面藏有什么。
- 主持人必须开启其中一扇门，并给获胜者提供改变主意的机会。
- 主持人永远都会挑一扇后面藏有山羊的门。
- 如果获胜者挑了一扇藏有山羊的门，主持人必须挑另一扇藏有山羊的门。
- 如果获胜者挑了一扇藏有汽车的门，主持人随机在另外两扇门中挑一扇藏有山羊的门。
- 获胜者会被问是保持他原来的选择，还是转而选择剩下的另一道门。
- 问题：改变最初的选择会增加获胜者赢得汽车的机会吗？

很多人都认为，改变选择不会提高获胜者赢得汽车的概率：剩下两扇门，他或她或者猜对或者猜错，因此他或她赢得汽车的概率都是1/2。但该问题的真实答案却是肯定的：当获胜者重新选择而不是维持原先的选择时，他赢得汽车的机会将会加倍。

设三扇门背后奖品的真实分布是这样的：

	1号门	2号门	3号门
情况1	汽车	山羊	山羊
情况2	山羊	汽车	山羊
情况3	山羊	山羊	汽车

先考虑第一种可能情形：获胜者最初选1号门，在主持人选择某扇门之后，他仍坚持他原来的选择，不改变主意，于是有以下三种相等的可能性：

情况1：获胜者选1号门，主持人选2号门。获胜者将得到汽车。

情况2：获胜者选1号门，主持人挑3号门。获胜者将得到山羊。

情况3：获胜者选1号门，主持人挑2号门。获胜者将得到山羊。

即是说，获胜者赢得汽车的概率是1/3。

再考虑第二种可能情形。获胜者最初选1号门，在主持人选择某扇山羊门之后，他改变他原来的选择，于是有以下三种相等的可能性：

情况1：假设主持人选2号门，获胜者改选3号门，他将得到山羊。

情况2：假设主持人选3号门，获胜者改选2号门，他将得到汽车。

情况3：假设主持人选2号门，获胜者改选3号门，他将得到汽车。

这就是说，在主持人做出他的选择之后，获胜者面对新的情况改变他原来的选择，会使他赢得汽车的概率从原来的1/3提高到2/3，这有点反直观，但根据概率论却是真的！

还可以用逆向思维的方式来理解这个选择。无论获胜者开始做什么样的选择，在主持人问是否改变选择时做出改变，如果他先选中山羊，改变选择后百分之百赢；如果他先选中汽车，改变之后百分之百输。而选中山羊的概率是2/3，选中汽车的概率是1/3。所以不管怎样改变选

思维魔方

择，相对最初的赢得汽车的概率仅为1/3而言，改变选择可以将赢得汽车的机会提高到2/3。

三门问题是多门问题里最难的情况。如果把三门变成千门，获胜者第一次就选中的概率是1‰，获胜者也清楚他自己纯粹在瞎猜，而不会像在三门情况下自信自己有1/3的把握猜对。这样，当主持人打开剩下999扇门中的998扇门并且这些门背后都是山羊时，该如何选择？若获胜者改变选择，他赢得汽车的概率将是999‰！[1]

与"蒙提·霍尔问题"近似者，有马丁·加德纳（M. Gardner）1957年谈到的"三囚犯问题"（three prisoners problem），以及更早由法国数学家约瑟夫·贝特朗（J. Bertrand，1822—1900）于1889年谈到的两个问题，后来被称为"贝特朗箱子悖论"（Bertrand's Box Paradox）和"贝特朗弦悖论"（Bertrand's Chord Paradox）。[2]

二、睡美人疑难

睡美人问题（sleeping beauty problem）是概率论、博弈论和形式认识论中的一个疑难，受阿罗德·楚波夫（A. Zuboff）在《自我：经验的逻辑》（1990）一文中讨论的一个案例启发，由斯托内克（R. Stalnaker）正式命名。[3] 该疑难可表述如下：

睡美人足够理性，在周日下午，她同意配合科学家做一个实验，该次实验的安排和规则如下：在周日晚上让她入睡，在周一和周二这两天期间把她叫醒一次或者两次。在她未知情的条件下，科学家通过抛掷一枚均匀硬币来决定何时叫醒她。如果抛掷硬币正面朝上，则仅在周一叫醒她，让她回答一个问题，然后让她再次入睡，一直睡到周

[1] 参见 "Monty Hall problem"：http://en.wikipedia.org/wiki/Monty_Hall_problem。读取日期：2013年8月7日

[2] 参见 Clark, M. *Paradoxes from A to Z*, pp.20-24.

[3] 参见 http://en.wikipedia.org/wiki/Sleeping_Beauty_problem; 亦见 Clark, M. *Paradoxes from A to Z*, pp.215-217.

三。如果抛掷硬币反面朝上，则在周一叫醒她、让她回答问题后，给她吃失忆药进入梦乡，彻底忘掉她曾被叫醒这一事实；到周二再次叫醒她，让她回答同一个问题。醒过来的睡美人所要回答的问题是：你对今天抛掷硬币正面朝上持有多高的信念度？在周三，睡美人将被叫醒，不必再回答问题，实验结束。

有学者指出："睡美人问题是关于自我定位信念问题的一个案例。亦即，一个主体或处于某一时段的主体可以具有关于他自己的定位。确切知道哪一个可能世界是现实世界的那个主体仍然可能不知道自己在那个世界的定位。如果该世界包含两个或多个主观上无法识别其证据状态的主体，这种情况就会发生。这些主体因而就不能百分之百地判定他们自己的时空定位。"[4]

关于这个问题的看法分为两大派：以亚当·埃尔加（A. Elga）为代表的1/3观点，以大卫·刘易斯（D. Lewis）为代表的1/2观点。

1/3观点认为，当睡美人醒过来时，她应该对硬币正面朝上持1/3的信念度。埃尔加在2000年发表的论文中如此论证：当她醒来时，她知道自己面临如下三种情况之一：

H_{Monday}：硬币正面朝上且当天是周一；

T_{Monday}：硬币反面朝上且当天是周一；

$T_{Tuesday}$：硬币反面朝上且当天是周二。

假定睡美人没有证据去分辨当天是周一还是周二，根据高度无差别原则，在每一天抛掷均匀硬币正面朝上或反面朝上的概率相等，故她知道$P(T_{Monday})=P(T_{Tuesday})$。如果她知道当天是周一，由于硬币是均匀的，周一抛掷硬币出现正面朝上与出现反面朝上的概率相等，即$P(H_{Monday})=P(T_{Monday})$，由此可得$P(H_{Monday})=P(T_{Monday})=P(T_{Tuesday})$，这些信念的总和是1，故$P(H_{Monday})=1/3$。

按照刘易斯等人的观点，睡美人醒来时应该对硬币正面朝上持

[4] 任晓明等：《新编归纳逻辑导论——机遇、决策和博弈的逻辑》，郑州：河南人民出版社，2009年，273页。

1/2的信念度。刘易斯的论证很简单：由于硬币的均匀性质，抛掷结果为正面朝上或反面朝上的概率相等，各为1/2,因此在实验之前，睡美人应该对周一硬币正面朝上指派1/2的信念度，即P（H_{Monday}）$=1/2$。当她醒过来时，她没有得到任何新信息，所以她仍然持有如下信念：P（H_{Monday}）$=1/2$。若睡美人被告知当天是周一，按埃尔加的观点，她对当天硬币正面朝上或反面朝上的信念度应该是2/3，因为P（H_{Monday}）$=P$（T_{Monday}）$=1/3$，而P（$[H \lor T]_{Monday}$）$=P$（H_{Monday}）$+P$（T_{Monday}）$=1/3+1/3=2/3$，而这是荒谬的，因为睡美人足够理性，她不可能不知道P（$[H \lor T]_{Monday}$）$=1$。实际上，由于正面朝上或反面朝上的概率各为1/2，而反面朝上可出现在周一和周二，因此P（T_{Monday}）$=P$（T_{uesday}）$=1/4$。当睡美人被告知当天是周一时，令P^+是她得知这一信息后的新信念函数。刘易斯断言，P^+应该通过对关于周一的P加以条件化而获得，因此，P^+（H）$=P$（$H/Monday$）$=P$（$H_{Monday}/$（$H_{Monday} \lor T_{Monday}$））$=$（$[1/2]/$（$[1/2]+[1/4]$））$=2/3$。

睡美人的信念度P（H_{Monday}）究竟是1/2还是1/3？这就是争论所在，它构成所谓的"睡美人疑难"。依赖于索引词"今天"，"这里"，"我"等，离开说话语境就不确定的信息叫做"索引信息"；不依赖说话语境、意义非常确定的信息叫做"非索引信息"。有论者指出："睡美人问题仅仅是关于我们的推理中如何把索引信息与非索引信息联系起来的较大谜题中的片断。如果我们脱离这一宽广的背景来研究这一问题，我们就不能真正解决这一谜题。更重要的是，不管我们如何回答这一问题，我们都必须认识到，应用归纳逻辑中贝叶斯推理时，不仅要关注其逻辑形式方面，而且要关注其认知和心理因素。睡美人问题至少让我们考虑这样一个新问题：一个理性的主体如何随着时间的推移来更新她的信念呢？"[5]

[5] 任晓明等：《新编归纳逻辑导论——机遇、决策和博弈的逻辑》，276页。

三、小世界悖论

M：近来很多人相信巧合是由星星或别的神秘力量引起的。

M：譬如说，有两个互不相识的人坐同一架飞机。俩人之间发生如下对话：

甲：你是从深圳来的？！我的好朋友李珊在那里做律师。

乙：做律师的李珊？这个世界是多么小啊！她是我妻子最好的朋友！

M：这是不大可能的巧合吗？统计学家已经证明并非如此。[6]

[6]　参见《科学美国人》编辑部：《从惊讶到思考——数学悖论奇景》，154—156 页。

很多人在碰到一位陌生人，尤其是在远离家乡的地方碰到一个生人，发现他与自己有一位共同的朋友时，他们都会感到非常惊讶。在美国麻省理工学院，有一组社会科学家对这个"小世界悖论"做了研究。他们发现，如果在美国任选两个人，平均每个人认识大约1000个人。这时，这两个人彼此认识的概率大约是1/100000，而他们有一位共同朋友的概率却急剧上升至1%。而他们可由一连串熟人居间联系（如上面列举的二人）的概率高于99%。换言之，如果张娜和李珊是任意选出的两个中国人，上面的结论就表示：一个认识张娜的人，几乎肯定认识李珊的一个熟人。

有一位心理学家用一种方法逼近小世界悖论。他任意选择一组"发信人"，给每一个人一份文件，让他发给一个"收信人"，这个收信者是他所不认识的，而且住在这个国家另一个很远的地方。其做法是：任意一个"发信人"把信寄给他的一位没有深交的朋友，觉得这个朋友可能认识那个收信人，这个朋友再接着发信给另一位朋友，如此下去，直到将文件寄到认识"收信人"的某人为止。该心理学家发现，在文件达到收信人手中之前，中间联系人的数目从2到10不等，其中位数是5。这远远低于此前大多数"发信人"所猜的需要100人。

该位心理学家的研究说明了人与人之间通过一个彼此为朋友的网络联结得多么紧密。由于这一结果的启示，两个陌生人在离家很远的地方相遇而有着共同的熟人就不足为奇了。这种关系网络还可解释很多其他不寻常的统计学现象，例如流言蜚语和耸人听闻的消息不胫而走，新的低级趣味的笑话很快四处蔓延，同样，一条可靠的情报也以料想不到的速度被很多人知道了。

四、奇怪的遗嘱

一个富有的律师拥有11辆古董汽车，每辆值18000美元。

律师死时留下了一个奇怪的遗嘱。他说，他的11辆古董汽车分给他的三个儿子；把其中的一半分给长子，1/4给次子，1/6给小儿子。

大家都感到迷惑不解：11辆汽车怎么能分成相等的两份？或4份？或6份？

他的儿子们正在为怎么分发愁时，一位年轻的女数学家驾着她的新式赛车来了。

女数学家：朋友们。你们好像碰到了难题。我能帮点忙吗？

律师的儿子们向她诉说原委，女数学家便把她的赛车停在11辆古董汽车旁边下了车。

女数学家：朋友们，说说看，这里有多少辆车？

律师的儿子们数了一下，有12辆。

这时，女数学家开始执行遗嘱。她把这些汽车的一半，即其中6辆分给了老大。老二得到12辆的1/4，即3辆。小儿子得到12辆的1/6，即2辆。

女数学家：6加3加2正好是11。所以，还余下1辆，这正是我的车。

女数学家跳上她的赛车。

离开之前说：朋友们！我会把账单寄给你们的！[7]

这是一个古老的阿拉伯悖论，只不过这里把那个悖论中的马换成汽车而变成现代化的说法罢了。读者或许愿意试着改变一下遗嘱的内容，如改变汽车的数目和分配它们的份额，条件是借一辆车就可执行遗嘱，最后还会余下一辆车退还给借车人。例如，可能是17辆车，遗嘱说把它们分为1/2, 1/3和1/9。如果有n辆车，三个分数是$1/a$, $1/b$和$1/c$，则只有在有一个正整数解时，上述悖论才起作用。

自然，这个悖论的解答在于下面事实：原来的遗嘱提出的分配比数相加不为1。如果用拆散汽车的方法来执行遗嘱的话，就会余下11/12辆汽车（即一辆汽车的11/12）。女数学家的办法是把这11/12辆汽车分给了儿子们。老大得到比他原来应得的数量多一辆汽车的6/12，老二多得了3/12辆，小儿子多得了2/12辆。这三部分加起来是11/12，这样一来每个儿子所得的汽车就是整数，所以不用拆散汽车来分了。一个聪明的女士，想出了一个聪明的办法！**聪明真好！**

[7] 参见《科学美国人》编辑部：《从惊讶到思考——数学悖论奇景》，91—93 页。

它确实是一个很好的理论。我认为，它所具有的唯一缺陷
或许为所有哲学理论所共有：它是错误的。

——克里普克

克里普克（S. Kripke, 1940—　），美国逻辑学家和哲学家。他中学时期撰写一篇模态逻辑论文，创立
了可能世界语义学，后称"克里普克语义学"。1962年，获哈佛大学数学学士学位，此后未再获任何
正式学位，荣誉学位除外。1977—98年，任普林斯顿大学哲学教授。2001年，获得瑞典科学院颁发的
逻辑学和哲学肖克奖（Schock Prize），此奖被认为等同于该领域的诺贝尔奖。2003年后，任纽约城市
大学杰出哲学教授。其学术贡献涉及模态逻辑、语言哲学、维特根斯坦研究、知识论和心灵哲学等领
域。在他涉足的几乎每一个领域和论题上，都产生了极为广泛和深刻的影响。被誉为20世纪后半期最
伟大的逻辑学家和分析哲学家之一。

树皮

埃舍尔 1955

　　这幅木刻粗看上去这是一个人头像，眼睛、嘴唇、头发都栩栩如生，然而正如标题所言，这只是一条树皮而已。我们所见到的、所感受到的，是否是事物的真相？会不会是这样的情形：我们仅仅是一个一个泡在营养液缸中，上面插满电极的大脑；有个老科学家通过电极给我们输入各种信号，我们的荣辱得失爱恨情仇只不过是他设置好的一些电信号而已？这是普特南在《理性、真理与历史》一书中提出的"缸中之脑"。这个假设引发的一个基本问题是，你如何确证自己不是处于这种困境？

　　对这个问题的一种回应是，尽管我们无法确证自己的处境，然而无论所看到的是真实的或者仅仅是一些电脉冲信号，只要我们所处的世界是没有矛盾的、协调一致的，这就够了。而作为对世界图式进行处理的工具，逻辑系统通常也要求具备这么两个性质：一致性，即从这个系统的公理和规则出发不会推导出矛盾；完全性，即这个系统的推导能力应该足够强大，强大到足以保证所有定理都能从公理和初始规则中推导出来。

第十一章
认知悖论

所谓"认知悖论"(epistemic paradox),是指与知识、信念、证据以及与知道、相信、怀疑、证成(justification)等认知行为和态度相关的各种难题和谜题,其中包含着矛盾和不一致。最古老的认知悖论是柏拉图归之于苏格拉底的美诺悖论,最典型的认知悖论包括彩票悖论(与知识的接受有关)、序言悖论、意外考试悖论、可知性悖论、知道者悖论、盖梯尔问题,等等。认知悖论向我们表明,存在某个深层的错误,如果这个错误不直接与知识有关的话,则它肯定与跟知识相关联的其他概念如证成、合理信念和证据等有关。对某个认知悖论的解决,常常意味着认识论研究方面的某种新进展。

一、美诺悖论——古希腊时期的认知悖论

《美诺篇》属于柏拉图的后期作品,以苏格拉底与美诺(Meno)之间对话的形式写成,后者是一名富家子弟,著名智者高尔吉亚的学生。据说,该篇所阐述的是柏拉图本人的思想。

在与苏格拉底的对话中,美诺提出一种观点:研究工作不可能进行,还提出了下述论证:"一个人既不能研究他所知道的东西,也不能研究他不知道的东西。他不能研究他所知道的东西,因为他已知道它,无需再研究;他也不能研究他不知道的事情,因为他不知道他要研究的

[1] 苗力田主编：
《古希腊哲学》，
250 页。

是什么。"[1] 为明确起见，将该论证整理如下：

（1）如果你知道你所寻求的东西，研究是不必要的；

（2）如果你不知道你所寻求的东西，研究是不可能的。

（3）所以，研究或者是不必要的，或者是不可能的。

现在的问题是：这个论证有效吗？我的回答是否定的。

美诺的论证有一个隐含的前提："或者你知道你所寻求的东西，或者你不知道你所寻求的东西"。如果仅从形式上看，这是一个逻辑真理，假如"你知道你所知道的东西"在两个选言支中没有歧义的话。但问题恰恰是：它是有歧义的。

（A）你知道你所探究的那个问题；

（B）你知道你所探究的那个问题的答案。

在（A）的意义上，（2）是真的，因为如果你不知道你要研究什么问题，研究工作是没有办法进行的；但（1）却是假的，因为尽管你知道你要探究什么问题，但不知道该问题的答案，研究工作仍有必要进行：它的目标就是探寻该问题的答案。在（B）的意义上，（1）是真的，因为如果你知道你所要探究的问题的答案，那还有什么必要去再做研究？但（2）却是假的，因为尽管你不知道某个问题的答案，但你知道你要探究什么问题，研究工作仍有可能进行。故两个前提不是在同一种意义上为真。于是，从一对真的前提，即（1B）和（2A），推不出任何悖论，因为其中有歧义性，说的不是一回事。

为了看清楚歧义性，我们还可以再考虑这样一个问题："你有可能知道你不知道的东西吗？"在一种意义上，答案是否定的，因为你不可能同时知道又不知道同一个东西；但在另一种意义上，答案是肯定的，你可以知道你对之尚没有清楚答案的那个问题，你遵循正确的程序去回答该问题，最后你知道了你先前不知道的东西，也就是该问题的答案。

于是，美诺的论证是有缺陷的，它犯了歧义性谬误。但柏拉图并没有简单拒斥美诺悖论，而是由此发展出一套"学习就是回忆"的理论。

二、意外考试悖论及其变体

意外考试悖论及其分析

"意外考试悖论"是从"突然演习问题"[2]变化而来。在第二次世界大战期间，瑞典广播公司播出一则通告：

> 下周内将举行一次防空演习，为验证备战是否充分，事先并没有任何人知道这次演习的具体日子，因此，这将是一次突然的演习。

瑞典数学家埃克博姆（L. Ekbom）意识到这个通告具有一种奇异的性质：按通告所给条件，演习不能在下周日举行，因为那样演习就会被事先知道在周日发生，从而不是突然的；因此，周日被排除。同理，周六也可以被排除，既然演习已确定不能在周日举行，那么在余下的六天中，若在周六举行依然不具有突然性。循此继进，同样的推理程序可以排除周五、周四直至周一。埃克博姆由此推出，符合通告条件的突然演习不可能发生。然而，在下周周三凌晨，空袭警报响起，演习"突然"举行……

这在某种意义上构成一个"悖论"。它有许多不同的变体，其中之一是"意外考试悖论"，最早由英国学者奥康诺（D. O'Connor）于

[2] 参见张建军：《逻辑悖论研究引论》，193—194 页。

[3] O' Connor, D. J. "Pragmatic Paradoxes," *Mind*, vol.57, 1948, pp.316–329.

1948年提出[3]：

> 某教授对学生们说，下周我将对你们进行一次出其不意的考试，它将安排在下周一至周六的某一天，但你们不可能预先推知究竟在哪一天。显然，这样的考试是可以实施的。但有学生通过逻辑论证说，该考试不可能安排在周六。因为，如果它被安排在周六，则周一至周五都没有考试，就可推算出在周六，该考试因此不再出其不意。同样，该考试不可能安排在周五。因为，如果它被安排在周五，则周一至周四都未考试，学生们就可预先推算出在周五或周六；已知考试不可能在周六，因此只能在周五，该考试也不再出其不意。类似地，可证明其余四天都不可能安排考试。学生由此得出结论：这样的考试不可能存在。但该教授确实在该周的随便某一天宣布：现在开始考试。这确实大大出乎学生的意料。由此得到一个悖论：这样的考试既可以实施，又不可能实施。

对意外考试悖论的解析差异极大。下面先阐述我本人的或我比较能理解和接受的分析。

（1）什么是"意外"？

有必要事先澄清什么是"意外"，或者是哪种意义上的"意外"。按我的理解，"意外"有以下两种意义：

a. 理性的"意外"，即逻辑的"意外"，因为理性的基础和核心是逻辑。可以做进一步区分：

（a1）弱意义，即逻辑没有推出的"意外"：从已知信息出发，在逻辑上没有推出p，但事实上p；在逻辑上没有推出非p，但事实上非p。

（a2）强意义，与逻辑推理相反的"意外"：从已知信息出发，在逻辑上推出p，但事实上非p；在逻辑上推出非p，但事实上p。

b. 心理的"意外"，即心理预期的"意外"。可以做进一步区分：

（b1）弱意义，没有预期到的"意外"：从已知信息出发，在心理上没有预期p，但事实上p；在心理上没有预期非p，但事实上非p。

（b2）强意义，即与已有预期相反的"意外"：从已知信息出发，在心理上预期p，但事实上非p；在心理上预期非p，但事实上p。

老师在做预先宣布时，他所说的"意外"是：考试在第i天，但学生事先甚至在当天也不知道考试会在当天进行，可用符号表示：Ei∧¬Ki（Ei）。这种"意外"既可以是理性意义上的，也可以是心理意义上的，包括各自的弱意义和强意义。从直观上说，即使老师事先宣布，这种"意外"考试仍然是可以发生的，甚至在一天之内也可以：你若假定老师的话为真，考试只能在当天进行，而这个考试已经事先知道，不再意外，你推出结论说：老师不可能按他的条件实施考试。但老师马上宣布：现在考试！这次考试仍然是一个"意外"，无论是在理性的意义上还是在心理的意义上！

那么，意外考试悖论的根源究竟在哪里呢？只有两种可能性：一是老师的宣布出错，二是学生的推理出错。下面分别考察之。

（2）老师的宣布出错？

确实有人这么认为，并且这是该悖论发表之后所获得的最初反应。例如，发表该悖论的奥康诺就认为，老师的宣布是自我反驳的：如果老师不事先宣布，他可以安排出人意料的考试；但一旦宣布，他就无法安排出人意料的考试了，该老师必定会自食其言。奥康诺开玩笑式地从该悖论引出一个有关教学的劝告：如果你想给学生一个意想不到的考试，你千万别事先向学生宣布你的意图。奥康诺把老师的宣布比作这样的句子："我根本不记得任何东西"，"我现在没在说话"。尽管这些句子是一致的，却在任何情景下都不能被设想为真。科恩（L. J. Cohen）把老师的宣布视为语用悖论，并将后者定义为：说出一个句子这件事本身就使得该句子为假。他认为，那位老师没有意识到他的宣告会使该宣告本身为假。

但人们大都认为，上述说法及其分析并不成立。老师的宣布告诉了学生下周有一次考试，一旦宣布，这一点就不再"让人意外"。但老师并没有告诉学生该考试具体安排在哪一天，假如一周有5个工作日，考试正好发生在从周一至周五中的某一天，这一点仍然是未知的；一旦考试在那天实际发生，仍然是一个"意外"，至少是含有出人意料的要素。前面的分析表明，老师的确可以兑现他的承诺，在任何一天他都可以进行一次"意外"考试！

（3）学生的推理出错？

如果老师的宣布没有什么错，那么，悖论似乎只能归结为学生的推理出错了。

学生的推理是一个归谬推理：假设老师的宣告为真，最后得出不可能有意外考试的结论，由此证明老师的宣告为假。这个论证分为两部分：第一部分，论证考试不能在周五；第二部分，把周五的结论逻辑转移到其他每一天上。关键是第一部分：关于周五的论证真的成立吗？假设老师的宣告为真，周五真的不会有考试吗？不一定吧。到周四为止还没有考试时，学生周五上课时会显得有些迷惑不解，或忐忑不安：怎么还没有考试？老师忘记他的宣告了吗？或者他说话不算数，只是故意吓唬我们？今天该不会有考试吧？实际情形是：老师完全可以把考试安排在周五，且仍然是一次"意外"！因为老师知道，学生会进行这样的逻辑推理：既然前四天没有考试，本周又必有一次考试，则考试只能发生在周五，我们预先就能知道这一点，该考试不再是"意外"考试。所以，周五不会有考试。但老师正好针对学生的逻辑，给他们安排一个逻辑的"意外"：在周五上课时宣布"立即考试"！看起来，学生的推理在第一步就出错了……

但是，且慢下结论！实际上，一周5天的条件是无关紧要的，一门课通常也不会连上5天。为简单起见，我们考虑一周上两次课的情形吧，比如周一和周四。老师的宣告现在变成："我将在周一和周四对你们做一次考试，但在考试那天的早晨，你们都没有足够的理由相信当天会有考试，所以，那次考试对你们来说仍然是一次意外。"

可以证明，即使老师做了意外考试的宣告，学生也不知道老师的宣告是真的！否则，由假设学生知道老师的宣告是真的，就可以逻辑地推出学生不知道老师的宣告是真的。[4] 蒯因最早发现了这一点，他说：学生的推理并没有证明老师的宣告不可能为真，而只是证明了：学生不可能知道老师的宣告为真。[5] 在我看来，这太吊诡了：老师做了宣告，学生怎么会不可能知道老师的宣告为真呢？原因是什么？说真的，对这一点我也说不清楚，还是留给读者一起思考吧！

意外考试悖论的各种变体

意想不到的老虎

这个悖论是"意外考试悖论"的变体：

公主：父亲，你是国王。我可以和迈克结婚吗？

国王：我亲爱的，如果迈克能够打死藏在这五个房间里的一只老虎，你就可以与他结婚。迈克必须依次序开门，从1号门开始。他事先不知道哪个房间有老虎，只有开了那扇门后才知道。这只老虎将是料想不到的。

迈克看着这些门，对自己说道——

迈克：如果我打开了4个空房的门，我就会知道老虎在5号房。可是，国王说我不能事先知道它在哪里。所以老虎不可能藏在5号房。5号房被排除了，故老虎必定藏在其余4个房间之一里面。那么，在我开了3个空房之后，老虎必然在4号房里。可是，这样它就不是料想不到的。所以，4号房也被排除了。

按同样理由，迈克论证了老虎不能在3号房、2号房和1号房里。他十分

[4] 其详细证明参见陈波：《悖论研究》（北京：北京大学出版社，2014年）第八章第二节。

[5] 蒯因：《论一个假定的二律背反》，载《蒯因著作集》第五卷，25—26页。

快乐。

迈克：哪个门背后也不会有老虎。如果有，它就不是料想不到的。这不符合国王的允诺。而国王总是遵守诺言的。

迈克在论证了没有一个房间里有老虎之后，高高兴兴去开门了。完全出乎他意料之外的是，老虎从2号房中跳了出来。而这一切表明：国王确实遵守了他的诺言。[6]

不可执行的绞刑

它也是"意外考试悖论"的变体，由蒯因改写而成。[7]

一个囚犯在本周六被判绞刑。法官宣布：将在下周六天的某一天中午执行绞刑（按西方传统，星期天是礼拜日，不工作，当然更不行刑），但该囚犯直到行刑的那天早晨才能知道他将在该天中午被处决。该囚犯随后分析道：我将不可能在下周六赴刑，因为如果周五下午我还活着，我就预先知道周六中午我会被处死。但是，这与法官的说法有矛盾。根据同样的推理，他认为，也不可能在下周五、周四、周三、周二、周一处决他。因此，该囚犯断言：该法官的判决将无法执行。该囚犯的推理似乎有些道理，他也因此感到宽慰，但直到下周四上午11点55分行刑者到达他的囚室，他才发现自己错了，先前的盘算全都落了空：他将很快被处死。

蒯因、肖（G. B. Shaw）、蒙塔古（R. Montague）、卡普兰（D. Kaplan）等逻辑学家已对意外考试悖论做了深入的讨论和研究，蒙塔古和卡普兰指出，这个悖论以及相关的知道者悖论"也许在说谎者悖论和理查德悖论旁占有一席之地，而且可以想象，会和它们一样，从而导致技术上的重大进展"。[8]

[6] 参见《科学美国人》编辑部：《从惊讶到思考——数学悖论奇景》，26—28页。

[7] 蒯因：《论一个假定的二律背反》，载《蒯因著作集》五卷，25—26页。

[8] 蒙塔古：《形式哲学》，朱水林等译，上海：上海译文出版社，2012年，310页。

选定的学生

这是索伦森（R. A. Sorensen）在《盲点》（1988）一书中给出的意外考试悖论的另一个变体，旨在表明对先前知识的记忆在该悖论中不起作用。

　　一位老师告诉他的五位学生，他要选择其中一位学生当他的实验助手。他们每个人背后都贴有一颗星，其中有一颗星是金星，其他的星是银色的。背后有金星的学生是"被选定的学生"，但他并不知道自己被选定。学生们排成一行，因而第五位能够看到前四位背后星的颜色；第四位能够看到前三位背后星的颜色，但不能看到第五位背后星的颜色；第三位能够看到前两位背后星的颜色，但不能看到他后面人背后星的颜色，以此类推。学生们论辩说，老师关于被选定学生不知道自己被选定的说法不可能是真的，理由如下：

　　如果第五位学生被选定，他就能看见他前面学生背后的星都不是金色的，由此可推知他们都不是被选定的学生，再据此推知他自己必定是被选定的学生；因此，第五位学生不可能不知道自己是被选定的学生。第四位学生能够推知，（a）第五位学生不可能不知道自己是被选定的学生；（b）假如第五位不是被选定学生的话，第四位学生从他前面学生背后的星不是金色的，就能够推知他自己是被选定的学生。因此，假如第四位学生被选定的话，他不可能不知道自己是被选定的学生。余此类推，第三位学生也不可能不知道自己是被选定的学生，第二位和第一位也是如此，假如他们被分别选定的话。于是，假如被选定的话，这五位学生中每一位都能够知道自己是被选定的学生，老师的说法不可能是正确的。[9]

毒药悖论

这个悖论实际上是因迪悖论的一个变体。[10]

[9] 参见 Sorensen, R. A. *Blindspots*, Oxford: Clarendon Press, 1988, pp.317-320.

[10] 参见 Kavka. G., "The Toxin Puzzle," *Analysis* 43 (1) 1983, pp. 33-34.

有人愿意付一百万美元，为了让你生出，喝下一剂毒药的念头。当然，药是非致命的，但会让你大病一场。只要你有了这个念头，钱就会交到你手里，然后你可以改变主意，不再去喝。这里的麻烦就在于，既然你知道拿到钱后可以改变主意，这就会阻止你形成这个念头，因为你不可能想要做你明知道不会做的事。

我们假设，你不认为，产生这个念头是必须的或者强制的；而且一旦你拿到钱之后，也没有其他理由要你真去喝毒药。所以，尽管你有很好的理由去产生这个念头，拿到钱之后却没有理由真把毒药给喝下去。这样一来，你又怎么会真的产生这个念头呢？"我意图喝下这剂毒药，但不会真喝"，这明显是一个自我否定的信念或表述，就好比另一种形式的表述：p，但是我不相信p。

在通常情况下，你产生一个念头去做一件事A的理由就是你实际上实施该行动的理由；但在喝毒药的情况下，它们却是相分离的。

对于上述问题，似乎没有很好的解决途径。但有的学者认为，如果你采取一种策略来产生一种念头以满足条件，比你不能产生这种念头会有更好的结果，那么，这种策略就是合理的。这里，真正重要的并不在于这种观点的正确和错误，而是在于你能否说服自己去采纳这一策略。如果你相信，你就会产生喝下毒药的念头并真的喝下去。你会大病一场，但钱还是拿到手了，这总好过不得病但却拿不到钱。即使该学者在这一点上是对的，如果你觉得这一策略没有足够的说服力，那也就不能真的形成这种念头。

知道者悖论

蒙塔古和卡普兰于1960年共同发表文章[11]，从对意外考试悖论的分析中提炼出一个新悖论，后来叫做"知道者悖论"（paradox of the knower）。

[11] 蒙塔古、卡普兰：《对一个悖论的再思考》，载蒙塔古：《形式哲学》，309—326 页。

假如一周有5个工作日，老师宣布下周将有一次出其不意的考试，这等于如下断言：

T₁：考试将发生在周一但在周一之前你们将不知道这一点；或者，考试将发生在周二但在周二之前你们将不知道这一点；或者，考试将发生在周三但在周三之前你们将不知道这一点；或者，考试将发生在周四但在周四之前你们将不知道这一点；或者，考试将发生在周五但在周五之前你们将不知道这一点；或者，这个宣布被知道是假的。

蒙塔古和卡普兰认为，T₁中选言支的数目多少是无关紧要的，可以很多很多，例如多至一个月甚至一年，也可以很少很少，甚至少到一天，甚至少到0天。当少到0天时，T₁就变成了T₂；

T₂：知道这个语句是假的。

如果T₂是真的，既然知道T₂是假的，由于知识蕴涵真理，所以T₂是假的。由于没有任何语句既是真的又是假的，由此我们就证明了T₂是假的。由于证明产生知识，故知道T₂是假的，而这正是T₂所说的意思，所以，T₂必定是真的。悖论！

这个悖论有说谎者悖论的味道。后来的评论者在对知道者悖论做形式表述时有点漫不经心，没有注意到$K\neg p$（知道¬p）和$\neg Kp$（不知道p）之间的区别，由此导致了知道者悖论的一个变体：

T3：没有人知道这个语句。

明显可以看出，T3就是前面谈到的布里丹悖论语句1。

怀疑论者希望通过否认人们知道任何东西来消解悖论性语句T₂，但这个补救办法对于T₃并不奏效。如果人们不知道任何东西，则T₃就是真的。怀疑论者能够转而攻击证明一个命题是知道该命题的充分条件吗？这个办法甚至对他们本身也是难以接受的，因而他们也是通过证明来传播其怀疑论结论的。如果抛弃证明，他们就会变得像他们所嘲讽的独断论者一样。但也应该指出，他们想到的这一办法也不是没有一点合理性。

很明显，没有假命题能够被证明为真。但是，有真命题不能被证明为真吗？回答是：有，而且有无穷多。根据哥德尔不完全性定理，任何一个包括算术在内的形式系统都包含一个类似于意外考试悖论中的自指句："本语句在本系统内不可证明"，该类语句叫做"哥德尔语句"。该系统不能证明它的哥德尔句，该语句却是真的；如果该系统能证明它的哥德尔句，该系统就是不一致的，即导致矛盾。所以，或者该系统是不完全的，或者该系统是不一致的。当然，这个结果把可证明性与某个特定的系统关联起来。一个系统能够证明另一个系统内的哥德尔句。哥德尔认为，数学直觉给他这样的知识：算术是一致的，尽管他不能证明这一点；人类的知识不能局限于人类能够证明的东西。有的计算机科学家断言，人不是机器。因为一台计算机就是一个形式系统的具体体现，它的知识就是它能够证明的东西。人却与计算机不同，充分掌握算术的人能够是一致的，即没有矛盾。另有哲学家捍卫人与计算机之间的对等性，他们认为我们有自己的哥德尔句，举例来说，如果我们把意外考试悖论中学生关于考试日的信念作为一个逻辑系统，那么，老师的宣布就是关于学生的一个哥德尔句：下周将有一次考试，但是，你不能根据那位老师的宣布和对该周前几天所发生情况的记忆来证明考试会出现在哪一天。有的评论者指出，把意外（surprise）解释成形式系统中的不可证明性是改变了论题，意外考试悖论更类似于说谎者悖论。如果他们的说法属实，意外考试悖论就不属于认知悖论，而属于与真假概念相关的语义悖论了。

三、其他常见的认知悖论

摩尔悖论

摩尔发现，在下面的语句中隐含着荒谬或不一致之处[12]：

> （M）上周二我去看了画展，但我不相信我去了。

可以把（M）语句表示为：

> （M′）p∧¬Bp

M′说，p但我不相信p。尽管M′语句表面上不含逻辑矛盾，但隐含一个矛盾：因为如果一个人自己说出p，通常意味着他相信p；如果他又说他不相信p，则导致矛盾——一个人不可能同时拥有一个信念又不拥有它。这在逻辑上是不可能的。

不过，如果M′语句中所涉及的不是第一人称，而是第二或第三人称，或者有混合人称，则不会导致矛盾：

（1）周五有考试但你不相信这一点。

（2）张三自杀了但李四不相信这一点。

对（M）还可以有另一种符号化：

> （M″）p∧B¬p

意思是：p但我相信非p。例如，上周二我去看了画展，但我相信我没有去。这里也隐含矛盾，但性质与M′中的矛盾不同。如果一个人说

[12] Moore, G.E. "A Reply to My Critics," in *The Philosophy of G. E. Moore*, ed. P. A. Schlipp, Evanston, IL: Open Court, 1942, p.543; "Russell's Theory of Description," in *The Philosophy of Bertrand Russell*, ed. P. A. Schlipp, Evanston, IL: Open Court, 1944, p.204.

p，通常意味着他相信p；如果他又说他相信非p，这只是表明这个人拥有不一致的信念，不是一个理性的说话者。但在逻辑上是可能发生的，确实有不完全按逻辑说话和行事的人。

因此，（M′）和（M″）是两个不同的悖论。并且，（M″）还有另一种性质上类似的形式：上周二我没有看画展，但我相信我看了，即：

$$（M′′′）\neg p \wedge Bp$$

令S是一个形如"p但我不相信p"的陈述。雷谢尔把摩尔悖论表示如下：

（1）S做出了一个有意义的陈述，传达了融贯的信息（一个合情理的假定）；

（2）在做出"p但是q"这样的断言时，说话者隐含地表明他接受p（一个逻辑−语言事实）；

（3）在做出"p但我不相信p"这样的断言时，说话者明显地表明他拒绝p（一个逻辑−语言事实）；

（4）由（2）和（3）可以推出，在做出S这样的断言时，该说话者同时表明他接受p并且拒绝p。

（5）（4）和（1）不相容。

雷谢尔给出的办法是：既然从（1）能够推出矛盾句（5），这就说明，在理性交流的语境中，（1）是不能成立的，故应该直接抛弃（1）。[13]

[13] Rescher, N. *Paradoxes: Their Roots, Range and Resolution*, pp.44−45.

维特根斯坦把摩尔语句（M）命名为"摩尔问题"，但他对此却有不同的看法。他认为，M语句近似于自相矛盾，但并非真的如此。如果我说我（过去）相信p，我在报道我过去的信念；如果你说我（现在）相信p，你在报道我当下的信念。但是，如果我说我相信p，我并不是在报道我的信念，而只是表达了它。如果我简单地说p，我就是在表达我的信念。如果我说"我相信p"而不是直接说出p，我通常是在表达对p的某种保留。因此，当我说"p但我不相信p"时，我的意思是"p但或许非p"。这近似于自相矛盾，但并不真的是自相矛盾。维氏认为，摩尔问题中隐含着关于相信（行为）的深刻洞见，这就是"我相信p"和"你相信p"之间不对称。通过听你所说的话以及观察你的行为，我知道你相信什么。但在我能够表达我的信念之前，我不必对我自己做观察。如果有人问：为什么我相信玛丽琳没有自杀，我通常会谈论玛丽琳而不是谈论我自己。如果关于我的信念我有任何理由，不只是把该信念当作一种预感，那么，我相信玛丽琳没有自杀的理由就是玛丽琳没有自杀的理由，我不必把有关自杀的理由与我关于自杀的信念的理由分开。[14]

序言悖论

麦金森（D. C. Makinson）于1965年构造了"序言悖论"[15]：

> 一位严肃认真的学者，通常会相信："我在书中所写的每一句话都是真的"，因为假如他不认为它们为真的话，就不会把它们写进他的书中。但是，他通常又会在序言中，在对有关人士如妻子、师友、秘书、编辑表示感谢之后，对书中"在所难免"的错误预先向读者表示歉意。即是说，他相信"我的书中至少有一句话是假的"。麦金森指出，上面两个信念是不一致的。

序言悖论的关键在于：

（1）下面的信念合取原则是否成立？

$$B_i p \land B_i q \rightarrow B_i(p \land q)$$

也就是问，如果一个认知主体i相信p并且相信q，他是否相信p和q

[14] 维特根斯坦：《哲学研究》，李步楼译，北京：商务印书馆，1996年，288—293页。

[15] Makinson, D. C. (1965) "The Paradox of the Preface," *Analysis* 25 (6): 205-207.

的合取?

（2）信念B_ip或B_iq是否得到了证成（justified）?

例如，该学者相信"我在书中的每一句话都是真的"并且他也相信"我的书中至少有一句话是假的"那么，能推出，他相信"我在书中的每一句话都是真的并且我的书中至少有一句话是假的"这样的合取命题吗?

[16]　参见 Kyburg, H. *Probability and the Logic of Rational Belief,* 1961.

用上面的例子来解释，凯伯格拒绝信念合取原则。[16] 在这一点上，许多哲学家接受他的看法，并得出结论说：拥有搁在一起不一致的信念并不是不合理的。由此引发一个有关该悖论本性的有意思问题：如果允许不一致的信念的话，悖论将如何改变我们的心智?

一个悖论经常被定义为这样一组命题：单个地看，它们都是合乎情理的；但搁在一起，它们却是不一致的。悖论迫使我们以高度结构化的方式改变我们的心智。例如，关于信念的证成（justification）有下面4个命题：

（1）一个信念只能由另一个信念来证成；

（2）不存在（或不允许）循环的证成链条；

（3）所有的证成链条都是有穷长的；

（4）有些信念得到了证成。

许多认识论家认为，这4个命题不能同时成立。基础论者拒斥（1），他们认为某些命题或者因为理性的原因或者因为经验的原因是自明的。融贯论者拒斥（2），他们容忍某些形式的循环推理。皮尔士拒斥（3），他相信，既然允许无穷长的因果链条，就应该允许无穷长的证成链条，后者并不比前者更不可能。最后，有些认识论的无政府主义者或者取消论者拒斥（4），例如取消论者认为，像在格雷林悖论中

"他谓的"是一个病态谓词一样,"得到证成的"也不是一个真正的谓词,因此"有些句子是得到证成的"也是一个病态句,没有真假可言。

如果像凯伯格所主张的那样,相互不一致的信念在理性上是可容忍的,这些哲学家为什么还要如此费心地去提供关于序言悖论的解决方案呢?可能的回答也许是:规模效应。如果一对矛盾稀释在一个大的理论体系中,它就不那么触目惊心,因而是可容忍的。但是,如果一对矛盾集中显现在少数几个命题中,那就过于碍眼,因而必须以某种方式消解掉。但这种解释很难行得通。如果容忍相互不一致的信念,就必须在一个理论中容忍明显的或隐含的矛盾。

问题悖论

很显然,在这个世界上,有很多问题及其回答很有价值。就大的来说,如何避免核战争?如何应对全球气候变暖所带来的各种问题?如何避免各国之间和各国内部的战争以及对平民造成的巨大伤害?如何解决在世界很多国家中所出现的贫穷现象?在中国,如何消解官员腐败、分配不公、房价高昂、道德溃败等社会普遍憎恶的现象?如何彻底实现数代中国人的梦想:建立一个民主、富强、美丽的新中国?就小的来说,提出和回答一个具体的科学问题,或者提出和解决一个小的企业、单位的治理问题,等等,都是很有用的。于是,提出和回答如下问题也是很有用的:

Q:哪一对"问题和回答"是最有用的"问题-回答"对偶中间的一对?

假如我们回答说:

A：这个问题Q和这个回答A。

我们就会面临复杂的情况。所有正确的回答都是给出信息的，是有用的。如果A是一个正确的回答，可A没有给出任何信息，因而是无用的，因而它就是一个不正确的回答。但是，在确定A是一个不正确的回答之后，而所有那些正确的回答都是给出信息的，因而是有用的，再问哪些"问题—回答"对偶属于最有用的"问题—回答"对偶之列就是有意思的，因而也是有用的，对有用问题Q的回答也是有用的，A因此就是正确的回答。由此导致悖论：对Q的回答A是正确的当且仅当A是不正确的！

作为一个玩笑，我们可以给出一个求爱必胜策略。求爱者可以先问对方：

Q1：你将用回答这个问题同样的方式去回答下一个问题吗？

被求爱者一般会肯定地回答这个问题。然后，你问第二个问题：

Q2：你愿意做我的女朋友和妻子吗？

既然她肯定地回答了第一个问题，她就应该肯定地回答第二个问题。于是，你就求爱成功了！首先，我要祝贺你！其次，你要感谢我！再次，我要提醒你注意：这只是一个玩笑，求爱的事情没有如此简单。

自我欺骗的悖论

自欺悖论可以归结为如下问题：

自我欺骗如何可能？

　　两种最常见的欺骗形式是：骗财和骗色。欺骗之所以可能，是因为欺骗者掩盖其真实意图，利用被骗者的某些缺点，允诺给被骗者带来更大的回报，或承诺帮助他们解决其急需解决的难题，来达到欺骗的目的。例如，某公司雇人到处打电话，装作为对方设想的样子：现代社会要学会理财，钱在银行里放着，不升值，反而贬值，因而要注重投资，而我们这里有一些投资品种，在不长的时间内就有很大升值空间，买了以后肯定赚大钱……有人患上某种绝症，正规医院治不了，病人也治不起，于是转而求助气功大师或民间神医，他们自称有独门特技，祖传秘方，专治疑难杂症，对付癌症尤其有效，并且治好了很多重症病人。这恰好迎合了病人及其家属的心理。某些女士想找高富帅，或有某些特点的男士，而某男人多少符合一些条件，于是他展开柔情骗术，既骗女士们的情色，也骗她们的钱财。当欺骗者存心欺骗时，他就会有意误导被骗者。其手法一旦被欺骗对象识破，欺骗就不能得手。只有被骗者不知道或者不相信对方在欺骗时，欺骗才有可能成功。

　　但问题的诡异之处在于：自我欺骗如何可能？当一个人打算自己欺骗自己时，难道他不知道自己的这个意图？难道他没有自我意识或自我反思的能力？然而，自我欺骗的情形却十分常见，几乎到熟视无睹的地步。一个患了绝症的病人，觉得自己没有患绝症，即使患了，也很容易治好，因而仍然乐观向上，但没过几个月就死掉了。某个人才智庸常，在单位没有得到重视和许多好处，但他认为自己在能力、水平、工作绩效等方面都许多同事强，是单位领导和同事们对自己不公，因而忿忿不平。当他没有得到某个待遇优厚且有发展前途的工作，他就只想该项工作的种种弊端，最后在他人面前把该项工作贬得一塌糊涂（摘不到葡萄就说葡萄酸）。这样的自我欺骗是如何发生的？其答案只能从如下事实中去寻找：人虽然是理性的动物，但又不全是理性的，他或她还有本能、欲望、需要、情感、情绪……，这些东西可以归诸于人的"非理性"的一方面。欲望和情感会产生信念，恺撒说过，"一般而言，人们愿意相信他们希望得到的东西。"一个人把自己的欲求和情绪投射到周围环境之中，也投射到自己眼中的自己，他有选择地看，有选择地听，有选择地读，他"看到"他想看到的，他"相信"他所渴求的，把愿望当作真实，然后对周围环境和对自己本身持有虚假的信念，这就是自我欺骗。所以，按我的理解，自我欺骗的根源在于人类本身潜在的非理性方面。我们先前的文化过于强调了人的理性方面，是弗洛伊德（S. Fyeud）、叔本华（F. W. Nietzsche）、尼采（A. Schopenhauer）这样的思想家提醒我们注意到人的非理性的方面，注意到人的动物性遗传和本能的黑洞。我曾经写道："人性确实非常之复杂，复杂到连当事人自己都无法控制和把握，有时候都会感到担心和害怕。"[17]

[17]　陈波：《与大师一起思考》，北京：北京大学出版社，2012 年，322 页。

自我修正的悖论

在《美国宪法》中，第五条的内容如下：

举凡两院议员各以三分之二的多数认为必要时，国会应提出对本宪法的修正案；或者，当现有诸州三分之二的州议会提出请求时，国会应召集修宪大会。以上两种修正案，如经诸州四分之三的州议会或四分之三的州修宪大会批准时，即成为本宪法之一部分而发生全部效力，至于采用哪一种批准方式，则由国会议决；但一八〇八年以前可能制定之修正案，在任何情形下，不得影响本宪法第一条第九款之第一、第四两项；任何一州，没有它的同意，不得被剥夺它在参议院中的平等投票权。

这个条文是《美国宪法》的一部分，它规定了如何修正它作为其中一部分的《美国宪法》的程序和规则。问题是：根据该条文，能够修正该条文本身吗？由此可提炼出如下的"自我修正的悖论"：

　　即使一条制度性规则提供了在某些特定条件下修正该制度的措施，合法地修正该规则本身似乎是不可能的。但这与公认的法律实践相冲突。如何解释这一点？

　　斯堪的纳维亚法学家罗斯（A. Ross）认为，在《美国宪法》第五条中出现了部分的自我指称，而无论是部分的自我指称还是完整的自我指称，都会使它们身处其中的命题失去意义。因此，因为第五条中出现部分的自我指称，故它是一条被剥夺意义的规定。并且，不能根据第五条所规定的法律程序去修正第五条。不过，他对第五条提出了一个补救措施，给它增加一条规范，使它最后读起来像这样："……服从由第五条所设定的权威，直至整个权威本身任命了它的继任者；然后，服从这个新权威，直至它任命了它的继任者；如此这般地继续下去。"

　　不过，关于罗斯对《美国宪法》第五条的看法，存在着很多的争议。自我指称分为两种：恶性的和良性的，例如，"本命题是假的"中的自我指称是恶性的，该命题为真当且仅当该命题为假，这是矛盾！"本命题是真的"却是良性的，假设它为真，它就为真；假设它为假，它就为假；并没有矛盾。美国当代法学家哈特（H. L. A. Hart）给出了如下表列：

　　（1）草是绿色的。

　　（2）本表列中的每一个陈述都是真的，包括本陈述在内。

　　他认为，（2）是无可非议的，故《美国宪法》第五条也无可非议；罗斯对该条文提出的补救措施既无必要，也不可行。[18]

弗雷格之谜

　　由萨蒙（N. Salmon）在其同名专著[19]中提出和探讨，力图解答下面的问题：当a、b分别代表两个专名时，"a=a"和"a=b"为何会具有不

[18] 参见 Clarke, M. *Paradoxes from A to Z*, second edition, pp.200-202.

[19] Salmon, N. *Frege's Puzzle*. Cambridge, Mass: MIT Press, 1986.

同的认知价值？因为前者是同语反复，后者却提供新的信息。

弗雷格在其著名论文《论涵义和指称》[20]（1892）中探讨了这一问题。他的例子是：

（1a）长庚星是长庚星。

（1b）长庚星是启明星。

[20] 弗雷格:《论涵义和所指》，载马蒂尼奇编:《语言哲学》，牟博等译，北京:商务印书馆,1998年,375—399页。

这里，（1a）是一个逻辑真理，没有传达任何新信息，无需参照经验就能确认为真。而（2b）却是天文学的一个发现，传达新的经验信息，具有认知价值。问题是，这种认知价值来自何处？弗雷格的解答是：像"长庚星"和"启明星"这样的专名，都有涵义和所指。专名的所指就是它们所指称的外部对象，其涵义则是确定其所指的依据、途径和方式，也就是关于其所指对象的特征描述。（1a）和（1b）都是真句子，因为它们都表示一个对象的自我同一：只是（1a）直接地表示一个对象的自我同一；在（1b）中，由于"长庚星"和"启明星"指称同一颗星——金星，故它也间接地表示一个对象的自我同一。（1b）之所以传达了新的认知信息，是因为"长庚星"和"启明星"具有不同的涵义，对同一个对象即金星做了不同的描述，只是最后结果表明：这些不同描述适用于同一个对象。

上述解释似乎很有道理，但却遭到进一步追问：

当说（1a）和（1b）都是真句子时，根据是它们是关于同一个对象的，因而是同一性陈述；当说（1a）和（1b）具有不同认知价值时，根据是它们对同一个对象做了不同描述。这样一来，（1a）和（1b）还都是同一性陈述吗？在关于"a = b"的同一性解释和认知解释之间，我们如何维持它们的协调和平衡？并且，这两种解释能够协调和平衡吗？

这就是"弗雷格之谜"，在当代语言哲学中激起了很多讨论，迄今并无公认的解决方案。

分析悖论

分析悖论与弗雷格之谜有些类似。它与摩尔所提倡的概念分析（conceptual analysis）有关，最早由布莱克提出[21]，涉及如下问题：概念分析如何能够既是正确的又传达信息？换言之，我们如何同时说明概念分析的正确性（correctness）和传达信息性（informativeness）？

根据摩尔，概念分析应满足三个条件：(i) 被分析项和分析项都是概念，在正确的分析中，两个概念必须同义；(ii) 用来表示两个概念的语言表达式不同；(iii) 表示分析项的表达式明确提到表示被分析项的表达式未明确提及的某些概念。他给出了如下三个例子：

例1："是兄弟"这一概念等同于"是男性同胞"这一概念。

例2："x是兄弟"这一命题函项等同于"x是男性同胞"这一命题函项。

例3：断言某人是兄弟等同于断言某人是男性同胞。

这里只考虑例1，并把它简化为下面的句子：

（1）兄弟是男性同胞。

也可以把（1）写成一阶逻辑公式：

（1'）$\forall x$（x是兄弟 → x是男性同胞）

如果"兄弟"和"男性同胞"是同义的，它们就可以相互替换。由（1）可以得到：

（2）兄弟是兄弟。

[21] 参见 Black M., "The 'Paradox of Analysis'," *Mind* 53 1944, pp.263–267; "The 'Paradox of Analysis' Again: A Reply," *Mind* 54 1945, pp.272–273.

也可以把（2）写成一阶逻辑公式：

（2′）∀x（x是兄弟 → x是兄弟）

如果要求在正确的分析中被分析项和分析项必须是同义的，并同时接受替换规则的话，就会得到两个结果：（1）是正确的，依据替换规则，可得到（2），但（2）不传达任何信息，而不传达信息的分析是不足道的；如果认为（1）中的被分析项和分析项不是同义的，则（1）不正确，但它传达信息。由此可知，像（1）这样的分析是不正确的却是足道的。由此我们面临一个严重的问题：能够有正确且值得说的概念分析吗？这就是"分析悖论"。

如何解决分析悖论？一种选择是承认（1）是正确且传达信息的，但不允许从（1）得到（2），这意味着抛弃逻辑学中的替换规则，这将导致对经典逻辑做重大修改。几乎没有人选择这条路径。另一种选择是：承认（1）传递信息，但不承认其中的被分析项"兄弟"和"男性同胞"同义。

可以再考虑弗雷格的例子：

（3）多个线段有同一方向，当且仅当它们相互平行。

有人承认（3）传递信息，但其中的被分析项"线段"和分析项"相互平行"并不同义，故不能由（3）得到（4）：

（4）多个线段有同一方向，当且仅当它们有同一方向。

是什么使得（1）和（3）比它们的不足道的对应物，如"兄弟是兄弟"等，传达了更多的信息内容呢？回答确实是：在分析所提到的概念时使用了不同的概念：兄弟概念是根据两个不同的概念，即男性和同胞来解释的；（更有意思的是），同一方向概念是根据相互平行概念来解释的。如果你有兄弟概念但没有更一般的同胞概念，你就可以设想帕特是一位兄弟却不相信他是一位男性同胞；如果你没有平行线概念，你就能够相信两条线有同一方向却不相信它们相互平行。[22]

布莱克早前提出了类似解释。他认为，（1）涉及"兄弟"（b）、"男性"（m）和"同胞"（s）三者的关系，可用符号表示：R（b, m, s）；而（2）只涉及"兄弟"与其自身的关系，最多是二项关系。若用"I"表示"等于"，可表示为：I（b, b）。由此看出，（1）是非同一性陈述，而（2）却是同一性陈述。

分析悖论引发了对"分析"概念的怀疑论思考。摩尔令人惊奇地预言了对分析悖论的讨论必定会将战火引至分析和综合的区分这一根本性的问题上。并且他指出，"我并不认为这两个术语有任何清楚的意义"。[23]1950年，蒯因发表著名论文《经验论的两个教条》，对于分析—综合的区分以及证实主义和还原论发动了摧毁性批评，从而引起了迄今仍未结束的一场哲学论战。

信念之谜

由克里普克在其同题论文[24]（最初发表于1979年）中提出，与指称相同的名称（简称"共指名称"）和信念归属有关。

设想有一位法国人皮埃尔，不懂英语，通过某种途径（如看画册）形成了一个法语信念"Londres est jolie"（伦敦很漂亮）。后来，由于某种机缘，他搬到了伦敦的一个落后社区，通过与当地人一起生活学会了英语。基于在当地的生活经验，形成了一个英语信念"London is not pretty"（伦敦不漂亮）。不过，他并没有放弃他原有的法语信念。由此产生一个问题：皮埃尔究竟是相信"伦敦很漂亮"还是相信"伦

[22]　Clark, M. *Paradoxes from A to Z*, Second edition, p.10.

[23]　关于分析悖论，亦可参看：李大强，《分析悖论的分析》，《哲学研究》2006 年第 6 期；陈四海，《马克斯·布莱克论分析悖论》，《东方论坛》2012 年第 2 期。

[24]　Kripke, S. "A Puzzle about Belief," in his *Philosophical Troubles, Collected Papers*, vol.1, pp.125–161.

敦不漂亮"？

克里普克论述说，这里至少涉及如下两个原则（为简单起见，略去细节）：

（1）去引号原则：若某个语言的正常说话者，经过反思后，真诚地赞同"p"，则他相信p。

（2）翻译原则：如果一个语言的句子在该语言中表达一个真理，它在另一个语言中的译文也表达同一个真理。

在学会英语之前，皮埃尔相信"Londres est jolie"。根据去引号原则，他相信 Londres est jolie。再根据翻译原则，他相信伦敦很漂亮。再对皮埃尔的英语信念"London is not pretty"应用去引号原则和翻译原则，可以得知：他相信伦敦不漂亮。问题是，在学会英语之后，皮埃尔仍然持有他原来的法语信念，故根据去引号原则和翻译原则，他就同时拥有一对相互矛盾的信念：他既相信伦敦很漂亮又不相信伦敦很漂亮。

克里普克想要回答如下问题：在皮埃尔的信念世界中如何出现了矛盾？是哪些因素造成了矛盾？他论证说，替换原则不是造成信念之谜的关键所在，故不能通过攻击替换原则来攻击直接指称论。后者指这样的观点：名称没有涵义，直接指称外部对象；任一名称在所有可能世界都分别指称同一个对象，是严格指示词；名称对它们所在语句的语义贡献也仅在于它们的所指。这是他和他的一大批追随者的观点。

克里普克用另外的例子表明，只应用去引号原则就能够造成同样的信念之谜。设想下面的情形：帕德瑞夫斯基（简称"帕德"）是波兰著名的政治家兼音乐家。彼得出席了帕德的专场音乐会，由此知道帕德有杰出的音乐才能，当然也就相信"帕德有杰出的音乐才能"；在另外某个场合，彼得知道帕德是一位政治家，由于他从来不认为政治家会有杰出的音乐才能，故他把作为政治家的帕德当作另外一个人，故不相信"帕德有杰出的音乐才能"。对彼得的两个信念应用去引号原则，将导致矛盾：彼得既相信又不相信帕德有杰出的音乐才能。

这就是克里普克所谓的"信念之谜"：在信念归属句中，共指名称不能相互替换，否则会由真命题得到假命题，甚至会得出逻辑矛盾。弗雷格早就指出了这一点：替换规则（即外延论题）在引语（包括直接引语和间接引语）语境中不成立，也在许多命题态度词（如"知道"、"相信"）语境中不成立。例如，你不能从"哥白尼相信地球围绕太阳运转"推出"哥白尼相信人是由猿猴进化而来的"。克里普克与弗雷格的差别在于：他在隐含地为他的严格指示词理论辩护。根据该理论，严格指示词对所在语句的唯一语义贡献就是其所指，共指名称应该在任何语句（包括信念语句）中能够相互替换，但多个例证表明：共指名称在信念语句中不能相互替换。克里普克承认，这对于严格指示词理论来说确实是一个问题，他也不知道该如何解决。不过，他转守为攻，力图证明：这个问题对关于名称的弗雷格式理论（即描述论）也存在。克里普克所采取的论证策略是：避开替换原则，引入另外两个原则，即去引号原则和翻译原则。据我看来，克里普克新引入的两个原则后面都隐含替换原则。例如，由于皮埃尔本人并不知道法语词"Londres"和英语词"London"指称同一座城市，即不知道这两个名词共指，因此，在对他做信念归属时，就不能允许它们相互替换，但克里普克通过去引号原则和翻译原则，让这两个名词成为事实上的共指名称，且在对皮埃尔做信念归属时允许它们相互替换，这才造成了他所谓的"信念之谜"。

应该指出，在知识、信念领域对名称"a"和"b"做替换时，其必要条件是：不仅"a"和"b"事实上共指，即a＝b，而且相关认知主体还必须认知到"a"和"b"共指，即知道"a＝b"。否则，仅仅使用替换原则就足以造成类似的"信念之谜"。改用弗雷格本人的例子：

（1a）保罗相信长庚星是长庚星。

（1b）保罗不相信长庚星是启明星。

这里，（1b）是用"启明星"替换（1a）中"长庚星"的一次出现的结果，而且"长庚星"和"启明星"这两个名称共指，但如果保罗不知道或不相信这两个名称共指，它们就不能在（1b）中相互替换。很显然，尽管有些名称事实上共指，有人却不知道它们共指；共指不能仅从两个名称的字面上知道，还必须诉诸其他认知要素和认知手段。究竟诉诸哪些认知要素或手段？不同的哲学家会有不同的选择。

四、普特南的"缸中之脑论证"

前奏：笛卡儿的怀疑论

笛卡儿认为，只有通过普遍怀疑方法检验的东西，才是绝对确实的，才能够成为知识体系的阿基米德点（确实性支点）。他所秉承的第一条方法论原则是：

> 凡是我没有明确地认识到的东西，我决不把它当成真的接受。也就是说，要小心避免轻率的判断和先入之见，除了清楚分明地呈现在我心里、使我根本无法怀疑的东西以外，不要多放一点别的东西到我的判断里。[25]

[25]　笛卡儿：《谈谈方法》，王太庆译，北京：商务印书馆，2010 年，18 页。

于是，他用普遍怀疑方法构造了下面一连串的怀疑论证：

论证1：感觉经验靠不住。

因为我们有时候确实陷入幻觉和错觉之中。一座塔看起来是圆的，但后来才知道是方的。我们对于同一件事物有相互冲突的感觉印象。为了求证其中哪一个感觉印象是真实的或接近真实，我们必须求助于其他的感觉印象，但后者也有可能出错，也有可能相互冲突，我们又不得不求助于另外一些感觉印象，如此无穷倒退，永远也找不到一个可靠的支点。他做出结论说：

> 直到现在，凡是我当作最真实、最可靠而接受过来的东西，我都是从感官或通过感官得来的。不过，我有时觉得这些感官是骗人的；为了小心谨慎起见，对于已经骗过我们的东西就决不完全加以信任。[26]

可以把上述论证简述如下：

P₁：凡是建立在不可信赖的证据之上的东西都永远不再可信，因为我无法判别它是否仍在欺骗我。

P₂：感觉印象有时建立在不可信赖的证据之上。

C：感觉印象不应该再被信赖。

笛卡儿在这里犯了"推出过多"的错误：从"感觉印象有时欺骗人"不能推出"它们总是欺骗人"，就像不能从"某人有时说谎"推出"他永远说谎"一样。

论证2：做梦和醒着难以区分。

笛卡儿提到，他没有任何标准来判别他究竟是醒着的还是在做梦，这就使得他有理由怀疑醒着时所发生的一切也不过是梦境而已，至少我们不能完全排除这样一种可能性。

> 有多少次我夜里梦见我在这个地方，穿着衣服，在炉火旁边，虽然我是一丝不挂地躺在我的被窝里！我现在确实以为我并不是用睡着的眼睛看这张纸，我摇晃着的这个脑袋也并没有发昏，我故意地、自觉地伸出这只手，我感觉到了这只手，而出现在梦里的情况好像并不这么清楚，也不这么明白。但是，仔细想想，我就想起来我时常在睡梦中受过这样的一些假象的欺骗。想到这里，我就明显地看到没有什么确定不移的标记，也没有什么相当可靠的迹象使人能够从这上面清

[26] 笛卡儿：《第一哲学沉思录》，庞景仁译，北京：商务印书馆，2009年，15页。

思维魔方

清楚楚地分辨出清醒和睡梦来，这不禁使我大吃一惊，吃惊到几乎能够让我相信我现在是在睡觉的程度。[27]

[27] 笛卡儿:《第一哲学沉思录》，庞景仁译，北京：商务印书馆，2009年，16页。

在论证1和论证2中，笛卡儿都在寻求一个绝对确实的标准，结果是他无法找到。我们用来判定一个感觉印象是否出错的标准是另一个感觉印象，后者也可能出错；我们用来判定我们是否醒着的标准是我们认为我们正在醒着，但我们也可能梦见我们认为是醒着的。

论证3：一个恶魔可能在系统地欺骗我们。

笛卡儿做了这样一个思想实验：一个本领强大得像上帝的恶魔（Demon）在系统地欺骗我们，它在不知不觉中向我们灌输了一整套错误的观念，使我们的观念体系整个地出错，甚至连算术和逻辑也难以幸免。因为要证实一串论证，我们必须诉诸另外的论证。如果第一串论证原则上可错，其他论证在原则上也会是可错的，故我们在原则上也可以怀疑逻辑。

> ……我要假定有某一个妖怪，而不是一个真正的上帝（他是至上的真理源泉），这个妖怪的狡诈和欺骗手段不亚于他本领的强大，他用尽了他的机智来骗我。我要认为天、空气、地、颜色、形状、声音以及我们所看到的一切外界事物都不过是他用来骗取我轻信的一些假象和骗局。我要把我自己看成是本来就没有手，没有眼睛，没有肉，没有血，什么感官都没有，而却错误地相信我有这些东西。[28]

[28] 同上书，20页。

笛卡儿给我们提出的问题是：我们怎么才能知道情况并非如此？怎么知道我们并没有被一个恶魔系统地欺骗？对他本人来说，他无法排除有这样一个恶魔的可能性，至少是不能排除这样一种逻辑可能性。由此他得出结论：

　　对于这样的一些理由，我当然无可答辩；但是我不得不承认，凡是我早先信以为真的见解，没有一个是我现在不能怀疑的，这绝不是由于考虑不周或轻率的缘故，而是由于强有力的、经过深思熟虑的理由。因此，假如我想要在科学上找到什么经久不变的、确然可信的东西的话，我今后就必须对这些思想不去下判断，跟我对一眼就看出是错误的东西一样，不对它们加以更多的信任。[29]

[29] 笛卡儿：《第一哲学沉思录》，庞景仁译，北京：商务印书馆，2009年，19页。

　　不过，笛卡儿的上述看似极端的怀疑论立场很快被他下面的一连串推论稀释掉甚至消解掉了。他论证说，尽管我在怀疑一切都不可靠，但有一点却是确定无疑："我"在怀疑，即"我"在思考，而一个怀疑和思考着的"我"不可能不存在，由此得出他的哲学的第一个肯定性命题："我思故我在"。他继续论证说，"我"本身是不完美的，但"我"心中却有一个完美的上帝观念，"我"不可能是这个完美观念的原因，只有完美的"上帝"本身才是它的真正原因，由此得出他的哲学的第二个肯定性命题：上帝存在。然后，借助于上帝的全知全善全能，他魔术般地推出了"物质存在"、"心灵存在"、"他人存在"等命题，几乎完全回到了在普遍怀疑之前我们所接受的那些知识或观念。

　　不过，笛卡儿的怀疑论还是激起了深远的历史回响。

普特南的"缸中之脑论证"

　　1981年，普特南在他的《理性、真理和历史》一书中，提出了"缸中之脑"这个思想实验，它明显类似于笛卡儿所提出的"恶魔"论证：

　　　　设想一个人（你可以设想这正是阁下本人）被一位邪恶的科学家做了一次手术。此人的大脑（阁下的大脑）被从身体上截下并放入一个营养缸中，以使之存活。神经末梢同一台超级科学的计算机相连接，这台计算机使这个大脑的主人具有一切如常的幻觉。人群、物体、天空，等等，似乎都存在着，但实际上此人（即阁下）所经验到的一切都是从那台计算机传输到神经末梢的电子脉冲的结果。这台计算机十分聪明，此人若要抬起手来，计算机发出的反馈就会使他"看到"并"感到"手正被抬起。不仅如此，那位邪恶的科学家还可以通过变换程序使受害者"经验到"（即幻觉到）这个邪恶科学家所希望的任何情境或环境。他还可以消除手术的痕迹，从而该受害者将觉得自己一直是处于这种环境的。这位受害者甚至还会以为他正坐着读书，读的就是这样一个有趣但荒唐至极的假说：一个邪恶的科学家把人脑从人体上截下来并放入营养缸中使之存活。神经末梢据说接上了一台超级科学的计算机，它使这个大脑的主人具有如此这般的幻觉……[30]

[30] 希拉里·普特南：《理性、历史和真理》，童世骏、李光程译，上海：上海译文出版社，1997年，11页。

普特南还把上述反常设想推至它的极端：所有人类（或许所有有感知能力的生物）的大脑都处在这样的缸中，那台超级计算机负责向我们提供集体的幻觉。他追问到：你如何担保你自己不处在这种困境之中？你如何担保这样的情形根本不会发生？

普特南本人并不同意这种极端形式的怀疑论，他给出了反驳缸中之脑构想的论证，其结论是：我们不可能前后一致地认为自己是"缸中之脑"，像"我是缸中之脑"这样的论断是自我反驳的。他主要从语义学角度论证了这一点，论证的重要依据是下面的"因果联系论题"（记为CC）：

CC论题：仅当一个词项与一个对象之间有适当的因果关联时，该词项才指称该对象。

比如说，假如一群蚂蚁在沙地上留下一些痕迹，这些痕迹非常近似于温斯顿·丘吉尔的画像，但我们不能说，这些蚂蚁在通过这些痕迹"表征"或"指称"丘吉尔，因为这些蚂蚁与丘吉尔没有因果接触，它们根本就不知道丘吉尔，也没有表征或指称他的意向。一艘宇宙飞船偶尔着陆于另一个星球，上面居住着与我们类似的外星人，但该星球上从来没有树，外星人也从来不知道树。但该艘飞船把树的影像留在该星球上，对于居住在该星球的外星人来说，该影像并不表征或指称树，尽管对于我们来说，该图像确实表征或指称树。词项不会神奇地或内在地指称一个对象，与指称对象有因果关联是必要条件之一，尽管或许还有别的条件。

基于CC论题，普特南构造了反驳"我们是缸中之脑"的论证，简述如下：

P₁：假设我们是缸中之脑。

P₂：根据CC论题，如果我们是缸中之脑，那么，"脑"并不指称脑，"缸"并不指称缸。

P₃：如果"缸中之脑"并不指称缸中之脑，那么，"我们是缸中之脑"就是假的。

C：如果我们是缸中之脑，那么，"我们是缸中之脑"就是假的。

普特南因此断言，"我们是缸中之脑"这个论断必定是假的，因为假设它为真就能够推出它为假。在这个意义上，他说，该论断是自我反驳或自我摧毁的。普特南的论证在逻辑上是有效的。若假定CC论题是正确的，该论证的结论是否为真就取决于P₃是否为真，这又取决于我们如何确定"我们是缸中之脑"的真值条件。围绕这些问题，产生了很多激烈的争论。[31]

顺便说一下，"缸中之脑"这个思想实验影响了许多当代的科幻小说和科幻电影，诸如《黑客帝国》、《盗梦空间》、《源代码》、《飞出个未来》、《异世奇人》等。在《黑客帝国》中，尼奥（Neo）就是一个被养在营养液中的真人，而他的意识则由电脑系统"矩阵"（The Matrix）的电流刺激所形成和控制。他的一切记忆，都是外部电极刺激大脑皮质所形成的，并不是真实的生活历程。建议有兴趣的读者重看一次该电影，并思考有关问题。

[31]　除普特南的原著外，对"缸中之脑"论证有兴趣的读者，可参看：Brueckner T., "Skepticism and Content Externalism," in Stanford Encyclopedia of Philosophy, http://plato.stanford.edu/entries/skepticism-content-externalism/; Hickey L. P., "The Brain in a Vat Argument," in Internet Encyclopedia of Philosophy, http://www.iep.utm.edu/brainvat/。

五、一些认知逻辑的趣题

白帽子问题

老师让三个同学坐在一条直线上，甲可以看到乙和丙，乙可以看到丙但看不到甲，丙既看不见甲也看不见乙。让三个同学闭上眼睛，给他们各自戴上一顶帽子，并告诉他们：他们中至少有一人戴白帽子。当他们睁开眼睛，老师问甲是否知道他是否戴白帽子，甲说不知道；又问乙同样的问题，乙也说不知道。老师问丙，丙说知道了，我戴白帽子。丙是怎么知道的？

解析：根据题意，已知：

（1）甲、乙、丙中至少一人戴白帽子。

（2）甲知道乙、丙是否戴白帽子。

（3）乙知道丙是否戴白帽子。

（4）甲、乙、丙都知道以上三点，而且都知道别人也知道。

（5）甲不知道自己是否戴白帽子。

（6）乙知道（5）。

（7）乙不知道自己是否戴白帽子。

（8）丙知道以上（5）、（6）和（7）。

求证：丙知道自己戴白帽子。

（9）设乙、丙都不戴白帽子。由（2），甲知道这一事实。由（4）和（1），甲又知道三个人中至少一个戴白帽子。于是，甲应知道自己戴白帽子，与（5）矛盾。可见乙、丙中至少一人戴白帽子。

（10）由（4）及（6），在（9）中我们所做的推理乙也可以做，所以，乙应知道乙、丙中至少一人戴白帽子。

（11）设丙不戴白帽子。由（3），乙知道这一点，再由（10），乙应知道自己戴白帽子，与（7）矛盾。可见丙戴白帽子。

（12）由（4）、（8），以上（9）、（10）、（11）三点中的推理，丙也可以做出。可见丙知道自己戴白帽子。证毕。

三个聪明人

国王想知道他的三个聪明人中谁最聪明，就在每个人前额上画了一个点，并且说：他们中至少一人额上有白点，并重复地问他们"谁知道自己额上点的颜色？"他们两次都同时回答说"不知道"。求证第三次他们全都说知道，而且所有的点都是白色的。

解析：假如只有一人额上有白点，那么第一次问时，该有白点的人在看到另外两人没有白点时，就应该回答"知道"。所以，不止一人额上有白点。

假如只有两人额上有白点，有白点的人看到另一个人额上无白点，就能够推知自己额上有白点，所以他应该回答"知道"。所以，三个人额上都有白点，当第三次问时，他们都会回答说：我知道自己额上有白点。

"S先生和P先生"问题

S先生、P先生都具有足够的推理能力。一天，他们正在接受推理面试。他们知道桌子的抽屉里有如下16张扑克牌：

红桃A、Q、4；

黑桃J、8、4、2、7、3；

草花K、Q、5、4、6；

方块A、5。

面试者从中挑出一张牌，并将其点数告诉S先生，将其花色告诉P先生。然后，他问S先生和P先生：你们能推知这是一张什么牌吗？

S先生："我不知道这张牌。"

P先生："我知道你不知道这张牌。"

S先生："现在我知道这张牌了。"

P先生："我也知道了。"

请问：这张牌是什么牌？

解析：由S先生的第一句话，可以推知这张牌的点数并非只有一张的，因此黑桃J、8、2、7、3，草花K、6被排除，余下可能的是：红桃A、Q、4，黑桃4，草花Q、5、4，方块A、5；P先生仅凭花色就知道，S先生仅凭点数无法猜出这张牌，那说明这个花色的牌的点数不能只出现一次，所以，该花色的牌不是黑桃和草花；一定是红桃或者方块的某张牌，因此可能为红桃A、Q、4，方块A、5；必然不是A，否则即便是S先生知道点数，也无法猜出到底是红桃还是方块，因此只可能是红桃Q、4，方块5；如果是红桃，P先生最后也是无法猜出这张牌的，因为红桃到最后还是有2张，他无法确定到底是哪一张；所以只可能是方块，P先生才会自信地说他也知道了。答案是：方块5。[32]

[32]　关于认知悖论的更系统、更深入的讨论，参见拙著《悖论研究》（北京大学出版社，2014年）第八章和第九章。

臭鼬与鸟

人如何识别世界和其中的对象？这是个谜。我们的大脑，接收到从感官传递而来的感觉经验
（以电流脉冲的方式），然后经过一系列详情尚未被人所知的处理过程，然后形成了对世界的
认知。这是人的认知过程，或概念的形成过程。

假如这种处理过程出现差异，那么对世界的认识、所形成的概念，就会有区别。试想象另一种
智能眼中的世界。谷歌公司开发了一个人工神经网络。这张图的左边是原图，右边是被它识别
后的样子。假如它能对这个世界形成概念，和人的概念体系一定是迥异的。

心灵与机器1

自古以来人类就有制造仿生人的野心。希腊有代达罗斯（一说赫菲斯托斯）制造铜巨人塔洛斯的神话，《列子·汤问》中则有偃师造人的故事。

毫无疑问，机器，特别是当代的电脑，在涉及到计算的问题时往往要比人做的更好。1997年 IBM 的深蓝战胜国际象棋世界冠军卡斯帕罗夫。2016 年，谷 歌的 alphago 战胜了世界围棋冠军李世石。

那么机器可以取代人么？机器和人的区别在于后者具有"心灵"，而前者没有。最显著的表现就是人有感情，而机器没有。但是假如心灵也是可以计算的，假如存在着爱的算法呢？

心灵与机器的边界在哪？

心灵与机器 2

电脑的核心——CPU——的设计原理是由最简单的一些元件构成的，例如"与门"仅在两个输入都是信号 1 时才输出信号 1，否则输出 0；"非门"在输入信号 1 时输出 0，输入 0 时输出 1……这些元件被统称为"逻辑门"，经由各种组合最终形成了复杂的系统。

"逻辑门"的得名源于逻辑学中的命题逻辑。这些元件以及信号 0、1，恰好是和命题逻辑同构的。这是逻辑学对计算机科学重要的原因，但是这也意味着，逻辑的极限就是电脑的极限。

ALAN TURING, 1912-1954

图灵机

图灵机是电脑的原型。它由读写头、纸带和若干指令组成。按照指令所指示的，读写头在纸带上移动并写下 0 和 1。当图灵机停机时，纸带上 1 的个数就是它的计算结果。关于图灵机有两个最重要的定理。第一个是：所有的能行可计算函数都是图灵机可计算函数。这是计算机得以建造并广泛使用的根基。

而另一个则是：不存在判断图灵机是否可以停机的一般方法。这意味着图灵机在计算问题时，一般而言无法确定它可否得到结果。而这个定理的另一种说法，就是哥德尔不完备性定理。

比理智的力量更伟大的唯一东西，就是内心的勇气。

如同你将在多变量微积分中发现的，任一给定的问题经常都会有
许多不同的解法。

——约翰·纳什

约翰·纳什（J. Nash, 1928—2015），美国数学家。1950年，以讨论非合作博弈的28页论文获普林斯顿大学博士学位，后任该校数学教授。该论文引出4篇论文，于1950—1953年间发表。这些论文奠定了现代非合作博弈论的基础。1994年，与人共同获得诺贝尔经济学奖。但他曾长期患精神分裂症，获奥斯卡最佳影片的好莱坞电影《美丽心灵》（*Beautiful Mind*）即以他为原型。

上升与下降

　　《加州旅馆》的歌词有这么一句："我所记得的最后一件事，是我在奔跑着寻找大门，我想找到回去的道路；但是守夜人对我说'放松'……，你永远也离不开这里。"在这幅图中，人们无论在楼梯中是向上爬还是向下走，都无法离开这个楼道——它是一个死循环，走来走去总会回到原来的位置。如果你想困住一个人，也许你可以给他制造一条漫长的路来耗费他的耐心，但是，也许这样一个小小的楼梯就足够了。

第十二章

决策和合理行动的悖论

在现实生活中，我们常常需要做出某种决定，从而采取某种行动。我们的决定和行动常常基于某些明显的或隐含的看似合理的原则，但从这些原则出发，却会导致某种悖谬的结果：或者导致某种违反直观、经验、常识的结果，或者导致自相矛盾的结果。这就是在决策和行动方面出现的"悖论"。

一、囚徒困境及其分析

1950年，由就职于美国兰德公司的梅里尔·弗勒德（M. Flood）和梅尔文·德雷希尔（M. Dresher）拟定出相关困境的理论，后来该公司顾问艾伯特·塔克（A. Tucker）为了让斯坦福大学的心理学家更好地理解该困境，采用了囚徒和支付矩阵的形式，并命名为"囚徒困境"。这是博弈论中的一个著名悖论，引起了相当广泛的关注和讨论。设想下述情形：

> 警方在一宗盗窃杀人案的侦破过程中，抓到两个犯罪嫌疑人，分别叫张三和李四。但是，他们矢口否认曾经杀过人，辩称是先发现有人被杀，然后顺手牵羊偷了点东西。警察缺乏足够的证据指证他们的杀人罪行，如果嫌疑犯中至少一人供认罪行，就能确认他们杀人罪名成立。于是警方将两人隔离，以防止他们串供或者结成攻守联盟，

并分别跟他们讲清了他们的处境和面临的选择：如果他们两人中有一人认罪，则坦白者立即被释放而另一人将被判10年；如果两个人都坦白，承认杀人罪行，则他们将被各判5年监禁；当然，如果两人都抵赖，拒不认罪，因为警察手上缺乏证据，则他们会被处以较轻的盗窃罪，各判1年徒刑。这两个嫌疑犯会怎样选择呢？

这就是囚徒困境。这个困境可以更为清楚地表述如下：

李四 张三	坦白	抵赖
坦白	$-5, -5$	$0, -10$
抵赖	$-10, 0$	$-1, -1$

对于张三而言，如果张三坦白，则最多监禁五年。如果李四也坦白，则双方都监禁五年；如果李四抵赖，则张三马上获得自由。因此，总的来说，如果张三坦白，则他得到的结果并不坏。这是博弈，李四也会进行同样的考虑。但是，如果张三单方面改变主意，则张三将冒险被监禁十年，而李四却会获得自由；类似地，如果李四单方面改变主意，也会冒同样的风险。在这两种情况下，一方得到最大的"私利"，而另一方得到最大的惩罚。如果双方都改变主意，都抵赖，则各监禁一年。在这种情况下，可以达到"共利"。然而，这一决策过程可能是无限的理性推理：假如我选择"共利"策略，我必定相信对方也将选择"共利"策略；假如我选择"私利"策略，对方也会选择"私利"策略予以防范。这个"推己及人，推人及己"的过程可以无限推下去，这使得张三和李四两个囚犯在决策过程中陷入了困境。

博弈论为我们提供了囚徒困境的解决方案。博弈论是两个或多个人在平等的对局中各自依据对方的策略变换自己的策略，从而达到取胜的目的。博弈论最早研究象棋和桥牌中的胜负问题，后来成为应用数学的一个分支，在经济学、政治学、军事战略和其他科学中都有广泛的应用。为了说明如何利用博弈论的知识来解决囚徒困境，我们首先给出一些基本概念，包括局中人、策略、单纯策略、混合策略、策略组合、收益函数、期望函数、纳什均衡等。

局中人是在博弈问题中为自己的利益进行决策的各方，把局中人的集合简记为N。例如，在囚徒困境中一共有两个局中人，分别是张三和李四，即N = {张三, 李四}。事实上，博弈既可以发生在两个人之间，也可以发生在多个人之间。

策略又分为单纯策略和混合策略。单纯策略是局中人可以采取的行动方案。以囚徒困境为例，张三有坦白和抵赖两种单纯策略，李四也有坦白和抵赖两种单纯策略。局中人的所有单纯策略构成一个集合，这个集合被称为单纯策略集。例如，张三的单纯策略集是{坦白, 抵赖}，李四的单纯策略集也是{坦白, 抵赖}。在博弈的过程中，一方采取一个策略，必有另一方也采取一个应对策略。例如，张三可以在他的单纯策略集中选择坦白或抵赖，李四也可以在他的单纯策略集中选择坦白或抵赖。我们把局中人所选择的单纯策略构成的有序组称为单纯策略组合。例如，在囚徒困境中，一共有四个单纯策略组合，分别是：

（1）张三选择坦白，李四也选择坦白；

（2）张三选择坦白，李四选择抵赖；

（3）张三选择抵赖，李四选择坦白；

（4）张三选择抵赖，李四也选择抵赖。

为简便计，我们用有序对表示张三和李四的单纯策略组合，例如，我们把（2）表示为（坦白, 抵赖），把（4）表示为（抵赖, 抵赖）。一般地，我们把局中人i的单纯策略集简记为（A_i），把所有单纯策略组合构成的集合简记为（A_{ij}）。以囚徒困境为例，（$A_{张三}$） = {坦白, 抵赖}，（$A_{李四}$） = {坦白, 抵赖}，（$A_{张三李四}$） = {（坦白, 坦白），（坦白, 抵赖），（抵赖, 坦白），（抵赖, 抵赖）}。

混合策略是在单纯策略的基础上增加概率分布而得到的。也就是说，局中人随机地采取各种策略。例如，张三在进行策略选择时，他以60%的概率选择坦白，以40%的概率选择抵赖；不过，他选择坦白和抵赖的概率之和应该等于100%。因此，（60%的坦白，40%的抵赖）是张三的一个混合策略。我们把局中人$i \in N$的混合策略集记为（B_i），把所有混合策略组合的集合记为（B_{ij}）。例如，（50%的坦白，50%的抵赖）和（75%的坦白，25%的抵赖）都是张三的混合策略。（（50%的坦白，50%的抵赖），（80%的坦白，20%的抵赖））是一个混合策略组合，其中（50%的坦白，50%的抵赖）是张三的混合策略，（80%的坦白，20%的抵赖）是李四的混合策略。

收益函数表示某个局中人对于某个单纯策略组合所得到的利益结果。把局中人$i \in N$的收益函数简记为P_i。例如，如果张三选择抵赖，而李四选择坦白，那么张三得到的利益结果是10年监禁，而李四得到的利益结果是0年监禁，也就是说，对于（抵赖，坦白）这个策略组合，张三和李四的利益结果分别是10年监禁和0年监禁，也就是说，

$$P_{张三}（（抵赖，坦白））=-10$$
$$P_{李四}（（抵赖，坦白））=0$$

期望函数表示某个局中人对于某个混合策略组合所得到的利益结果。把局中人$i \in N$的期望函数简记为E_i。例如，如果张三选择坦白的概率是75%，选择抵赖的概率是25%，而李四选择坦白的概率是50%，选择抵赖的概率是50%，也就是说，对于（（75%坦白，25%抵赖），（50%坦白，50%抵赖））这个混合策略组合，张三和李四的利益结果分别是：

$E_{张三}$(((75%坦白, 25%抵赖),(50%坦白, 50%抵赖)))

$= 75\% \times (-5 \times 50\% + 0 \times 50\%) + 25\% \times (-10 \times 50\%$

$+ -1 \times 50\%)$

$E_{李四}$(((75%坦白, 25%抵赖),(50%坦白, 50%抵赖)))

$= 50\% \times (-5 \times 75\% + 0 \times 25\%) + 50\% \times (-10 \times 75\%$

$+ -1 \times 25\%)$

显然，单纯策略是混合策略的特例，收益函数是期望函数的特例。

在上述概念的基础上，我们可以给出博弈论的最重要概念——纳什均衡。首先给出单纯策略下纳什均衡的定义。如果单纯策略组合 $C \in$ (A_{ij}) 满足下面的条件：

任给 $i \in N$，任给 $D \in (B_i)$，都有 $P_i (C|D) \leq P_i (C)$，其中 $C|D$ 表示用单纯策略 D 替换单纯策略组合 C 中的相应单纯策略所得到的结果。

则把 C 称为单纯策略下纳什均衡。

为了具体说明纳什均衡，我们仍以囚徒困境为例。

张三 \ 李四	坦白	抵赖
坦白	−5, −5	0, −10
抵赖	−10, 0	−1, −1

如果李四选择坦白，则张三有两种策略可供选择：如果张三选择坦白，则他的利益结果是5年监禁；如果张三选择抵赖，则他的利益结果是10年监禁。因此，在李四选择坦白的情况下，张三选择坦白的利益结果优于他选择抵赖的利益结果。同样地，如果李四选择抵赖，则张三也有两种策略可供选择：如果张三选择坦白，则他的利益结果是立即释放；如果张三选择抵赖，则他的利益结果是1年监禁。因此，在李四选择抵赖的情况下，张三选择坦白的利益结果也优于他选择抵赖的利益结

果。总之，无论李四选择坦白还是抵赖，张三选择坦白对于他自己而言都是最优结果。同样的分析也适用于李四，无论张三选择坦白还是抵赖，李四选择坦白对于他自己而言都是最优结果。因此（坦白, 坦白）是囚徒困境这个博弈的唯一纳什均衡。

然而，有些博弈具有多个纳什均衡，而有些博弈没有纳什均衡。首先，为了说明多个纳什均衡的情况，我们以性别大战为例：

有一对热恋中的情侣，他们在周末既可以去体育场看足球比赛，也可以去歌剧院看歌剧表演。男生喜欢足球，女生喜欢歌剧。在这种情况下，每个人都有两种策略：看足球或看歌剧。假如他们事前没有相互商量，不知道对方去什么地方。如果两个人都去了体育场，因为男生喜欢看足球，他们一起看足球时，男生的收益高于女生，所以男生的收益为3，女生的收益为2；如果男生去了体育场，而女生去了歌剧院，由于他们两个人不在一起共度周末，所以他们的收益都为1；如果男生去了歌剧院，而女生去了足球场，他们两个人不仅不能共度周末，也不能享受自己喜欢的节目，所以他们的收益都为−1；如果两个人都去了歌剧院，因为女生喜欢看歌剧，他们一起看歌剧时，女生的收益高于男生，所以男生的收益为2，女生的收益为3。这个博弈可以更为清楚地表述在如下表格中：

男生＼女生	看足球	看歌剧
看足球	3, 2	1, 1
看歌剧	−1, −1	2, 3

根据纳什均衡的定义，上述博弈中，（看足球, 看足球）和（看歌剧, 看歌剧）对于男生和女生而言分别是最优结果，因此，这两个单纯策略组合都是纳什均衡。

然而，在某些博弈中并不存在纳什均衡。以甲和乙两个人玩"石头、剪子、布"的游戏为例。如果不分胜负，则双方的利益结果分别记为0；如果分出胜负，则胜利一方的利益结果记为1，失败一方的利益结果记为－1。这个博弈可以更为清楚地表述在如下表格中：

甲 ＼ 乙	石头	剪子	布
石头	0，0	1，－1	－1，1
剪子	－1，1	0，0	1，－1
布	1，－1	－1，1	0，0

显然，在上述博弈中，根本不存在单纯策略下的纳什均衡。因此，在单纯策略的情况下，并非所有博弈都存在一个纳什均衡；然而，约翰·纳什证明，任意博弈都存在混合策略下的纳什均衡。

在混合策略的情况下，纳什均衡的定义如下：

如果混合策略组 $C \in (B_{ij})$ 满足下面的条件：任给 $i \in N$，任给 $D \in (B_i)$，都有 $E_i (C|D) \le E_i (C)$，其中 $C|D$ 表示用混合策略 D 替换混合策略组合 C 中的相应混合策略所得到的结果，则把 C 称为混合策略下纳什均衡。

纳什在博弈论研究中的最重要贡献就在于证明任何博弈都存在混合策略下的纳什均衡。这个证明依赖于布劳威尔固定点定理：如果 X 是 R_n 的凸紧子集，$F: X \to X$ 是连续函数，则存在 $x_0 \in X$，使得 $F(x_0) = x_0$[1]。对于前面的"石头、剪子、布"游戏，其纳什均衡是如下混合策略：

$$((1/3石头，1/3剪子，1/3布)，(1/3石头，1/3剪子，1/3布))$$

也就是说，甲和乙两个人在选择策略时，分别以1/3的概率选择石头、剪子或布。

博弈论的目的在于为囚徒困境这样的问题寻找解决方案，使得参加

[1] 对于整个证明过程有兴趣的读者，可以参看侯定丕:《博弈论导论》，合肥：中国科学技术大学出版社，2004年，63—71页。

博弈的各方都获得最优结果。自从20世纪50年代纳什均衡提出之后，博弈论的发展方兴未艾，涉及对静态博弈和动态博弈，完美信息博弈和不完美信息博弈，以及非合作博弈和合作博弈等等的研究。[2]

二、纽康姆悖论及其分析

由美国物理学家威廉·纽康姆（W. Newcomb）于1960年设计，哈佛大学哲学家罗伯特·诺齐克（R. Nozick）于1969年发表在《纽康姆问题和两个选择原则》一文中，后来又在《合理性的本质》（1993）一书中讨论过它。[3]

假设一个由外层空间来的超级生物欧米伽在地球着陆。她带着一个设备来研究人的大脑。她可以预言，每个人在二者择一时会选择哪一个，其预言准确率达90%以上。她用两个箱子检验了很多人。箱子A是透明的，里面总是装1000美元。箱子B不透明，它要么装100万美元，要么空着。欧米伽告诉每一个受试者：你有两种选择，一是你拿走两个箱子，可以获得其中的东西。但当我预计你这样做时，我会让箱子B空着，你只能得到1000美元。另一种选择是你只拿箱子B。当我预计你这样做时，我将把100万美元提前放进箱子，那么你会得到100万美元。当你做选择的时候，你必须遵守两条规则：（1）在实验结束时拿走尽可能多的钱；（2）不能借助于你的心理过程之外的其他手段，如抛掷硬币，来做出你的决定。

又假设：有一个男孩和一个女孩。男孩决定只拿箱子B，其理由是：我看见欧米伽尝试了几百次，每次她都预测正确。凡是拿两个箱子的人，只能得到一千美元。所以，我决定只拿箱子B，变成一位百万

[2] 对"囚徒困境"有兴趣的读者，可以参看张维迎：《博弈与社会》，北京：北京大学出版社，2013年，二章"纳什均衡与囚徒困境博弈"，32—59页；罗杰·麦凯恩：《博弈论：战略分析入门》，原毅军等译，北京：机械工业出版社，2006年；Parfit (D.), *Reason and Persons*, Oxford: Clarendon Press, 1984, Chapters 2-4; Kuhn S., "Prisoner's Dilemma," in Stanford Encyclopedia of Philosophy: http://plato.stanford.edu/entries/prisoners-dilemma/

[3] 罗伯特·诺齐克：《合理性的本质》，葛四友、陈昉译，上海：上海译文出版社，2012年，69—83页。

富翁也不错。女孩要拿两个箱子，其理由是：欧米伽已经做出预测，并且已经把钱放进箱子内。如果箱子是空的，它还是空的；如果里面有钱，它仍然有钱。这种状况再不会改变。我要拿两个箱子，以便得到里面所有的钱。

　　请读者们思考一下：你认为谁的决定是正确的？两种决定不可能都是正确的。那么，谁的决定是错误的？它为什么是错误的？[4]

男孩只拿B箱的决定似乎很有道理，但也有风险：由于欧米伽预测的正确率不是100%，仅为90%，故有这样的可能性：她预测错了，以为男孩会拿两个箱子，因而没有在B箱内放钱；由于该男孩没有拿A箱，他有可能什么也拿不到。这是一个小概率事件，但并非完全不可能。

该女孩的决定也有道理，因为欧米伽已经走了，她的预测和决定已经做出。如果箱子里有钱，它们仍然有钱；如果它们空着，它们还是空着。这是再也无法改变的事实。如果B箱中有钱，女孩只拿B箱，她得到100万美元。如果她拿两个箱子，就会得到100万加1000美元。如果B箱空着，她只拿B箱，她什么也得不到。但如果她拿两个箱子，她至少会得到1000美元。因此，在每一种情况下，女孩拿两个箱子都将多得1000美元。但该女孩面临的危险是：由于欧米伽预测的正确率达90%，她可能提前预测到女孩会这么做，故她会让B箱空着，女孩只能得到1000美元。假如她不是那么贪心的话，一开始就打定主意只拿B箱，她本来有90%的机会得到100万美元。

这个悖论涉及预测、自由意志、博弈论的最优选择原则等问题，是哲学家经常争论的预言悖论中最棘手的一个。据说，对它的反应公平地区分出：愿意拿两个箱子的人是自由意志论的信徒，愿意只拿箱子B的人是决定论（宿命论）的信徒。另一些人不同意这样的说法，争辩道：不管未来是完全被决定的或者不是完全被决定的，这个悖论所要求的条件都是自相矛盾的，无法同时满足。

[4]　参见《科学美国人》编辑部：《从惊讶到思考——数学悖论奇景》，29—32页。

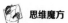

[5] 此小节写作时似乎参考或利用过一些资料，但本书写作历时数年，当时没有注明，现在无从查考。若相关人士发现问题，请与本书作者联系。

先逐一列出纽康姆悖论中的多个条件，以便分析它们之间的推理关系[5]：

（1）欧米伽预测的准确率是90%。

（2）你面前有两个箱子A与B。

（3）A箱内有1000美元。

（4）B箱内可能有100万美元，或者没有钱。

（5）你有两个选择。

（6）选择1：只拿B箱。

（7）选择2：拿A箱和B箱。

（8）只能通过你的自由意志做出你的选择。

（9）你的选择会提前被欧米伽预测到。

（10）欧米伽根据她的预测决定她是否在B箱内放进100万美元。

（11）如果她预测到你将选择只拿B箱，她将把100万美元放进B箱内。

（12）如果她预测到你将拿A和B，她只在A箱内放1000美元，而让B箱空着。

（13）在你做出选择之前，欧米伽已经根据她的预测，把相应数目的钱放进有关箱子内，这一点不会在你做出选择期间或做出选择之后改变。

（14）你的选择应该使你获得尽可能多的钱。

根据条件1，欧米伽预测错误的可能性是存在的，可按照概率论的期望原则计算你的平均收益：

选择1：B箱中有100万美元的概率是90%，按期望计算可得，平均获利为100万美元×90%＝90万美元。

选择2：A箱内有1000美元是确定的，而预测错的概率是10%，相当于你有10%的机会从B箱内得到100万美元。平均获利为1000美元＋100万美元×10%＝101000美元。

条件（2）、（3）、（4）、（5）、（13）是确定无疑的。于是，在条件（8）成立并利用期望计算的前提下，如果条件（6）成立，则由条件（1）、（9）、（10）、（11）、（12）可以推出：平均获利为90万美元；如果条件（7）成立，则由条件（1）、（9）、（10）、（11）、（12）可以推出：平均获利为101000美元。考虑条件（14），你应该选择只拿B箱。

但是，因为条件（13），如果只拿B箱，你就放弃了本来可以拿到的1000美元，与条件（14）矛盾。由条件（5）、（6）、（7）、（8）可知，你应该同时拿走A箱和B箱。

根据已有分析，拿A箱和B箱的平均获利为101000美元，仍与条件（14）冲突。于是，不能选择拿A箱和B箱，只能选择拿B箱。若选择拿B箱，则不能使自己的收益实现本来可能的最大化，与条件（14）相冲突……

所以，无论做出选择1或选择2，都与条件（14）相冲突。综合条件（5）和（8），得出悖论！

在进行上面的推理时，我们以条件（8）为前提，承认了人可以凭借自己的自由意志做出决策；由条件（1）和（9）可知，我们预设了人的自由意志可以提前被欧米伽预测到，且预测的准确率达90%；在利用条件（14）进行检验时，我们采用概率论计算期望收益的方法，将预测准确率等同于概率；在衡量采用哪一种选择时，我们利用了博弈论的占优原则：如果某一特定策略在任何情况下总优于另一策略，则前一策略将被优先选择。

于是，纽康姆悖论反映了基于自由意志的选择的可预测性、概率论的期望效益计算原则和博弈论的占优原则的冲突！

如果要避免悖论，我们要放弃上面14个条件中的哪一个或哪些条件呢？

最容易受到质疑的是欧米伽及其预测能力。这牵涉到能不能做预测，预测的可能性能够有多高，是否有自由意志，是否一切都被因果地决定等重大的哲学问题。

假设将条件（1）改为：欧米伽预测的准确率为50%。按照原先的推理，选择1的平均获利为50万美元；选择2平均获利501000美元。选择2完全符合条件（14），悖论消失。

因此，是否导致悖论的关键在于预测的准确率必须超过50%。如果超过，导致悖论；如果不超过，悖论消失。于是，问题的关键是预测及其准确率！

预测是指在某事件发生之前，或在该事件出现确定的结果之前，根据所掌握的相关信息，对该事件的发生、过程及其结果提前告知。对预测的要求是：预测的结果要尽可能与实际的情形相一致。若如此，是成功的预测；否则，是不成功的预测。影响预测准确性的因素：预测者所掌握的信息的多少及其全面程度，预测者所做出的主观推断的质量，以及实际发生的事件进程及其结果，等等。

于是，纽康姆悖论的关键在于：能否对基于自由意志的决策做出预测，其预测的准确率能够达到多高的程度？

这实际上牵涉到自由意志与决定论的关系问题：如果一切都是因果决定的，那么，是否还有自由意志，基于自由意志之上的自由决策，以及由这种自由导致的连带的道德责任？如果并非一切都是因果决定的，那么，预测的根据何在？我们根据什么做出预测？这是一个艰深的哲学问题。而哲学问题很难有唯一确定的答案，故纽康姆悖论也很难有唯一确定的解决方案。[6]

[6] 参看 M. Bar-Hillel and A. Margalit, "Newcomb's Paradox Revisited," *The British Journal for the Philosophy of Science*, Vol. 23, No. 4 Nov., 1972, pp. 295–304。

三、其他决策与合理行动悖论

决策悖论经常源自于相互冲突的价值评价。当考虑相互竞争的选择时，常常会有相互冲突的得与失。决策悖论常常与在这种情况下出现的得失冲突有关，以至从不同的观点来看不同的参与者会胜出，若从整合的或整体的观点来看，其前景则是非现实的。在这个情形下，那些相互冲突的评价中的一个必须服从于另一个，或者干脆为了另一个而被牺牲掉，或者两个同时被放弃。决策悖论由于与20世纪哲学的中心课题之一——合理性（rationality）有密切关联，因而在20世纪哲学中发挥着特别突出的作用。

投票悖论

投票悖论，亦称"选举悖论"、"孔多塞悖论"和"阿罗悖论"，最早由法国社会学家孔多塞（M. de Condorcet,1743—1794）提出，后来由美国斯坦福大学教授、1972年诺贝尔经济学奖得主阿罗（K. J. Arrow, 1921— ）在《社会选择与个人价值》（1951）一书中对该悖论做了进一步研究。该悖论表明：在有些情况下，少数服从多数原则会导致自相矛盾的结果。它有多种版本，下面是其中的一个版本。

张三、李四和王五三个人共同面对A、B、C三种选择方案。每个人对于这三种选择方案的偏好表示如下：

张三：A>B>C

李四：B>C>A

王五：C>A>B

现在，按照少数服从多数原则，张三、李四、王五这三个人对于A、B、C三个方案进行两两投票表决，看看能否排出一个集体偏好的顺序。首先，就A和B进行表决，张三和王五都认为A比B更好，只有李四一个人认为B比A更好，因此，按照多数原则，A比B更好。然后，就A与C进行表决，李四和王五都认为C比A更好，只有张三一个人认为A比C更好，因此，按照多数原则，C比A更好。假设偏好具有传递性，也就是说，任给X、Y和Z，如果X优于Y，并且Y优于Z，则X优于Z；换言之，如果X＞Y并且Y＞Z，则X＞Z。因此，根据前两次表决的结果，我们从"A比B更好"和"C比A更好"得到"C比B更好"，即C＞A＞B。但是，如果再就B与C进行表决，张三和李四都认为B比C更好，只有王五一个人认为C比B更好，因此，按照多数原则，B比C更好。综合三次投票结果，我们既得到B优于C又得到C优于B，或者既得到C优于A又得到B优于C，即C＞A＞B＞C。因此，出现了投票循环现象，我们没有得到一个稳定一致的结果。这就是法国社会学家孔多塞提出的悖论。

后来，经济学家阿罗进一步分析了孔多塞提出的悖论，在其基础上提出了著名的"阿罗不可能定理"。阿罗首先定义了集体理性的两个公理。第一条公理是关于偏好选项的完备性，也就是说，任给偏好选项X、Y，对X偏好大于对Y的偏好，或者对X的偏好等于对Y的偏好，或者对Y的偏好大于对X的偏好，即X＞Y或者X＝Y或者Y＞X。第二条公理是关于偏好选项的传递性，也就是说，任给偏好选项X、Y和Z，如果X＞Y并且Y＞Z，则X＞Z。这两条公理保证所有的偏好选项构成一个从优到劣的等级序列。在这两条公理的前提下，阿罗证明，如果有三种以上的偏好选项，每个参与投票的人都对这些偏好选项有一个从优到劣的偏好排序，那么，不存在一种满足条件（1）、（2）、（3）的制度设计，使得按照多数原则把每个投票人的个人偏好转换为所有投票人的集体偏好或社会偏好。这些条件分别是：

（1）一致性：如果所有参与投票人都认为X优于Y，那么在投票结果中，X也优于Y。

（2）非独裁性：不存在一个参与投票的人，使得投票结果总是等同于这个人的偏好排序。

（3）独立于无关选项：如果一些参与投票人改变了主意，但是在每个参与投票人的偏好排序中，X和Y的相对位置不变，那么，在投票结果中X和Y的相对位置也不变。

由此，阿罗认为，如果在一个相当广阔的范围内对任何个人偏好排序的集合都有定义，那么，把个人偏好加总为社会偏好的最理想方法要么是强加的，要么是独裁的。[7]

为了解决阿罗悖论，我们既可以修改阿罗提出的公理，又可以放宽阿罗提出的限制条件。然而，无论如何，这些公理或条件都具有直观的合理性，对它们的任何改动都需要更为深刻的辩护。

诺斯悖论

该悖论是由美国加州大学伯克利分校经济学教授道格拉斯·诺斯（D. North, 1920—　）提出的。诺斯是新制度经济学的创始人，他开创性地运用新古典经济学和经济计量学来研究经济史问题。由于建立了包括产权理论、国家理论和意识形态理论在内的"制度变迁理论"，他于1993年获得诺贝尔经济学奖。

> 诺斯的国家理论认为，国家提供的基本服务是界定形成产权结构的竞争与合作的基本制度。没有国家权力及其代理人的介入，财产权利就无法得到有效的界定、保护和实施，因此，国家权力就构成有效产权制度安排和经济发展的一个必要条件。但是，另一方面，国家权力介入产权制度安排又往往不是中性的，在竞争约束和交易费用约束的双重约束下，往往会导致低效的产权制度结构。国家的存在是经济增长的关键，同时又是人为经济衰退的根源。因为国家有双重目的：一是为统治者的租金最大化提供产权结构；二是在实现上述目的的前提下尽可能降低交易费用，按照社会的意愿建立和维护有效制度，以使社会产出最大，从而增加国家税收。但是，这两个目的并不完全一

[7]　参见肯尼斯·阿罗：《社会选择与个人价值》（第二版），丁建峰译，上海：上海人民出版社，2010；Clarke, M. *Paradoxes from A to Z*, Second edition, pp.236–37；张峰：《博弈逻辑》，北京：中国社会出版社，2007，111—113 页。

致，第二个目的包含一套能使社会产出最大化而完全有效率的产权，而第一个目的是企图确立一套基本规则以保证统治者自己收入的最大化。使统治者收入最大化的所有权结构与降低交易费用和促进经济增长的有效率制度之间，存在着持久的冲突。一方面，没有国家就没有产权；另一方面，国家权力介入产权安排和产权交易，又是对个人财产权利的限制和侵害，会造成所有权的残缺，导致无效的产权安排和经济的衰落。总之，没有国家办不成的事，有了国家又有很多麻烦。这就是著名的诺斯悖论。

诺斯悖论说明，由于垄断特权和阶级利益的限制，社会利益最大化与统治者利益最大化在很多时候的选择倾向是不一致的。诺斯悖论从理论层面上揭示出国家的存在所面临的二难困境。从现实角度考虑，我们可以通过以下措施充分发挥国家的积极作用，避免或限制其消极作用：（1）通过宪法和法律制约政府；（2）建设有利于经济增长的意识形态；（3）创新政府管理体制。[8]

[8] 参见廖运凤编著：《新制度经济学》，北京：知识产权出版社，2012年。

不可实现的智慧悖论

该悖论源自下面一段叙述：

安排者给你提供一个选择：在两张1美元和10美元的纸币之间，你可以选一张。并且他说："我先给你一些保证。你不必担心。如果你未能做出聪明的选择，我将补偿给你10美元。"你会选择哪一张纸币？

我们来看下面的思考（推理）：

如果我选1美元而不是10美元，很清楚，这样的选择是不明智的。于是，它将为我挣来额外的10美元，于是我将得到11美元，比开始选10美元还多1美元。

于是，选择1美元就是一个明智的步骤，做了一件聪明的事情。所以，如果要不明智地做事情的话，我应该选择10美元，加上补偿的10美元，我将得到20美元。

但是，步骤2意味着：选择10美元将是一个聪明的选择。于是，我就得不到额外的10美元。为了使我的收益最大化，我必须回到步骤1，选择1美元，最终得到11美元。

这种思考可以无限制地进行下去，没有终点。在这些情形下，似乎没有一件事情人们能够明智地去做。由于没有做任何事情，人们也就放弃了确实可以得到10美元的好处。于是，该安排者也就没有提供一个好的前景。

我们来看一看该悖论是如何产生的？

（1）通过规定一个问题情景，有两种选择：以不明智的方式做事，或者以明智的方式做事，前者将给一个人带来比后者所带来的更大的好处。

（2）使一个人的所得最大化，这是在做一件明智的事情。

（3）在所提到的情景中，有可能做一件明智的事情。

这个三元组搁在一起将是前后矛盾的。因为（1）担保：不明智的行为，将带来更大的报偿；而（2）表明：带来最大的报偿的行为是明智的；而（3）表明，在所规定的情景中，有可能实施一件不明智的"明智行为"，而这是一个矛盾。

如何破解这一悖论呢？这里，（1）相当于该问题情景的定义性条件；（2）像一条经济合理性的基本原则一样，是公理性的。（3）或许是最有争议性的。于是，我们得到这样的优先次序：（1）＞（2）＞（3）。（3）必须被放弃。我们必须承认：在所规定的问题情景中，没有一件"明智的事情"可做，无论发生什么事情，该安排者将赢得这局游戏。[9]

[9] 参见 Clarke, M. *Paradoxes from A to Z*, Second edition, pp.5-8; Rescher, N. *Paradoxes, Their Roots, Range, and Resolution*, pp.258-60.

不过，你作为被动参与者，所能做的最好的事情就是：选择10美元纸币，然后离开。看下表：

我选择	若明智的选择是1美元，我得到	若明智的选择是10美元，我得到	若根本没有明智的选择，我将得到
1美元	1美元	11美元	1美元
10美元	20美元	10美元	10美元

阿莱司悖论

此悖论产生于下面这些考虑：

（1）理性的人会按照预期值计算来做出他们的选择。

（2）考虑在两个候选方案之间做选择的情形。如果你选1号方案，你将得到100万美元再减去某个数目的美元。如果你选2号方案，我们将抛掷硬币来决定你的输赢，你有50%的机会得到200万美元，或者什么也得不到。

（3）根据（1），理性的人面对此情此景，应该选2号方案，因为它有最大的预期值。也就是说，理性的人应该把宝押在抛掷硬币上。

（4）但是，在现实生活中，大多数人会选择1号方案，满足于得到近1百万美元。我们必须假定，这些人在这样做时是理性的。

（5）于是，与（3）相反，理性的人看来应该选择那个具有确实性的方案，尽管它的预期值不是最大。

此类悖论由法国经济学家毛里斯·阿莱司（M. Allais, 1911—2010）所研究，故叫做"阿莱司悖论"。它们揭示了关于理性决策的标准理论的内在紧张，对把预期值计算用作合理性原则的做法表示怀疑，并且强烈地暗示：在大多数情形下，最好是接受确实性偏好胜过预期值计算。
不过，采取这一思路就意味着：我们必须抛弃下面的观念：在概率选择
的场合，预期值足以成为理性上不会错的指导原则。[10]

[10] 参见 Rescher, N. *Paradoxes, Their Roots, Range, and Resolution*, p.267.

圣彼德堡悖论

设想玩一个游戏：抛掷一枚均匀的硬币直至其正面朝上。如果在第
n次抛掷时首次出现正面朝上，游戏参与者将获得2^{n-1}美元的回报。问题
是：一个理性的参与者愿意为这个游戏付出多大的成本？

所预期的效用将是下面这个积的无穷和：

$$P（在第n次首先出现正面朝上）\times 2^{n-1}$$

既然所讨论的概率是$(1/2)^n$，这个积就是1/2，所求的和就是1/2
+1/2+1/2+1/2+1/2+……，它将是无限的，比任何有穷量都大。相
对于无穷大的回报来说，任何有穷量的付出都是值得的。但这个结果却
是反直观的，很少有人愿意为这个赌局付出100美元；并且它还要求一
个银行有无穷的耐心和无穷多的资源。

法国数学家达朗贝尔（J. L. R. D'Alembert，1717—1783）把这个谜
命名为"圣彼得堡悖论"，因为第一篇讨论这个悖论的论文发表在位于
圣彼得堡的俄国沙皇科学院院刊上，其作者是瑞士数学家丹尼尔·伯努
利（D. Bernoulli，1700—1782）。

在圣彼得堡悖论中，有下面一些因素：

（1）圣彼得堡悖论描述了一个实际可行的游戏，它定义了一个真
实的选择。

（2）这个游戏的预期效用值是一个有意义的、得到很好定义的

量，尽管它是一个无穷量。

（3）考虑到无穷大的预期回报，一个理性的人应该不计成本地去玩这个游戏。

（4）根据一般原则，任何明智的人都不会玩这个游戏，即使其回报真的是无穷大。

从直觉上看，（4）似乎是无可回避的事实，（1）是该问题情景的定义性条件。于是，为了保持与直觉的一致，我们有以下两种选择：选择1，放弃（2），即不承认无穷的回报是一个有意义的量；选择2，放弃（3），即不承认预期值计算为理性决策提供了适当的指导。决策论学者倾向于第一个选择，而普通人偏向于第二个选择。[11]

[11] 参见 Clarke, M. *Paradoxes from A to Z*, Second edition, pp.196-99; Rescher, N. *Paradoxes, Their Roots, Range, and Resolution*, pp.268-69.

两个信封悖论

让你在两个信封A和B之间做出选择。你被告知，其中一个信封内的钱是另一个信封内的两倍。你选择了信封A。接着，竞赛组织者问你是否要换另一个信封。你换不换？为什么？

有论证支持你换信封。假设你朝信封A内瞥了一眼，发现装有10美元。于是，你推知信封B内或者装有5美元，或者装有20美元，于是你换信封B的预期值是 $\frac{1}{2} \times 5 + \frac{1}{2} \times 20 = 12.5$ 美元。于是，换信封可以预期多获利2.5美元。你当然应该换信封B。

也有论证反对你换信封。信封A内的钱是信封B内钱的两倍的可能性，等于信封B内的钱是信封A内的钱的两倍的可能性。所以，在这个意义上，信封A和B是等值的。并且，假设另一个参赛者选择了信封B，适用于选A者应该换信封的论证，也同样适用于选B者，于是这两个人应该对换信封；并且在对换之后，基于同样的考虑，还应该继续对换信封，这样的过程无法终止。

如果竞赛组织者所提供的金钱数目不确定，或者数目确定但你不知道，两个信封的悖论就类似于圣彼得堡悖论了。[12]

[12] 参见 Clarke, M. *Paradoxes from A to Z*, Second edition, pp.227-30.

心理博士悖论

心理博士是在1940年代以来流行的一部连环画中的人物。在所谓的"心理博士悖论"中，包含两个不一样却同样合理的解决方法，这两个方法都能够使期望值最大化。

设想你有一位古怪的朋友叫做心理博士，他是一位聪明、严肃、可靠并且富有智慧和自信的生物化学家。他喜欢装成一名有洞察力的灵媒，并且确实拥有很好的预测命中率。现在你们刚吃完苹果，他开始发表一通即将让你倍感震惊的消息：

我有一件有趣的事情要告诉你。现在你必须慎重考虑服下这粒药丸。如你所知（因为这是最近我们一起弄清楚的），它包含具有致命毒性的物质X，但是X对毒药Z有万无一失的解毒效果，同时还会产生轻微的副作用。根据我对你是否会服下这粒药丸的预测，你刚刚吃完的那个苹果或者被我下了Z毒或者没有下Z毒。当然，我这样一个老好人只会在预测到你确实将服下这粒药丸时才会给苹果下毒。不要担心，我是一个非常优秀的预言家。

说完这些话，这位古怪的朋友就急匆匆地离开并消失不见了，你再也无法奢求从他嘴里得到真相。现在你除了相信他别无他法，你甚至怀疑他是否特意编造了这一整套胡言乱语来迫使你服下这粒药丸。然后，你开始做一些决策论的快速计算。首先你列出一个包含所有可能性的表格：

你	心理博士 预测正确	对你的预测	你体内包含	结果
服下	预测正确	服下	Z, X	存活
服下	预测不正确	不服	X	死亡
不服	预测正确	不服	两者皆无	存活
不服	预测不正确	服下	Z	死亡

接下来该怎么做？

第一种分析：

令p = 他对你的行动预测准确的概率。下面是一个存活期望EV（expectation-of-life）的计算：

$$EV（服下）= p((+1)^-) + (1-p)(-1)$$
$$EV（不服）= p(+1) + (1-p)(-1)$$

其中上标"−"表示"稍小于"，以示解毒带来的微小副作用。因此，不管p值如何我们都有EV（不服）< EV（服下）。也就是说，无论心理博士的预测准确度如何，根据决策论分析中期望值的对比，你似乎都不应该服下这粒药丸。

第二种分析：

令p = 他给苹果下毒的概率。类似的，我们有：

$$EV（服下）= p((+1)^-) + (1-p)(-1) = (2p)^- - 1$$
$$EV（不服）= p(-1) + (1-p)(+1) = -2p + 1$$

接下来我们可以计算EV（服下）>EV（不服）当且仅当：

$$(2p)^- - 1 > -2p + 1$$

$$(4p)^- > 2$$

$$p > (1/2)^+$$

现在，根据已给信息，我们可以附加地假设：你强烈地怀疑，心理博士实际上想要通过这个奇怪的尝试来诱使你服下那粒药丸，这个行为是他假装可以预见的，而你会这么做当且仅当他给苹果下毒。因此p略大于1/2的条件能被满足，根据以上的决策论分析，你最好服下这粒药丸。

综上所述，我们在这里遇到的确信谜题由以下命题造成：

（1）理性而明智的做法是在一个决策论分析的指导下行事。

（2）第一种分析的论证是一个能使人信服的决策论分析。

（3）第二种分析的论证是一个能使人信服的决策论分析。

（4）题中两个理性地令人信服的分析导致了不一致的解决方法。

（5）但理性是一致的：理性解决方法不会导致相矛盾的结果。

我们先来分析这5个命题的优先程度。（5）是一个理性基本原则：没有明智的供替代的选择。（4）是一个事实描述。（1）是一个合理却或多或少值得存疑的假设。由此我们得到一个优先权排序：（5）>（4）>（1）> {（2），（3）}。因此（2）或（3）必须被舍弃，即两种分析必须要有一个被抛弃。哪种分析是对的？这是一个很难并且现实中也不可能回答的问题。从所有已知的迹象来看，这两种分析都是同样强有力的。此时我们遇到了与纽康姆悖论中同样的问题：在各种各样的决策背景中，仅仅由于所讨论的概率不能被良定义地量化，期望值分析的标准机制就可能使我们陷入险境。[13]

[13] 参见: "Doctor Psycho," From Wikipedia, the free encyclopedia, http://en.wikipedia.org/wiki/Doctor_Psycho; Michael Clark and Nicholas Shackel, "The Dr. Psycho Paradox and Newcomb's Problem," *Erkenntnis*, vol.64 2006, no.1, pp.85–100; Rescher, N. *Paradoxes, Their Roots, Range, and Resolution*, pp.269–72.

类似的选择与决策悖论（如石头、剪子、布游戏以及井字游戏）都是在一个决策问题下有两种看起来有同等价值却不相容的解决方式。在实际中面临该类问题时，我们可以依照自己的偏好随意选择其中之一，然而理论上理性的决定却只能等待新的有力证据出现时才能做出。

心理博士悖论揭示出这样一个问题：有时理性的分析会损害对一个明智的解决方法的选择。由于没有证据证明一种解决方法优于另一种，所以我们唯一能够诉诸的只有无理性的随机选择。这也为一个臭名昭著的悖论——布里丹的驴子悖论——指明了方向。

连锁店悖论

假设有一个大型连锁店，在20个市镇分别开设20家分店，经营百货用品。在每一个市镇上，都有一个小型百货店作为潜在的竞争者与这个大型连锁店在当地开设的分店进行竞争。另外，假设除了这20个潜在的竞争者外，没有任何其他竞争者与这个大型连锁店进行竞争。把这20个作为潜在竞争者的小型百货店命名为（1），（2），（3），…，（20）。

现在，这20个潜在的竞争者既没有足够的资本，也不能从当地银行借贷足够的资本，但是随着时间的推移，它们都一个接一个地逐渐积累起足够的资本。也就是说，首先是（1）积累起足够的资本，其次是（2）积累起足够的资本，再次是（3）积累起足够的资本，如此类推。一旦某个潜在竞争者积累起足够资本，它就面临两种策略选择：在当地市镇中建立除大型连锁店分店之外的第二家商店，或者以其他方式使用这些资本。如果它选择后者，那么它不再是大型连锁店的潜在竞争者。另一方面，大型连锁店也可以采取两种策略来应对潜在竞争者：合作或者攻击。如果某个潜在竞争者选择建立分店，并且大型连锁店与之进行合作，那么，两者的利益结果分别是50；如果某个潜在竞争者选择建立分店，而大型连锁店以价格战的方式对其进行攻击，那么，大型连锁店

的利益结果为0，潜在竞争者的利益结果为 − 10；如果潜在竞争者选择
其他投资方式，那么，无论大型连锁店是否攻击这个潜在竞争者，大型
连锁店的利益结果都为300，潜在竞争者的利益结果都为0。这个博弈可
以更为清晰地表述在如下表格中：

大型连锁店 ＼ 潜在竞争者	建立商店	其他投资
合作	50, 50	300, 0
攻击	0, − 10	300, 0

　　从短期来看，根据我们前面关于博弈论中纳什均衡的说明，大型连
锁店选择合作是最优策略。原因在于，如果潜在竞争者建立商店，那
么，大型连锁店选择合作的利益结果（50）大于它选择攻击的利益结果
（0）；如果潜在竞争者选择其他投资，那么，大型连锁店选择合作的
利益结果（300）与选择攻击的利益结果（300）相同。因此，在两种情
况下，大型连锁店选择合作的利益结果都大于或等于选择攻击的利益
结果。但是，从长期来看，大型连锁店可能会选择攻击，以便阻止其
他潜在竞争者建立商店。如果20个竞争者都选择其他投资，那么，大型
连锁店将获得20 × 300 = 6000的利益结果；如果20个竞争者都选择建立
分店，并且大型连锁店都选择合作，那么，大型连锁店将获得20×50=
1000的利益结果。因此，6000的利益结果远大于1000的利益结果。所
以，大型连锁店有必要通过攻击的方式，威吓潜在竞争者，使它们选择
其他投资方式。

　　连锁店悖论揭示出，短期利益与长期利益的不一致之处。[14]

阿比林悖论

　　美国华盛顿大学的管理学教授哈维（J. B. Harvey）在1974年所发表

[14] 参见张维迎：《博弈与社会》，第七章"不完全信息与声誉"，156—79页；张峰：《博弈逻辑》，101—105页。

[15] Harvey J. B., "The Abilene Paradox: the Management of Agreement," *Organizational Dynamics* 3 1974, pp. 63–80.

的一篇论文中提出该悖论[15]，其名称出自文中提到的一桩轶事：

> 一家人到了德克萨斯州的科尔曼，这是一个炎热的午后，他们正在兴高采烈地玩多米诺骨牌。这时，岳父建议全家到阿比林（Abilene）去吃饭（要往北行驶53英里）。妻子觉得这个主意不错。但丈夫对此有所保留，毕竟这段路程又远天气又热。但他又怕扫了大家的兴，于是说："我也觉得不错，就希望你妈也想去。"接着，岳母说："我当然想去了，有好一阵子没去那里。"果不其然，这段路程又长天气又热，还尘土飞扬。到了饭馆才知道，店里的饭菜像行程一样糟糕。4个小时后，他们回到家，已经筋疲力尽。其中，岳母说了句客套话："一次不错的旅行，不是吗？"事实上，岳母更愿意呆在家里，只不过是看到其他人的热情才跟着一块去的。丈夫说："其实我是不想去的，只是怕扫了你们的兴而已。"妻子说："我也是为了让你们开心；否则，除非是疯掉了，我是不会在这大热天出去的。"最后，岳父声明，他提这个建议也是怕大家闷得慌。这时，众人才意识到，他们一起做出的决定直接导致了一次大家都不想要的旅行，对此每个人都颇为困惑。本来可以舒舒服服得度过一个下午，当时大家为什么就不肯说出心里话呢？

[16] 参见："Abilene paradox," From Wikipedia, the free encyclopedia, http://en.wikipedia.org/wiki/Abilene_Paradox

这一现象体现的正是一种集体审议形式。依据社会心理学理论中的社会性一致与社会性影响等观点，这一现象很容易得到解释。该理论认为，人们普遍地都不希望自己的行为与群体的倾向有冲突。在心理学中还可以观测到类似的现象，人们的言语与行为背后一般都会有间接的暗示和隐藏的动机，因为一般来说，较为直接地表达意愿与欲望，这在社会中是不受鼓励的。[16]

阿比林悖论涉及到集体审议这一概念。它解释了处在社会环境中的集体一致行为会出现问题的原因。该悖论的关键就在于，它表明集体在处理一致与不一致的现象时存在许多问题。

审判权悖论

丹尼斯在2001年2月于德克萨斯州射伤了保尔。受伤的保尔回到新罕布尔市州的家。六个月后，保尔在2001年8月于新罕布什尔州因伤而死。保尔并不是在2月于德克萨斯州被杀死的，因为那时他还没有死亡。保尔也不是在8月于新罕布什尔州被杀死的。然而，似乎也没有确定保尔被杀死的其他时间和地点。但是，又必须确定保尔在某个时间和地点被杀死。这就是悖论。[17]

[17] 参见 Weintraub R., "The Time of a Killing," *Analysis*, vol. 63 2003, pp.178–82.

保尔不是在2月于德克萨斯州被杀死的；否则，他会在他死亡前6个月被杀死。射伤这一行为造成保尔在6个月后的死亡。但是，射伤这一行为并没有直接杀死保尔。保尔在2月受了致命伤，但他并没有死。6个月后，射伤这一行为成为保尔的死亡原因。因为保尔并没有在2月死于德克萨斯州，所以他并不是在那里被杀死的。如果一个人没有死，即使他受了致命伤，我们也不能说他是被杀死的。

虽然在8月，射伤成为一种杀人行为，但是保尔也不是在那时被杀死的，因为丹尼斯在2月以后并没有对保尔做出进一步伤害。如果保尔不是在8月被杀死的，那么，他也并非死于新罕布什尔州。

但是，保尔必定是在某个地方和某个时间被杀死的。如果既不是在2月也不是在8月，那么，保尔似乎也不是在其他时间被杀死的。既不是在德克萨斯州也不是在新罕布什尔，那么，保尔似乎也不是在其他地方被杀死的。

然而，我们可以确定地说，保尔在2001年死于美国。如果我们继续询问：保尔究竟死在2001年的哪个月？究竟死于美国的哪个州？事实仅仅是：丹尼斯在2月于德克萨斯州杀伤了保尔，并且受伤的保尔在6个月后于新罕布什尔州死亡。不存在任何其他事实来确定保尔究竟是在哪个确切的时间和确切的地点被杀死的。

这个案例对于法学研究具有重要意义。如果丹尼斯谋杀了保尔，那么，应该在哪个地方追究丹尼斯的刑事责任呢？不同的地方实行不同的法律条款。例如，死刑适用于德克萨斯州，但是不适用于新罕布什尔州。所以，法官必须确定刑事责任到底是在哪里产生的，以及随之而来的该案件的司法审判权归属。

正义感是与对人类的爱相连续的。

每个人都有平等的权利去追求最广泛的基本自由，只要它与
其他人的类似自由不冲突。

——约翰·罗尔斯

约翰·罗尔斯（J. Rawls，1921—2002），美国政治哲学家、伦理学家。长期在美国哈佛大学任教，著
有《正义论》(1971)、《政治自由主义》(1993)、《万民法》(1999)、《作为公平的正义：正义新论》
(2001)等著作。他的正义学说以洛克、卢梭和康德的社会契约论为基础，论证西方民主社会的道德
价值，反对传统的功利主义，他认为正义是社会制度的主要美德，就像真理对于思想体系一样；非正
义的法律和制度，不论如何有效，也应该被加以改造和清除。

　　据说，罗尔斯性格害羞，且有些口吃。在退休前最后一次讲课结束后，几百名学生全体起立，长
时间雷鸣般鼓掌，一直到他离开讲堂听不见掌声为止。这是一名真正的大师所能享受到的最高程度的
尊敬。

飞鸟与游鱼之间看起来有着两个世界般遥远的距离，一个在天上翱翔，另一个
则在水底游弋。但是埃舍尔巧妙地把它们融合在一起：画中从上到下飞鸟慢慢地过
渡为游鱼；只是鸟之间的空隙从上到下逐渐鲜明，显现出鱼的轮廓，而相应地，鱼
之间的空隙从下到上逐渐地显现为鸟。鸟与鱼之间没有明确的界限，天与水借助于
鸟和鱼融合在一起。这种融合恰似蒯因对分析真理和综合真理之间的界限的抹去。
分析真理与综合真理，乍看起来也是截然不同的东西，前者凭语词的意义为真，后
者则是凭经验活动为真；但是蒯因却论证道它们之间并没有明确的界限。

第十三章
一些道德悖论

一、关于道德原理的思考

在叙述和讨论具体的道德悖论之前，我们先讨论有关道德原理和社会正义的四个哲学问题：一是决定论和自由意志的关系，这个问题实际上攸关人的道德责任是否可能以及如何可能。二是休谟提出的问题：从"是"能否推出"应该"？若能推出，如何推出？这个问题涉及到道德判断的来源和合理性根据。三是关于康德原则即"应该"蕴涵"能够"的讨论，此原则规定了"义务"的范围：凡是应该做的都是能够做的；反过来，凡是不能做的就是不该做的。四是罗尔斯的议题：原初状态、无知之幕与正义原则，这实际上涉及正义原则是如何产生的，也涉及如何确保正义原则之为"正义"的程序和方法。

决定论和自由意志

先从因果关系说起。一个现象引起、产生另一个现象，前者是后者的原因，后者则是前者的结果。因果联系有这样一些特点：（1）普遍性：原因和结果如影随形，恒常相伴，没有无因之果，也没有无果之因；并且，相同的原因永远产生相同的结果。（2）共存性：原因和结果在时空上相互邻近，总是共同变化的。原因的变化将引起结果的相应变化，结果的改变总是由原因的改变所引起。（3）先后性：尽管先后关系不等于因果关系，但一般而言，原因总是在先，结果总是在后。（4）复杂性：因果联系是多种多样的，有必要条件意义下的原因，也有充分条件意义下的原因；有"一因一果"，也有"多因一果"；在"多因一果"中，有主要原因，也有次要原因，还有近因和远因的分别，等等。

（5）必然性：任何充分的原因都必然导致相应结果的发生。

决定论基于普遍因果律，可以说是因果律的强化版本：对于世界的任何事件，都有先已存在的充分的原因，导致该事件必然发生。正是在这一意义上，我们可以说，该原因"决定"了该事件，该事件"被"该原因所"决定"。凭借这种原因，我们可以充分地解释或理解该事件，不需要再引入其他外在的、非自然的因素。这种观念是自然教导我们的基本常识，也是自然科学不断取得成功的关键所在。特别是牛顿力学为决定论提供了强有力的支持。

一般认为，从决定论出发可以得到如下三个推论：

（1）世界上的一切未来事件至少在原则是可预测的。根据决定论，世界上的一切事物都处于普遍的因果联系之中，形成了复杂的因果链条或因果网络。对于每一个先前现象或事件，假如我们再往前追溯，都有导致它必然发生的先已存在的充分的原因；对于每一个后续现象或事件，假如我们往后瞭望，也有导致它将会必然发生的先已存在的充分的原因。倘若我们能够知道所有先已存在的条件和所有的自然律，我们就能够对一切未来事件做出准确的预测。这就是拉普拉斯（P. S. Laplace，1749—1827）如下豪言的由来：如果我知道宇宙中每一个微粒的运动和状态，我就能预测宇宙在未来任何一个时刻的状态！

（2）人没有自由意志。根据决定论，每个事件都有先已存在的充分的原因，即是说，它被其先在的原因所决定。人的每一次选择或行动都是一个事件，所以，也被其先在的原因所决定。当人在做一件被预先决定的事情时，他是不自由的；所以，人在选择或行动时是不自由的，尽管看起来情况与此相反。这里的"自由"或"不自由"，主要不是指涉一个人做某件具体事情的时空条件和实际能力，而是指涉他是否希望、欲求、打算去做他想做的事情，即他做出选择和付诸行动的意愿和能力，简称"自由意志"。

基于此，像物理事件一样，我们也可以对人的选择及其后果做出准确的预测：

> 恰当地讲，那种被称为哲学必然性的学说就是：只要知道一个人心灵中的各种动机，同时知道他的性情和意向，那么他的行为模式就可以被正确地推断出来；如果我们能够彻底地了解一个人，知道作用于他的种种诱因，那么我们就能像预测任何物理事件那样准确地预言他的行为。[1]

[1] Mill J. S., *A System of Logic, Ratiocinative and Inductive*, Eighth Edition, New York: Harper & Brothers, Publishers, 1882, p.582.

（3）人对其选择和行动不负道德责任。一个人只能对他有意为之且受他本人控制的行动负责。例如，在某个特定的情景下，某个人可以选择不杀人，也可以选择杀人。如果他最后选择杀人，并具体实施了，达到了其目的，那么，他应该承担他的选择的法律的和道德的后果。反之，如果他的任何选择和行动都是被先前的原因预先决定的，他几乎就是一个受控的机器人，只是不由自主地在执行指令、完成任务，那么，我们就不能要求他承担其行为的法律和道德责任，就像不能要求一个人对某次强烈地震所造成的巨大损失承担责任一样。假如决定论是正确的，人没有自由意志，他就不必为自己的行为承担道德责任，我们也不能因其善举而奖励他，不能因其恶行而惩罚他。

这三个推论特别是后两个是高度反常识和反直观的。似乎很明显的，人有自由意志，在很多情形下可以做出自由选择：在一条岔路口，我们可以选择向左走，也可以选择向右走；我们可以选择抽烟，也可以选择不抽烟；即使先前习惯性抽烟，我们还可以选择戒烟；如此等等。因此，我们应该对我们的选择和行为的后果负责任。有人由此推论，这就足以说明，决定论是不正确的，至少用决定论来解释人的行为是不正确的。但问题是：既然人是自然界长期进化的产物，也是自然的物体，不用因果关系和决定论模式去解释人的行为，那用什么方式去解释它们呢？对决定论的这一挑战过于肤浅，但还有来自量子力学和现代物理学的更为严重的挑战，这就是著名的"海森堡测不准定理"：或者我们可以知道一个粒子的位置，但不能确定它的运动；或者我们可以知道一个粒子的运动，但不能确定它的位置。因此，我们不能预测一个粒子的未来状况。不过，即使测不准定理是正确的，它也只是在微观粒子领域内挑战了决定论，但在宏观物体的领域，对决定论的地位仍然没有丝毫撼动。无证据表明，量子理论和现代物理学驳倒了牛顿力学，因而也无证据表明，它们驳倒了基于牛顿力学的决定论。

如何消解或调和决定论与自由意志之间的冲突？可以列出三种选择[2]：

（1）接受决定论，排斥自由意志，认为后者只是一种假相和幻觉。

这是一种强决定论立场。它解释说，我们只是觉得自己在自由地选择和行动，但这只是一种假相，就像我们感知到棍子在水中是弯的一样。如果我们把眼光放远，仔细考察一个人的全部历史，他的选择和行动都是有迹可循的，都可以找到先前的解释性原因。并且，它还解释说，奖励促进善举，惩罚压制恶行，这也可以用决定论模式加以解释。不过，强决定论所遭遇的最强挑战是：支持它的理由有哪些？它如何论证自己的合理性？其内部是否融贯一致？

（2）调和决定论与自由意志，认为两者不相互排斥，而是彼此相容的。

这是一种弱决定论立场。根据这种观点，只要一个人不是被迫去做一件事或被阻止去做一件事，他实施该行动就是自由的。反之，如果一个人的行动是受限制或受胁迫的，他就是不自由的。解释一个人的行动应用因果模式，并不意味着他不自由。这种立场受到"不彻底"与"和稀泥"的批评。

[2] 参见克里斯·霍奈尔等：《哲学是什么》，9—18页。

（3）抛弃决定论，承认自由意志，认为前者是虚假的，后者才是真实的。

这是一种非决定论立场。它所面临的最大挑战是：如何解释因果模式和决定论模式在自然科学中所获得的巨大成功，以及它们在我们的日常理解和解释活动中的无处不在？几乎所有关于自然事件的解释都是因果解释，都有决定论的味道。既然人也是自然界长期进化的产物，人的身体包括大脑也是自然物体，为什么因果模式和决定论模式对解释其他自然现象都适用，却在解释人的行为时不适用？

自由意志如何可能？这是一个重要的哲学问题，更是一个至关重要的伦理学问题！

休谟问题：能否从"是"推出"应该"？

在《人性论》第三卷第一章第一节末尾，休谟谈到，

在我所遇到的每一个道德学体系中，我一向注意到，作者在一个时期中是照平常的推理方式进行的，确定了上帝的存在，或是对人事作了一番议论；可是突然之间，我却大吃一惊地发现，我所遇到的不再是命题中通常的"是"与"不是"等连系词，而是没有一个命题不是由一个"应该"或一个"不应该"联系起来的。这个变化虽是不知不觉的，却是有极其重大的关系的。因为这个应该或不应该既然表示一种新的关系或肯定，所以就必须加以论述和说明；同时对于这种似乎完全不可思议的事情，即这个新关系如何能由完全不同的另外一些关系推出来的，也应当举出理由加以说明。不过作者们通常既然不是这样谨慎从事，所以我倒想向读者们建议要留神提防；而且我相信，这样一点点的注意就会推翻一切通俗的道德学体系，并使我们看到，恶和德的区别不是单单建立在对象的关系

[3] 休谟：《人性论》，509—510 页。

上，也不是被理性所察知的。[3]

休谟在这里提出了一个重要问题，即"是"与"应该"的关系，主要涉及伦理学或道德科学，也被称作"休谟问题"，但与另一个更为著名的"休谟问题"（因果问题和归纳问题）不同，后者重点关注因果性的根据和归纳推理的有效性，主要涉及认识论或知识论。对于"是—应该"问题，有三种强度不同的解读：

（1）它主要在质疑能否以及如何从"是"推出"应该"，若能推出，其理由和根据是什么？休谟似乎得出了否定性结论："应该"表达了一种不同于"是"的新关系；从"是"到"应该"是一种极其重要的转变，对这一转变必须给予理性的说明；但这一转变似乎并未得到也不可能得到理性的说明。休谟的否定性结论被有的学者叫做"休谟法则"，即从"是"不能推出"应该"。

（2）由于"是"主要用于描述事实的命题，而"应该"主要用于表达规定或规范的命题，故"是"与"应该"的关系就是"事实"与"规定"和"规范"的关系。由于"规定"或"规范"都牵涉到"价值评价"，也可以把它们简称为"价值"（如善恶好坏美丑）。于是，可以把"是"与"应该"的关系进一步抽象为"事实"与"价值"的关系，更精确地说，是"事实命题"和"价值命题"的关系。事实命题与外部对象有关，且有确定的真值：真或假。而价值命题所刻画的对象是什么？它们有确定的真值吗？价值命题与事实命题之间、价值命题相互之间是否有像"蕴涵"或"推导"这样的逻辑关系？若有或没有，其根据或理由是什么？

（3）更进一步地说，"是—应该"问题所质疑的是价值命题的来源和基础。很明显，我们拥有为真的自然科学命题，具有自然科学知识；我们是否也同样拥有为真的价值命题，或具有伦理学知识？由于价值命题是价值科学（如伦理学或道德科学）的核心构成部分，于是，"是—

应该"问题就是在质疑价值科学的合理性或有效性。仿效康德的问题"先验综合判断如何可能",我们也可以说,休谟是在质疑或追问"价值科学如何可能"。[4]

　　应该说,这三种解读是依次递进的:第一种解读最合乎休谟的本意,后两种是对休谟原意的引申或发挥,但我认为仍在"合理引申"的范围内,因为《人性论》的目的之一就是要把关于人的科学建立在牢固的基础之上,特别是建立在经验和观察的基础上。所以,休谟所关注的是关于人的科学的来源和基础问题,也可以说是其合理性或有效性问题。

　　对于"是—应该"问题,在知识论范围内有各种不同的回答。自然主义以密尔为代表,认为伦理知识是经验的,相应地把自然科学作为伦理知识的范型。按照这种观点,伦理概念关涉自然现象。理性主义以康德和直觉主义者为代表,认为伦理知识是先验的,相应地把纯数学作为伦理知识的范型。根据这种观点,伦理概念关涉合乎道德性(morality),后者被理解为某种完全不同于自然现象但又可以应用于自然现象的东西,其内容和结构不依赖于感觉输入而能够被理性所把握。与这两种观点相反,非认知主义否认伦理学是真正的知识分支,或者仅把伦理学看作在一种特别限定的意义上的知识分支。在这两种情形下,它都不承认伦理学可以把科学或数学作为其范型。按照最极端的认知主义的观点,没有真正的伦理概念:像"正确"、"错误"、"好"、"恶"这样的词语没有认知意义,相反只是用来释放情感和情绪,表达决定和承诺,或者影响态度和倾向。按照不那么极端的认知主义,刚才提到的那些词语虽具有某种认知意义,但与释放情感、表达决定或影响态度相比,对这种意义的传达绝对居于次要地位。非认知主义主要兴起于20世纪的分析哲学运动中,其代表人物是斯蒂文森(C. L. Stevenson)和黑尔(R. M. Hare)。

　　不过,与休谟相反,有些哲学家如麦金泰尔(A. C. MacIntyre)和

[4] 参见孙伟平:《事实与价值》,北京:中国社会科学出版社,2000年,2—6 页。

约翰·塞尔认为，可以凭借某些方式从"是"推出"应该"。我本人属于这一阵营。我认为，"应该"是相对于人的需要和实践目的而言的。人在一定的情景中有其特定的需要，相对于这种需要，人会产生特定的行动目标；相对于这种目标，客观情景有适合与否的分别。所有这些几乎都可以客观地确定，都属于"是"的范畴，至少含有"是"的成份。从实践的目标和对客观情景的判断出发，就会产生出当下"应该做什么"、"不应该做什么"，甚至"禁止做什么"的判断。所以，价值判断也有客观的起源和依据；在某种意义上，"应该"起源于"是"，依赖于"是"；从"是"至少可以概然地推出"应该"。

康德原则："应当"推出"能够"

先列出三个公式：

$$T_1 \quad \Box p \rightarrow Op$$
$$T_2 \quad \neg \Diamond p \rightarrow Fp$$
$$T_3 \quad Op \rightarrow \Diamond p$$

其中，T_1说："必然p"蕴涵"应该p"；T_2说："不可能p"蕴涵"禁止p"；T_3说："应该p"蕴涵"能够p"，即凡是应该做的都是能够做的；反过来说，凡是不能做的就是不该做的。T_3是与康德的伦理学观念相联系的，因此被称为"康德原则"。康德指出：

　　纯粹几何学拥有一些作为实践命题的公设，但它们所包含的无非是这一预设，即假如我们被要求应当做某事，我们就能够做某事，而这些命题就是纯粹几何学仅有的那些涉及一个存有的命题。所以这就是一些从属于意志的某种或然条件之下的实践规则。但在这里的这条规则却说：我们应当绝对地以某种方式行事。所以这条实践规则是无条件的，因而是被先天地表象为定言的实践命题的，意志因而就绝对地和直接地（通过这条实践规则本身，因而这条规则在此就是法则）在客观上被规定了。[5]（粗体系引者所加）

[5] 康德：《实践理性批判》，邓晓芒译，北京：人民出版社，2003 年，41 页。

其意思也许是：一个人只有做自己能够做的事情的义务，没有做自己不能做的事情的义务。但康德原则在直觉上成立吗？

这一方面取决于如何理解"能够"。"能够"可以有四种不同的意义：逻辑的可能性（$\diamondsuit^l$）、经验的可能性（$\diamondsuit^e$）、技术的可能性（$\diamondsuit^t$）、个人的可能性（$\diamondsuit^p$）。在这四种可能性中，个人的可能性最强，它蕴涵或推出技术的可能性，技术的可能性蕴涵经验的可能性，经验的可能性蕴涵逻辑的可能性，因此逻辑的可能性最弱。康德原则所涉及的可能性是哪一种意义上的呢？人们似乎不是在最弱的意义上理解康德原则的，而是把它理解为经验的可能性或技术的可能性，甚至是个人的可能性。一个人做出下述断言是自然的，即他所理解的康德原则是：

> KR 凡一个人应该做的，都是利用他自己的力量能够做的。

用符号表示，即

$$Op \to \diamondsuit^p p$$

但是，当我们把康德原则理解为这种最强的形式时，它可能就不再成立了。例如，我们可以问下述问题：一个人应该做他没有能力去做的事情吗？回答在很多场合下是肯定的。例如，一个人的借约到期了，他应该还给别人钱，但他此时身无半文，无法还钱；一个人应该按时上班，但由于上班途中发生车祸，他不能按时上班。这一类的例子是非常多的。因此，KR违反人们的直觉。另一方面，康德原则是否成立还取决于如何理解"蕴涵"或者"推出"。对于蕴涵有多种理解，例如有实质蕴涵、严格蕴涵、相干蕴涵、衍推等等，康德原则所涉及的蕴涵是哪一种意义上的呢？所有这些问题都有待进一步澄清。

实际上，T_1和T_2也有同样的问题，其中的"必然"与"可能"也是有歧义的，因而这些定理也具有不同的表达形式，其中每一种形式都具有不同的强度。当把它理解为较强的形式（例如个人的可能性或技术的可能性）时，它们即使不完全为假，也是十分可疑的。例如，在我们的道德规范体系中有这样一个原则：

> OR　凡是一个人应该做的，他应该去尝试；凡是禁止去做的，他必须不去尝试。

这似乎是一个合理的原则，因为在进行道德评价时，它不仅考虑到实际的行为，而且顾及到是否有意去做某行为。在它看来，完全不做某行为和已经尝试去做但失败了，这两者有重大差别。不过，一旦接受OR为正确，我们就会遇到麻烦。T_2说，凡是不可能的事情禁止去做。根据OR，我们有

> OR′　凡是不可能的事情必须不去企求。

即使我们把这里的"可能"理解为最无可争议的逻辑可能性，上述规则也是道义逻辑中不能容忍的论题。因为根据T_2和OR′，那些试图证明平行公设对于其他欧氏公设的独立性或用直尺和圆规三等分任意角的数学家，那些企图为一阶逻辑找到一判定程序或证明一阶算术的相容性和完全性的逻辑学家，就都犯有某种道德的错误。这当然是荒谬的。由此推知，T_1和T_2并不是道义逻辑中可不加思索就接受的定理，它们的正

确性、可接受性是尚存疑问的。

罗尔斯：原初状态、无知之幕、反思的平衡与正义原则

　　罗尔斯的《正义论》一书于1971年问世，旋即在欧美学术界产生了巨大的反响。该书把批判的矛头主要对准功利主义的正义观，力图继承和发展以洛克、卢梭和康德为代表的传统的社会契约论，用严格理性主义的方法，系统地阐发一个核心理念：正义即公平。

　　这里，我们对罗尔斯提出其正义理论的程序和方法更感兴趣，该套程序和方法中浸透着严格的理性主义精神，甚至可以说，罗尔斯的正义理论就是用这套理性主义方法论推论出来的。其推论的逻辑起点是"原初状态"，其中包括正义的环境，无知之幕，关于主体条件的假设，对正义观念的形式限制，最大化最小值原则、反思的平衡等概念。可以把这一整套概念和方法看作一项思想实验，其目的只有一个：确保最终提出的正义原则是"公平"的。

　　"原初状态"（original position）与早期契约论者所设想的人类未开化的自然状况有些许近似，但它不是现实历史中的真实状况，而是一种纯粹的假想情形。对它的全面刻画依赖于如下一些关键性概念[6]：

　　（1）正义的环境（circumstances of justice）。其客观条件包括：人们在一个确定的地理区域内生存，其体质状态和精神状态相似；自然资源和其他资源存在中等程度的匮乏，这既不会使相互合作成为多余，也不会使合作因资源极度匮乏而招致失败。其主观条件包括：人们有大致相似的需求和利益，又有各自的生活计划，而且还存在哲学、宗教信仰、政治和社会理论上的分歧；人们都专注于自己的"好"或"善"，既不是利他的，也不是嫉妒的，而是互不关心、彼此冷淡。于是，处于这种环境中的人们既有共同利益，这使得他们之间的合作成为可能；又有利益冲突，会出现相互掣肘，因而需要有一套公平、正义的原则来划

[6]　参见约翰·罗尔斯：《正义论》，何怀宏、何包钢、廖申白译，北京：中国社会科学出版社，1988年，118—192页；何怀宏，《公平的正义：解读罗尔斯〈正义论〉》，济南：山东人民出版社，2001年，128—178页；王沪宁，《罗尔斯〈正义论〉中译本序》，载约翰·罗尔斯：《正义论》，谢延光译，上海：上海译文出版社，1991年。

分利益，约束竞争。

（2）无知之幕（veil of ignorance）。这里假定：没有人知道他在所处的社会中的地位、阶级出身、天生资质、体力和智力等情形；没有人知道他自己关于善的观念，他的特殊的合理生活计划，甚至不知道他的心理特征，如是否喜欢冒险，气质是乐观还是悲观；也没有人知道这一社会的经济或政治状况。但是，被无知之幕遮蔽的人们，知道他们所处的环境是一种正义的环境，知道所有人类社会的一般事实，知道社会组织的基础和人的心理学法则，也理解政治事务和经济事务的一般原则。罗尔斯掩藏在无知之幕后面的苦心孤诣是：先让人们有关个人性的东西一切清零，摆脱自我知识和自我利益的一切羁绊，从空白处开始思考正义原则，以确保所得出的原则对所有人来说都是公正的。

（3）主体条件假设。处在原初状态中的人们是自由平等的，有理性且有道德。他们可以按自己的意愿做出选择，在选择过程中也都拥有同等的权利；他们在选择正义原则时都力图尽量推进自身的利益，对其选择目标有前后一贯的倾向，能有次序地排列这些目标，并遵循那个能满足他的较多愿望且具有较多的成功机会的计划，采取最有效的达到其目标的手段；他们都有自己关于善的观念和正义感，努力寻求自己的尽可能高的得分，而不太计较对方的得失如何。这就是说，他们的选择不取决于随意性的偶然事件，也不取决于社会力量的相对平衡，而是基于他们自己的理性和道德感自主地做出的。

（4）对正义原则的形式限制。在选择正义原则时，处于原初状态中的人们必须遵守如下限制条件：正义原则应当是一般性质的，而不涉及具体的个人或事物，首要的原则必须能够作为一个井然有序的社会的共同蓝图；它们在应用中是普遍有效的，对每个场合中的每个人都起作用；它们及其限制条件应当是公开的，让每个人知晓；它们应该赋予各种互相冲突的要求以一种次序，以便使这些要求总汇成为相互融贯、层级分明的体系；从原初状态中选出的正义原则应当是终极性的，是裁决所有纷争的最后法庭，在它们之上没有更高的标准。

（5）最大化最小值原则（maximin rule）。即是说，在选择正义原则时，在各种可能的选项中，人们只考虑那些能够使自己确定地得到最小收益的选项，再在这些选项中选择对自己最有利的那个；而不去考虑那些能够使自己获得最大收益的选项，由于利益冲突和相互竞争，后面这些选项常常很不靠谱。也就是说，在做选择时，与其开始时好高骛远、最后落得一无所有，不如起初就选择保证满足自己的基本生活条件，再图其他。采用最大化最小值原则有如下特点：选择者对计算各种情境出现的或然率不感兴趣；他们的价值观偏向保守，不愿意为进一步获利而冒险；被拒绝的各个选项中有无法接受的结果。

（6）反思的平衡（reflective equilibrium）。即使处于原初状态的人类个体也都具有理性思考能力，但他们的思考能力还是有差别；现实的个体在其知识教养、生活经验以及所处的认知地位等方面更有差别，由此会形成有关公平、正义和道德等等的不同直觉和各种各样的"慎思判断"（considered judgments），甚至会导致相互之间的冲突和矛盾，包括来自内部的和外部的：一个人自己的道德直觉与慎思判断不一致，他所持有的多个慎思判断彼此不一致，他的直觉和判断与社会生活现实不一致，他的直觉和慎思判断与别人的类似直觉和判断不一致。这就使得有必要对他自己的观念进行反思：它们各自有哪些理由？这些理由都成立吗？哪些观念得到较好的证成？哪些则得到较弱的证成？是否需要放弃或修改某些观念？如何放弃或修改？由此达成自己观念内部的协调和融贯。这叫做"狭义的反思平衡"。"广义的反思平衡"还要求认真思考别人的不同道德观念及其理由：在什么地方有分歧？为什么会有这些分歧？对方持有哪些理由或根据？它们都成立吗？其与社会生活的吻合程度如何？回过头来再对照思考自己的观念及其理由，如此往复，权衡比较，不断调整、修改和完善自己的观点，直至达到这样的程度："这个人已经考虑了我们哲学传统中那些最重要的政治正义观念，已经权衡了其他哲学和其他理由的力量"，他的观点"是在范围广泛的反思和对先前众多观点加以考虑的情况下产生的"。[7]这样的反思平衡凸显了"多元""开放""宽容""理解""对话""审慎"等关键词语的价值，并且是一个动态的过程。[8]

在做了以上准备工作后，罗尔斯在《正义论》第5章第46节给出了"关于制度的两个正义原则的最后陈述"：

第一原则："每个人对与所有人所拥有的最广泛平等的与基本自由体系相容的类似自由体系都应有一种平等的权利。"

第二原则："社会和经济的不平等应这样安排，使它们：①在与正义的储存原则一致的情况下，适合于最少受惠者的最大利益；并且，②依系于在机会公平平等的条件下职务和地位向所有人开放。"

罗尔斯还提出了两个"优先规则"。

第一规则要求自由的优先性："两个正义原则应以词典式次序排列，因此，自由只能为了自由的缘故而被限制。这有两种情况：①一种不够广泛的自由必须加强由所有人分享的完整自由体系；②一种不够平等的自由必须可以为那些拥有较少自由的公民所接受。"

第二规则要求正义对效率和福利的优先："第二个正义原则以一种词典式次序优先于效率原则和最大限度追求利益总额的原则；公平的机会优先于差别原则。这有两种情况：①一种机会的不平等必须扩展那些机会较少者的机会；②一种过高的储存率必须最终减轻承受这一重负的人们的负担。"

如上所述的两个正义原则和与之配套的两个优先规则，体现了如下的关于正义的一般观念："所有社会价值——自由与机会、收入与财富以及自尊的基础——都应平等地分配，除非任何价值的不平等分配对每一个人都是有利的。"[9]

可以看出，罗尔斯的正义论基于一些预先的假定：人类社会中的每一个公民都是自由、平等、理性和有道德的；人类社会就是由这样的公

[7] 约翰·罗尔斯：《作为公平的正义》，姚大志译，上海三联书店，2002年，第52页。

[8] 基于我自己的治学经验，我曾经在很多场合这样谈道：按国际学术水准做学问，就是要做到这样几点：在一个学术传统中说话；在一个学术共同体中说话；说一些自己的话；对自己的观点做出比较严格系统的论证；对他人的不同观点做出适度的回应。在精神实质上，我的这些话与罗尔斯的"反思的平衡"庶几近之。

[9] 约翰·罗尔斯：《正义论》，302—303页。

民组成的一个公平合作的体系；治理这样的社会所要遵循的首要原则就是体现公平的正义原则；正义原则可以凭借一套严格理性主义的方法产生出来，并有可能被每个公民所接受和遵循。改用尼采的句式，这些假定以及随后的推演逻辑是理性的，也许太理性了，过于的理想化，因而不那么适合现实社会的真实情况，所以招致了后人对它的非议和挑战，也导致了后来许多新理论（如社群主义，审议式民主）的发展。就此打住，还是把这些问题留给有兴趣的读者去思考吧。

二、一些典型的道德悖论

道德悖论是"一类"很特殊的悖论，不仅涉及逻辑学，同时也涉及到伦理学、法学等多个学科，是一个多领域交叉的研究课题。

"道德悖论"这一概念的来源可追溯到尼布尔（R. Niebuhr）在1932年出版的《道德的人与不道德的社会》（*Moral Man and Immoral Society*）一书，该书对个体道德和群体道德进行了区分，形成了"道德的人"和"不道德的社会"之间的矛盾。这种道德上的矛盾被后人称为"尼布尔悖论"。1987年，国外第一部正式以"道德悖论"为关键词的书——《核威慑的道德悖论》出版。2007年，国际著名出版社布莱克威尔出版了以色列哲学家史密兰斯基（S. Smilansky）的《十个道德悖论》一书。该书作者认为，道德悖论的表现是：一对道德信念相互支撑却彼此矛盾，我们不能找到放弃其中一个的任何理由和出路，却又不能同时支持这两个信念，除非我们接受或容忍逻辑矛盾。这些悖论威胁着人们熟悉的道德假设、被证明为好的道德原则以及常识性的道德思维习惯，除非我们找到解决方案，否则我们只得向它们举手投降。

国内对"道德悖论"的研究，是从改革开放后逐渐兴起的。1997

年，茅于轼在他的《中国人的道德前景》一书中援引了胡平1985年讲述的一个关于"分苹果"的故事，并冠以"道德的悖论"之名，后来被国内研究界广泛引述。

电车难题

我们设想，一个疯子把5个无辜的人绑在电车轨道上。一辆制动失控的电车由你驾驶着朝他们驶来，并且片刻之后就要碾压到他们。幸运的是，你可以拉一个拉杆，只要拉动它（可以确定，你有力气拉动它），你就可以让电车开到另一条轨道上，以避开这5个无辜的人。但是，那个疯子在这另一条轨道上也绑了1个无辜的人。面对这样的局面，你有两种选择：一是直接冲向那5个人，另一个就是拉动拉杆变换轨道，冲向另一个无辜的人。因为电车无法刹车，你必须做出一个选择。这个难题"难"就难在：如果你不拉动拉杆，就会有5个人被轧死；如果你拉动拉杆，则会有1个无辜的人被轧死。你要么拉动拉杆，要么不采取任何行动，其结果是：要么5个人会死，要么1个人会死。

电车难题是福特（P. Foot）在1967年发表的《堕胎问题和双重结果原则》(The Problem of Abortion and the Doctrine of the Double Effect)一文中提出来的，它是伦理学领域最为知名的"思想实验"之一。

电车难题的提出是为了批判功利主义学派的如下观点：大部分道德决策都是依据"为最多的人提供最大的利益"这一原则做出的，只有依据这一原则做出的选择才是合乎道德的。根据功利主义，社会是由个体人构成的团体，其中每个人都可以看作是组成社会的一分子；社会全体的幸福是组成此社会的个人的幸福的总和；社会的幸福是以最大多数人的最大幸福来衡量的，道德行为的选择必须符合社会大多数人的利益；人应该做出能"达到最大的善"的行为，道德行为应该得到有最大收益的结果。

从功利主义的观点看，面对电车难题，合乎道德的选择就应该是拉动拉杆，这样可以拯救5个人，只杀死1个人。但是，功利主义的批判者认为，一旦你拉了拉杆，你也就成为了另一个不道德行为的同谋，因为你至少也要为另一条轨道上那一个人的死负部分责任。这一个人也是无辜的，难道一个人的生命就不应该去珍惜吗？同时还有人指出，一旦你身处这种状况之下，就要求你有所作为，你必须选择拉动拉杆或不拉动它，你的不作为也会是不道德的，那等于坐视5个人的生命瞬间逝去，你又情何以堪呢？！总之，不存在完全的道德行为。许多哲学家都用电车难题作为例来表现现实生活中经常存在的一些状况：强迫一个人去做违背自己道德准则的事。

桑德尔（M. J. Sandel）在哈佛大学开设了一门网上公开课——"正义"，其中就举了电车难题这个例子，并做了进一步引申：设想你不是那个电车司机，你只是近旁桥上的一个看客，看到这危险的一刻时，你身边有一个胖子，如果把他从桥上推下去，就可以挡住电车，救下那5个人。你会把这个胖子推下去吗？如果只看结果的话，其实是一样的，都是牺牲1个人来拯救5个人。同样的道理，医院里有5个人，都是受伤需要紧急救治的，那么，作为医生的你会不会杀死1个健康的、只是碰巧来做体检的人，以便给其他5个人做器官移植呢？[10]考虑到这些例子，功利主义的道德原则是否合理，就不那么确定了。面对这样的问题，人们开始思考：究竟什么才是道德。左右道德判断的似乎应该是"行为"，而不应该是行为的"结果"，不能为了拯救更多生命而牺牲无辜的人。这就是康德所代表的绝对主义的道德原则，绝对主义认为，道德有绝对的原则，有明确的责任和权利，无论"结果"是怎么样的，都不能影响对于是否道德的判断。

对于电车悖论的解决，有这样几种看法：

（1）你只有两种选择：拉动拉杆或不拉动它，这必然造成两种不同结果，1个人死亡或5个人死亡，而这两种行为不可能都是不道德的。

[10] 桑德尔：《公正：该如何做是好？》，朱慧玲译，北京：中信出版社，2011年，22—25页。

这是因为，你只能在两种结果中选择，在这个大前提下，个人没有完全自由选择的意志，而如果结论只有道德和不道德两种，若非得要给出一个定性论断的话，结果只能是：一种选择是道德的，另一种是不道德的。不难看出，这是一种以"结果"论道德的思路，所体现的是功利主义的伦理观。

（2）你拉动拉杆，造成1个人死亡，你不应该为此承担道德责任。因为这个人的死亡不是你"有意"造成的，你并不是真想去这样做，只是因为外界条件已经决定必然会有人死亡，要么死1个，要么死5个，这是你无法阻止的，况且这样的选择是代价最小的。既然你的行为并非自主，你就可以不为这一行为的结果负责。

这里涉及到一个重要的概念——"行为"。按照这种看法，行为区分为"有意的"和"无意的"两种。这种区分是否有意义？毫无疑问，人应当为自己的"行为"负责，否则就不能说是一个有道德的人。"行为"是什么意思？人为自己的行为负责的理论依据又是什么？著名语言哲学家塞尔关于"行为"与"行动"的区分有助于我们理解这些问题。按照塞尔的观点，两者的差别在于有无"意向性"[11]因素，行为（behavior）这个概念从外延上要大于行动（action），行动是有意向的行为，是有意向有目的做出了的行为。比如，一个学生因为患重感冒，上课时打喷嚏，并非有意打断老师讲课，这就属于一种行为；而如果这个学生有意如此，就属于一种行动了。如果说一定要为自己的行为负责，似乎也应限定为有意向的行为（即行动）负责。就电车难题来说，当电车司机处于这种情境，无论你是否拉动拉杆，都已经注定是一种行为，而任何行为都有其后果。人不为自己不能自主的行为负责，应该成为伦理学的一个预设。

（3）外界条件决定了此种情境下必然会有人死亡，要么死1个，要么死5个，至少死1个是必然的，死5个却只是可能性。如果最后死了5个人，那就是你的不作为造成的，你应当为此承担道德的谴责。在这里，

[11] Searle J. R., *Intentionality: an essay in the philosophy of mind*, Cambridge: Cambridge University Press, 1983. 中译本见约翰·塞尔著：《意向性：论心灵哲学》，刘叶涛译，上海：上海人民出版社，2007年。

我们把这6个人看成具有同等价值的个体。

怎样看待不作为呢？把这个思想实验做一些修改就可以看到，不作为有时候确实是一种"行动"：假如电车的前方绑着5个人，你拉动一下拉杆就能使将电车驶向岔道，而另一条轨道上什么也没有，不会造成任何危害。这时候你动不动拉杆呢？如果你什么也不做，眼睁睁看着5个人被轧死，这显然是不道德的行为，明知可为而不为，即使法律不惩罚你，你的行为最起码也是不道德的。但与此形成鲜明对比，另一条轨道上有1个人，他也是一个有生命的存在。我们不得不在已经设定的情境下进行选择。而且我们认为，这种情境也并非全无现实可能性，在现实生活中也是有可能发生的。有百分之一的风险，就应尽百分之百的努力去规避风险。

此外，在实际生活中，生命个体是否能看作有同等价值的个体？如果这5个人中有杀人犯、盗窃犯，或者有国家元首、科学家，相信这种身份的认定将会给你带来新的思考和抉择的困境，并陷入无穷无尽的两难境地。在这一境地中，杀人犯是不是就没有与国家元首一样的权利呢？如果绑在铁轨上的是你的孩子，甚至是你自己，你会不会期待他人去做不同的选择呢？

我们再来考虑桑德尔对电车难题的进一步引申。推下桥上的胖子和电车司机的行为有什么不同呢？这里有如下几种解释：（1）因为电车轨道上的人，无论是这边轨道上的5个人还是另一边的1个人，都是原本卷入这个事件的，而站在桥上的胖子是毫无关系的路人甲，所以推下胖子的行为是不道德的，甚至是不人道的。（2）电车上的司机只有两种选择，要么什么都不做，5个人死；要么改变方向，用1个人的牺牲来换取5个人的生命，这种选择空间极其狭小，司机在这种境况下是不能自主的。而站在桥上观望的人推不推下胖子是他自己的自主行为，他可以不去做推还是不推的二难选择。这里，已经不只是道德问题，而是法律上的谋杀问题了。

　　按照塞恩斯伯里的解释，悖论的表现是：从明显可以接受的前提，通过明显可以接受的推理，得出明显不可接受的结论。从逻辑技术看，若假定某些前提，则会导致逻辑矛盾或悖论，而矛盾在逻辑中是不能被允许的，根据否定后件式，相应的前提也就不能成立。例如，在说谎者悖论中，所要否定的前提是"本句是假的"这样的说法。而在道德悖论中，有苛刻的限制条件，比如在电车难题中，第一，对于这一事件，你只有两种选择的可能性——拉动拉杆或不拉动它，你必须在这两种行为中选择一个，而且你能够预料到不同的行为会有不同的后果；第二，你选择"不拉动拉杆"，会造成5个人死亡；你选择"拉动拉杆"，则会造成1个人死亡。这个悖论的关键在于，人们普遍认为，这是在两种不道德的行为中选择其一，无论怎样都躲不开，因而是一个难题。

　　在解决纯理论型的悖论问题时，比如说谎者悖论之类的自指悖论，我们可以通过不允许自指或避免自指来解决或避开，而道德悖论和理论型悖论不同之处在于，其前提很可能是在现实生活中发生的。比如，在哈佛大学的"正义"课中就提到了真实的案例：当船失事之后，救生艇中4个人很快没有了食物，有一个生病的奄奄一息的人，其他3个人如果为了生存把这个人杀了，当作食物吃掉，是否应对这3个人做法律制裁或道德谴责？面对这样的现实问题，按照现有的道德规范，我们没有更好的解决办法；如果想更好地解决，似乎要增加更多的规则并达成共识，比如在这个真实案件中被当作食物的那个人，是通过抓阄产生的，但是即使通过这一"规则"解决了这一问题，这个结果是否就一定是道德的，这又是一个极有争议的问题。

　　在电车难题中，我们是否可以通过增加一些规则就可以摆脱困境呢？如果我们增加一条法律规定：根据功利主义原则，在这种情况下可以不负道德或刑事责任。在我国法律中，实际上就有这样的规定。中华人民共和国《刑法》第二十一条第一款规定：为了使国家、公共利益、本人或者他人的人身、财产和其他权利免受正在发生的危险，不得已采取的紧急避险行为，造成损害的，不负刑事责任。但对于已经达成一致的规则，我们是否应该为了某种深刻的道理而放弃它，也是值得探究的问题。

"定时炸弹"悖论

如果你经常关注政治事件或者熟悉影视作品，对定时炸弹就不会太陌生。现在让我们来想象这样一个场景：一颗大炸弹或其他大规模杀伤性武器藏在你所在城市的某一个地方，而且爆炸的倒计时马上就到零了。一旦爆炸，后果不堪设想。现在我们羁押了一个恐怖分子，他是此事的知情者，知道炸弹的埋藏点，并知道拆除爆炸装置的方法。问题是：你是否会对这个知情人使用酷刑来获知这些信息呢？再做更极端一些的设想：如果这个恐怖分子对于酷刑毫无反应，以致施以刑罚毫无效果，那么，我们是否可以通过要挟他的家人来使他开口呢？一种困境摆在面前：如果不对恐怖分子施以酷刑，很多人就会被定时炸弹炸伤或致死；如果对其施以酷刑，也会面临道德上的指控。

英国电视剧《黑镜》（Black Mirror）也向人们展现了一个类似的残酷又现实的世界，将人们的目光聚焦于对当今社会的不安全感。其中有这样一个故事：清晨，英国首相得知，Facebook和Twitter红人、广受公众欢迎的英国公主苏珊娜被绑架，绑匪的要求居然是首相必须在当天下午四点和一头猪做爱，并现场直播给全世界看，否则公主将被杀害。由于Youtube和Facebook、Twitter的广泛传播，公众很快知晓了这一切，虽然政府下了禁止媒体报道的命令，精明的媒体还是通过贿赂内阁官员推出了突发新闻。另一方面，首相办公室正策划找人代替首相，却被一名在场工作人员发的Twitter搅黄。绑匪向媒体又提供了一盘录像带和一根断指，录像带的内容显示公主的手指被绑匪割去，此时就连原来支持首相不要干蠢事的公众，也因担心公主安危转而希望首相就范。而反恐部队所谓的营救公主，不过是落入绑匪的迷魂阵而已。在一切努力均告失败之后，英国首相不顾妻子反对，只好就范；公众们此时也发现，自己所围观的笑话更像是一场悲剧。具有讽刺意味的是，在首相最后被直播前半小时，公主就被释放了，而当时大家都在围观首相的笑话，居然无人发现。最后发现那根断指是绑匪的手指，绑匪已经上吊自杀。影片的最后是：一年后，电视台对此事件做了回顾，绑匪被誉为行为艺术家，公主仍然在人前风光无限，首相依旧正常任职，但回到家中却异常寂寞，因为他的妻子再也不爱这位与猪做过爱的人了。

这也是强迫一个人从两个不道德行径中必须做选择的问题。它通常被用来反驳在任何情况下都不能使用酷刑之类的说法，也是被用来证明在极端形势下法律可以被放在第二位的例子。

我们可以对定时炸弹问题做更细致的处理，考虑如下几个问题：

（1）假设罪犯隐藏的不是一颗定时炸弹，而是一千颗原子弹，时间一到地球就玩完，只有剁掉他的手指头才能阻止这一切。现在决定权交给你，你是否用刑？即使完全不管全人类的生死，只从维护这个罪犯权利的角度考虑，你似乎也必须用刑，因为一旦爆炸，该罪犯的小命也要呜呼；若你用刑，他无非少几个手指头，小命仍保得住，还能够使全人类幸免于难。你应该用刑吗？

（2）假设罪犯隐藏的不是一颗定时炸弹，而是一千颗原子弹，时间一到地球就玩完，全人类也都玩完，但这个罪犯由于有特异功能而得以幸免于他造成的核灾难。只有剁掉他的手指头才能阻止这一切，现在决定权交给你，你应该用刑吗？

（3）假设罪犯隐藏的不是一颗定时炸弹，而是一百颗原子弹，时间一到人类玩完一半，这个罪犯却能够幸免。只有剁掉他的手指头才能阻止这一切，现在决定权交给你，你是否用刑？

如果说卷入事件的这个罪犯本身就是有罪的，相信许多人会赞成对他用刑，但考虑上面提出的更极端情况，是否要对他的妻子儿女用刑来阻止这一悲剧发生？若我们对其用刑的话，在某种程度上，我们就是站在了功利主义的立场上。但如前所述，功利主义受到了很多批评，面临着很多难解的难题。

对于"一个行为在道德上要么是善的要么是恶的"这样的说法，人们似乎会想到追问：为什么不能同时是这两者，即一方面是善的，一方面是恶的？康德认为，只存在绝对的善与恶，哲学家的责任是尽可能不承认有这种中间状态，因为如果模棱两可，一切道德准则都将失去其确定性和稳定性。如果存在着善，其对立面就是恶。而恶有两种情况：善的缺乏（消极的恶）和积极的恶。善的行为是以遵守道德法则作为动机的，善为1，非善则为0，后者是缺乏道德动机的结果。仅从结果看，如果善是1，则恶就是0，但是善的行为和结果并不是同一个概念，善的行为是有动机的。善恶行为不同只是行为准则的不同，故善恶之间没有中间状态。如果道德法则在理性的判断中自身就是行为的动机，在道德上就是善的。假如法则没有在一个行为中规定人的行为，就必然会有一个与之相反的动机规定此人的行为并发生影响，由于这种情况在上述前提下只有通过此人把这个动机纳入自己行为的准则时才会发生。因此，就道德法则而言，人的行为意念没有中间状态。

通过解读我们发现,问题的关键，即悖论之所以为悖的原因，就是我们不存在共同的道德标准，或者说，现有的规则和道德标准不足以完美地解决这样的道德难题。对于定时炸弹悖论的争执，其实是公认正确的背景知识出现了不同：如果是罗尔斯，根据他的正义论就会做出放任炸弹爆炸的行为。但是，不接受罗尔斯的正义论而崇尚功利主义的人，肯定会义无反顾地对罪犯做刑讯逼供，以便制止定时炸弹的爆炸。我们认为，没有一劳永逸地解决这类道德悖论的方法，必须就事论事，因为毕竟在现实中的事件具有复杂性，不可能用一种单一的理论去解决一切难题。

道德的知与行悖论

此悖论由本书作者陈波提出，涉及道德信念的知与行的不对称。

很多人早就注意到，大多数道德过错不是因为当事人不知道相应的道德律条，而是不愿意实行之，甚至选择做与道德律令相违背的事情。例如，纽约州前检察总长、前州长斯皮策的嫖妓行为，美国前总统克林顿对白宫实习生莱温斯基的行为，以及中国大大小小的贪官们的贪污受贿，不是因为当事人不知道相关的法律和道德律令，他们对它们简直是太熟悉了，甚至可以说了如指掌、烂熟如心，但他们还是受本能的驱使或经不住诱惑而铤而走险，犯下了道德过错甚至罪行；正是由于他们知道有关的道德律令，他们在作案时才会心底发虚，玩尽花招去掩饰和隐瞒。

有些论者也注意到这类现象：

> 怎样才能说服人们——哪怕是一个人，不但在观念上接受一种伦理主张，而且奉行之？或者，作为个人，当遇到选择时，哪些力量让我们遵行已有的道德信条，哪些力量让我们抛开它，而以利害为先呢？在"新三纲"的"义为人纲"中，何怀宏提出"显见、自明"而且完全之义务体系的四条主要规范：不可杀害，不可盗窃，不可欺诈，不可性侵。老实说，读到这四条时，我心中生出一股悲观的情绪。这是人类最古老的道德诫条（比如，"十诫"的六至九条便是它们），同时也是被违反得最多的诫条。在我们的社会中，从古至今，大概很少有人反对它们的地位，很少有人主张偷东西是美德，欺诈是行善，然而人们仍在不停地撒谎，不停地彼此杀戮；人偷盗，不是因为他相信偷盗本身是正当的，而是因为偷盗对他是有利的，而且，每违反一条道德命令，他都能至少找出两条，来为自己的行为辩护（对极少的人来说，根本无需道德辩护）。当义务体系笨拙难用时，我们

想到美德；当德性令人迷惑时，我们又希望有严格的规范可以遵奉；当两者都有希望成功而又都失败时，我们又回到个老问题：我们为什么要做一个好人？[12]

我认为，透过对此类现象的反省，至少可以引出如下的道德教训：

（1）人的本能需求和其他基本需求的力量是强大的，不能强行压制，而必须提供条件或途径让其得到适当满足和宣泄。没有这个基本点，就无从谈道德，即使谈也毫无用处。"饥寒起盗心"，我们的老祖宗早就归纳总结出这个常识性见解，它几乎是一个自明的真理。所以，一个正常和健康的社会，应该设法提供必要的社会保障，满足每一个社会成员最基本的生活和生理需求，让他们能够体面而有尊严地生存在这个世界上。在这方面去考验其社会成员的道德水准，是注定要失败的。一个优雅的绅士或淑女，当被置于生存底线时，也很可能抛开道德面纱，显露出狰狞和丑恶的一面。

（2）"人是理性的动物"，这是迄今为止我们给人下的定义。但我们以前过于强调人的理性方面，忽视了他的动物性遗传和本能的作用，忽视了其非理性的方面。正是弗洛伊德、叔本华、尼采等思想家使我们注意到人的本能和非理性方面。人性确实非常之复杂，复杂到连当事人自己都无法控制和把握，有时候都感到担心和害怕。否则，就无法合理地解释克林顿的性侵行为和斯皮策的嫖妓行为。因此，与其把人设想得太好，不如把人设想得很坏，至少在某些情景下容易变得很坏。从"人性恶"（用一句中国俗话，"没有一个好东西"）的基点出发，去从事政治制度、社会制度和道德伦理文化的设计与建构，比较可靠和保险。这种制度性设计还必须包含两方面：事前的防范或事后的惩戒，前者使人不那么容易作恶，后者使人常怀戒慎恐惧之心。

（3）并不是人人都可以成为圣贤的，甚至不是人人都想去做圣贤的。与其把道德的调门定得那么高，不如现实一点，定出一些对普通大

[12] 刀尔登：《读何怀宏的〈新纲常〉》，《南方周末》2013 年 8 月 15 日，第 24 版。

众有真正约束力的"底线伦理",即基本的道德规范。关于这种"底线伦理"究竟应该包括哪些律条,不同的人会有不同的看法。在我看来,以下两条大抵足够:(a) 不伤害他人。我常说的一句话是:不害人的人就是好人。有一种说法,自由主义的精髓是"只要不伤害他人,就可以随心所欲",我大体上赞成。(b) 恪尽职守。一个人的职业是他或她的饭碗,是他或她在这个世界上获得生存资源的最基本的手段。即使为了对得起自己的饭碗,也应该把自己的那份本职工作做好;对于每个人来说,做好自己的分内之事,或许就是他对所在社会的极大贡献了。在我看来,能做到这两点的人,对于国家来说,他是一位合格的公民;对于他人来说,他是一个没有危险的人,因而至少是一个可以接纳和相处的人。[13]

（4）道德教育的效果很有限,且常常靠不住,还是应该更多地从制度设计方面去考虑问题。

"幸运的不幸"悖论

这是史密兰斯基在《十个道德悖论》一书中给出的悖论。[14]

阿比盖尔（Abigail）在出生时就很不幸,她患上了严重的呼吸困难和罕见的肌肉机能疾病,这使得她很难像正常人那样用腿行走。医生建议她去学习游泳。在慈善机构的帮助下,贫困的阿比盖尔获得了一个在游泳馆里练习游泳的机会。经过不懈的努力,阿比盖尔不仅恢复了呼吸和腿部力量,还开创了"仰泳"形式,因为这是更适合于她身体的先天缺陷的游泳姿势,后来她竟然成了世界女子仰泳冠军。可以看到,这种被克服了的"不幸"已经不再是不幸了,而是成了一种"幸运"。

亚伯拉罕出生在一个贫穷的家庭,这使他遇到了很多出身宽裕的人从未遇到的困难,但这也使他从小就有了不同寻常的雄心壮志:一定要改变自己的命运,"王侯将相,宁有种乎"?经过多年的艰苦奋斗,他得以成功地建立了自己的商业连锁,为自己和家庭赢得了财富和舒

[13] 陈波:《与大师一起思考》,北京:北京大学出版社,2011年,322页。

[14] Smilansky S., *10 Moral Paradoxes*, Oxford: Blackwell Publishing, 2007, pp.11–22.

适的生活。

这里，"悖论"是这样构成的：这种不幸是不好的，因为谁也不能否认阿比盖尔和亚伯拉罕在自己还是一个孩子时所遭受的一切是不幸，甚至是悲惨和凄凉的。试想：谁会希望自己的孩子遭遇这一切呢？同时，这种不幸又是好的，因为导致他们最后成功的原因恰恰就是他们童年所遭遇的这些不幸，而且似乎可以确定，这种因果关系不只是偶然和碰巧。为了说明这一点，塞恩斯伯里举了一个例子：一个人因为摔断了腿而被送往医院，结果爱上了他的医生，两人结了婚，幸福地生活在一起。这里有一个因果关系：摔断腿是这个人获得美好婚姻的原因。但这种因果关系是偶然的。只是因为后来获得了美好婚姻，我们才会回想：多亏他摔断了腿，不然哪会有这一段姻缘呢？早知道有这种姻缘，我宁愿也摔断腿。换言之，姻缘的好胜过了断腿的坏。但有谁会愿意选择儿时生活在穷困潦倒，或者如阿比盖尔那样有先天缺陷的状况中呢？

按照这种思路，中国老百姓经常说的一句话——"寒门出贵子"，也属于"幸运的不幸"。而"富不过三代"，就是另一种悖论了，即"不幸的幸运"。"失败是成功之母"是不是也应该这样去理解呢？

救助弱势群体悖论

救助弱势群体的善举，在产生善果的同时，也有可能在两个方向上造就恶果：可能救助了不该救助的懒汉、懦夫，使之不劳而获；即便救助的并非懒汉、懦夫，也可能诱发人们不劳而获的依赖思想。救助弱势群体同时也可以扩展到社会福利制度问题，社会福利制度是必要的，而且对社会稳定、经济发展提供了良好保障。但是，社会福利制度也会造成一部分人不思进取，只靠福利金生活，不利于社会形成正确的价值观。

从结构上看，救助弱势群体与学雷锋颇有雷同，好心或许带来不好的结果。但与学雷锋的情况相同，救助弱势群体的主观倾向是合乎道德的，值得鼓励。所谓"悖论"是客观情形使然的，并非出于主观故意。也正是因为这样，社会福利制度才会得以存在。

互相冲突的义务

在实际的道德生活中，互相冲突的义务是普遍存在的。例如，根据我们的道德准则，作为丈夫应当爱护自己的妻儿；但这位丈夫同时又是一位军人，作为军人他应该保卫自己的国家，当国家安全受到威胁时，他应挺身而出，甚至为国捐躯。再者，根据一般的道德准则，一个人应该诚实、不说谎；但是，当这个人被敌人抓去之后，根据另外的道德准则，他应该保守机密，不对敌人说真话；如此等等。可以说，每个人在每时每地都面临着大量的互相冲突的义务，按照某些道德准则，应该做某件事；按照另外一些道德准则，应该做另一件事，甚至应该不做这件事。用符号表示，即

$$Op \wedge O\neg p$$

正因为如此，才需要人们进行道德选择，并且正是在这选择中才显出了人们道德上美丑善恶的区别。

至少可以列出产生相互冲突的义务的如下原因：（1）义务、允许、禁止等都是有条件的。例如，在国家正面临外族入侵、民族处于生死存亡的关头，"抵御侵略，保卫国家"是头等义务，而当国家处于和平建设时期，此义务不再是头等的。（2）义务、允许是相对于伦理规则而言的。一个行为是义务的，当且仅当，一组伦理规则要求该行为发生；一个行为是允许的，当且仅当，一组伦理规则不要求该行为的否定发生。例如，根据共产党的组织原则，每个党员有交纳党费的义务，而作为非

党人士却没有这样的义务。(3) 在一个社会中，存在着许多不同的伦理规则的集合，这些集合有些是相容的，有些是不相容的，例如，在特定的历史时刻，孝敬父母与忠于国家这两种义务就是互相冲突的，这就是古语所说的"忠孝不能两全"。当出现互相冲突的义务时，在一个社会中常常存在着调解这些冲突的元伦理规则，它在两个互相冲突的伦理规则集中使一个服从另一个。例如，所谓的"舍小家为大家"，"两利相衡取其大，两害相权取其轻"等等就是这样的元伦理规则。但是，这样的元伦理规则也可能是相互冲突的，那么，就有可能存在元元伦理规则去指导人们进行价值选择或道德评价。当然，也有可能不存在这样的起调节作用的元……元伦理规则。有人认为，我们社会的道德规范体系是绝对不相容的，正因如此，人类眼下不可能摆脱由互相冲突的伦理规则所派生的道德困境。

照中国的传统，研究哲学不是一种职业。每个人都要
学哲学，正像西方人都要进教堂。学习哲学的目的，
是使人作为人能够成为人，而不是成为某种人。
* * *

——冯友兰

冯友兰（字芝生，1895—1990），河南南阳唐河人，著名哲学家。北京大学哲学系毕业后赴美，获哥伦
比亚大学哲学博士学位。回国后历任中州大学、广东大学、燕京大学、清华大学、北京大学哲学系教
授。主要著有《中国哲学史》和"贞元六书"等。其著作大大推进了中国哲学史的研究，并产生了世界
性影响，他的贞元六书则构建了完整的哲学体系，被视为现代新儒家的重要成就。

画手

埃舍尔　1948

"假如他不再梦见你……"——刘易斯·卡罗尔《镜中世界》

在这幅画中，两只手既是对方的创作者，也是对方的作品。是左手在画右手，还是右手在画左手，这是个问题。倘若左手具有意识，在它沉浸于对右手进行的精湛勾勒时，是否知道，自己也不过是右手的作品而已？以我们常人想来，一只手要想画另一只手，它就必须要先于另一只手而存在，因而不可能是另一只手的作品。然而实际上并不是左手在画右手，也不是右手在画左手；而是埃舍尔在画这幅名为《画手》的诡异的图。

先于埃舍尔一千多年的另一位天才庄子曾在《齐物论》中信手挥洒下这么一段文字："昔者庄周梦为胡蝶，栩栩然胡蝶也。自喻适志与！不知周也。俄然觉，则蘧蘧然周也。不知周之梦为胡蝶与？胡蝶之梦为周与？周与胡蝶则必有分矣。此之谓物化。"是否，不是庄周梦蝶，也不是蝶梦庄周；而是梦者另有其人，庄周与蝶俱在其梦中？又或是，这人也在另一人梦中，而另一人又在另一个梦中，如是无穷？

第十四章

中国古代的六组悖论

在古希腊罗马时期中，有不少对谬误（fallacy）、诡辩（sophism）和悖论（paradox）的研究，例如，芝诺提出了涉及运动与无穷的四个悖论，斯多亚—麦加拉学派提出了"说谎者悖论""鳄鱼悖论"以及像"秃头""谷堆"这样的连锁悖论，柏拉图记述了"美诺悖论"和"苏格拉底悖论"等，亚里士多德在《论题篇》和《论辩篇》中对谬误与诡辩做了比较系统的研究。

与相距遥远的古希腊相比，在中国先秦时期，也有一些相似的人物、学派在尽情表演，有一些相似的有趣故事在发生。例如，名家足以与古希腊的智者派相媲美，司马谈评论说："名家，苛察缴绕，使人不得反其意，专决于名，而失人情。故曰：使人俭而善失真。若夫控名责实，参伍不齐，此不可不察也。"（《论六家之要旨》）此外，庄子构造了博大恢宏的意象，恢诡奇谲的言说，表面上近乎荒诞，却内蕴深刻的智慧。墨子及其后学，以及作为法家代表人物的韩非子，一方面继续搜寻、归纳、总结出"悖论"、"矛盾"的新形式，另一方面也深入探究其产生的根源，并探讨避免和消解矛盾和悖论的逻辑方法。

在本章中，我将把中国先秦时期思想家所提出的悖论分成六组：关于运动和无穷的悖论，关于类属关系的悖论，语义悖论，认知悖论，相对化悖论，其他的逻辑矛盾。并且，将重点比较中国悖论与古希腊哲学甚至当代西方哲学中的类似悖论，揭示它们之间的同与异，由此断定：在中国文明与西方文明的早期阶段，其哲学和逻辑学中有很多类似因素，这种类似值得我们认真对待和深入反思。中国古代思想家和西方思想家都是一些智慧之士，最先意识到在人们的日常语言或思维中存在某些机巧、环节、过程，如果不适当地对付和处理它们，语言和思维本身就会陷入混乱和困境。他们所提出的那些巧辩、诡辩和悖论，实际上是对语言和思维本身的把玩和好奇，是对其中某些过程、环节、机巧的诧异和思辨，是智慧对智慧本身开的玩笑，是智慧对智慧本身所进行的挑战。它们引发了人类理智的自我反省，正是从这种自我反省中，才产生了人类智慧的结晶之一——逻辑学。

我先对提出本章所讨论的那些悖论的人物和学派做一下非常简短的描述。

邓析（约前545—前501年），先秦名家的最早的代表人物，也是当时一位著名的讼师，以善操"两可之说"著称。

惠施（约前370—前310年），先秦名家的另一位代表人物。他提出"历物之意"，其中"历"有分辨、治理之意，"意"指思想上的断定和判断，即惠施对世上万物观察分析后所得出的十个基本判断（以后依次缩写为H1，H2……H10）。"惠施以此为大观于天下，而晓辩者。"为了回应惠施，先秦辩者提出"二十一事"（以后缩写为D1，D2……D21），"以此与惠施相应，终身无穷。"（《庄子·天下》）

公孙龙（约前325—前250年），先秦名家最重要的代表人物，现存著作为《公孙龙子》。他阐述了一些非常著名的诡辩命题，如"白马非马"和"坚白相离"，但里面隐藏着深刻的思想。

庄子（约前369—前286年），中国先秦时期最伟大的思想家之一。他的想象瑰伟奇丽，文字汪洋恣肆，思想恢诡奇谲，境界高远，意象博大，蔚为大观。他提出很多"吊诡"之说，意指巨大且艰深的理智难题，与"悖论"庶几近之。

墨子（墨翟，约前480—前420年），据说他"谈辩"（辩论和游说）、"说书"（讲授典籍）、"从事"（从事农、工、商、兵各项事业）三者兼长。其弟子和后学形成墨家学派，曾风靡于整个战国时期。现存《墨子》

一书，是墨家著作的总集。墨家创立了中国早期最为系统的逻辑学说。

韩非子（约前 280 年—前 233 年），法家思想的集大成者，继承了荀子的正名逻辑思想，把它应用于法治实践，作为论证刑名法术理论的工具。从悖论角度看，他的最重要贡献是提出"矛盾之说"，阐述了思维不能自相矛盾的思想。

一、关于运动和无穷的悖论

在先秦辩者所提出的"二十一事"（《庄子·天下》）中，第 9 个命题（缩写为 D9）、第 15 个命题（D15）、第 16 个命题（D16）、第 21 个命题（D21）与芝诺关于运动和无穷的悖论很相似。

D9. "轮不碾地"

在解释 D9 之前，我先引用恩格斯关于运动的断言："运动本身就是矛盾；甚至简单的机械的位移之所以能够实现，也只是因为物体在同一瞬间既在一个地方又在另一个地方，既在一个地方又不在同一个地方。这种矛盾的连续产生和同时解决正好就是运动。"[1] 我认为，恩格斯的断言非常鞭辟入里。按我的理解，D9 旨在强调运动的连续性。如恩格斯所言，在同一个瞬间，一个运动的物体既在一个地方又不在一个地方，因为它正从那个地方移到下一个地方。如果强调运动物体的第二个方面，即它总是在移向下一个地方，我们就可以说"轮不碾地"。

D15. "飞鸟之影未尝动也"

D15 旨在强调运动的间断性。如前所述，运动的物体（如飞鸟）在同一时刻既在一个地方又不在一个地方，既在一个地方又正在离开这个地方朝另一个地方行进。若从其"在同一时刻在一个地方"着眼，则可以说"飞鸟之影未尝动也"。换一种方式说，任何时间段，无论多么短

[1] 《马克思恩格斯选集》第三卷，第 462 页，北京：人民出版社，1995 年版。

暂，都可以划分成更短的时间段，在那些时间段里，运动的物体如飞鸟看起来就像静止的一样，类似于每张单格的电影胶片的状态。

D16. "镞矢之疾，而有不行不止之时"

按我的分析，D9、D15 和 D16 分别关注运动物体的不同方面。D9 关注运动的连续性，D15 关注运动的非连续性。D16 把 D9 和 D16 的意思合在一起，强调运动物体在同一时间内运动的连续性（不止）和非连续性（不行），使运动物体的矛盾本性更为凸显。

我认为，有充足的理由把 D15 和 D16 看作芝诺悖论"飞矢不动"的中国先秦版，它们都关注时间、空间和运动的非连续性。以"飞矢不动"为例。时间划分为不同的瞬间。在每一个瞬间，任何事物都占据一个与它自身等同的空间，即是说，它都处在它所处的地方。空间或处所并不移动。因此，如果飞矢在任何一个特定瞬间都占据一个与它自身等同的空间，则飞矢并不移动。同样的道理，没有任何事物在运动。

D21. "一尺之捶，日取其半，万世不竭"

D21 旨在强调事物的无限可分性。"捶，杖也。"长度有限的物体却包含无限多的节段，这种可分性是指物体在思维中、意识中、理论上的可分性，而不是经验上、操作上的可分性。这几乎是芝诺悖论"二分法"和"阿基里斯追不上龟"的中国先秦版。

芝诺的"二分法"悖论有三个结论：(1) 如果一个人，比如说约翰，要走完一公里的路程，他必须先走完这路程的一半，而此前他必须走完这一半的一半，以此类推，以至无穷。也就是说，约翰必须完成一个无限序列的任务：

$$\left\{ \cdots, \frac{1}{16}, \frac{1}{8}, \frac{1}{4}, \frac{1}{2}, 1 \right\}$$

但芝诺认为，约翰不可能在有穷时间内跨越无穷多个点，因此他不可能走完这段一公里的路程。（2）每当约翰要跨越某个距离时，他都要先跨越这个距离的一半，然后是一半的一半，然后是一半的一半的一半……以此类推，没有他必须跨越的第一段距离，他的运动没有起点，根本无法开始；把（1）和（2）合在一起，得出的最后结论是（3）：走完任何有穷距离的运动既不能开始也无法完成，故运动不可能，所有的运动都是假象或幻觉。

不过，从先秦辩者的 D21 出发，我们只能得到关于无限可分性的结论，而不能得到关于运动的结论。这是 D21 和芝诺悖论"二分法"的差异之处。

在惠施的十个断言中，第七个断言（H7）与"今天""昨天"等时间索引词的所指有关。

H7. "今日适越而昔来"

用现代术语说，"今日""明日"是时间索引词，其所指是相对于时间坐标系而言的。假如我们变换时间坐标系，这些词语的所指就会相应地发生改变。这正是冯友兰对 H7 的解释："'今日适越而昔来'。这句是说，'今'和'昔'是相对的名词。今日的昨日，是昨日的今日；今日的今日，是明日的昨日。今昔的相对性就在这里。"[2]

在我看来，H7 很接近当代西方哲学中所讨论的时间旅行悖论，这里描述其中一个版本。一个时间旅行者将要旅行一年，他朝目的地出发了，但他到达目的地的时间早于他出发的时间一百年。他怎么能够到未来旅行却在过去到达？他怎么能够在出发之前到达并且在到达之后出发？这看起来是一个悖论。大卫·刘易斯对时间旅行悖论做了很有影响的分析：（1）那些悖论只是看起来很怪，并非不可能，因为在四维时间观下时间旅行是可能的；（2）我们可以区分个人时间（personal time）和外部时间（external time），并合法地给时间旅行悖论中所涉及的旅行者及其环境指派一种个人时间次序，这种次序与它们在外在时间中的次序有时候不一致。根据刘易斯的分析，一个时间旅行者能够在他的个人

[2] 冯友兰：《中国哲学简史》，涂又光译，北京大学出版社，1985 年，第 104 页。

时间内旅行到未来，但在外在时间的过去到达。在个人时间内他出发之后才到达，但在外部时间内却是到达之后才出发。[3]

[3] 参看 David Lewis, "The Paradox of Time Travel", *American Philosophical Quarterly,* 1976, 13 (2): 145–52.

二、类属关系的悖论

中国古代的"类"概念

许多中国古代思想家论及"类"概念，例如孟子说"凡同类者举相似也"（《孟子·告子章句上》）。只有墨家发展了相当系统的"类"理论。

墨家讨论了"名"，相当于现在所说的"名词"或"概念"，其作用是"以名举实"，其种类有达名（普遍词项）、类名（表示类属关系的词项）和私名（单称词项）等。他们把"同"区分为四种："重同"、"体同"、"合同"和"类同"。在谈到"类"时，他们断言："有以同，类同也"，"不有同，不类也"（《墨子·经下》）。这就是说，两个事物属于同类，是因为它们具有共同的特征性质；一类事物的特征性质就是该类事物都具有而别类的事物都不具有（遍有遍无有）的性质。墨家谈到"狂举"，即因不明了事物之间的真正差别而犯下的"不知类"谬误。

墨家讨论了"辞"，相当于现在所说的"语句"或"命题"，其作用是"以辞抒意"，即辞是表达思想和观念的手段。"辞以故生，以理长，以类行"（《墨子·小取》）。墨家把"故"、"理"和"类"看作"立辞"所必须具备的"三物"："三物必具，辞足以生"（《墨子·大取》）。在"三物"中，"类"是更为基础性的，因为"故"由"类"出，"理"也由"类"出。

基于"类"概念，墨家发展了一套叫做"推类"的逻辑方法，其指导原则是"以类取，以类予；有诸己不非诸人，无诸己不求诸人"

（《墨子·小取》）。推类至少有四种具体形式：辟、侔、援、推，它们全都依赖于事物之间的类似性。墨家还指出："夫物有以同而不率遂同。……是故辟、侔、援、推之辞，行而异，转而危，远而失，流而离本，则不可不审也，不可常用也。故言多方，殊类，异故，则不可偏观也"（《墨子·小取》）。可以这样解释：墨家已经意识到，由于事物之间既有类似也有差异，基于事物之间类似性的那四种推类形式并不是必然有效的：即使其前提全都为真，也不能保证其结论必然是真的。

辩者的类属关系悖论

D2."鸡三足"

公孙龙解释说："谓鸡足一，数足二；二而一，故三"（《公孙龙子·通变论》）。这就是说，鸡有足，这是一；具体地说，鸡有左足和右足，这是二；一加二，故"鸡三足"。从类理论的角度看，D2 是把鸡足这个类与鸡足类的元素放在同等地位上，把鸡足类当作这个类本身的一个元素。这样的类是非正常类，再举例来说，抽象事物的类就是如此，因为该类本身也是一个抽象事物，故它应作为该类自身的一个元素。相反，一个类是正常的，当且仅当它不把自身当作自己的元素。大多数类都是正常类。例如，"人"类由单个人所组成，但"人"类本身并不是一个人，因此，"人"类自身不能成为"人"类的一个元素。非正常类将会导致像"罗素悖论"那样的悖论。对于 {x|xÏx} 这个类是否属于它自身这一问题，其回答将是悖论性的：假设该类不属于自身，则它满足这个类的构成条件 xÏx，故它应该属于自身；假设它属于它自身，则它不满足该类的构成条件，故它不属于该类自身。我们由此得到一个严格悖论：该类属于它自身当且仅当它不属于它自身！

有人或许会挑战上面的解释，因为他们怀疑先秦辩者真的掌握了"类"和"元素"等概念。不过，如前论证过的，中国古代思想家确实掌握了类和元素的概念，并发展了一系列"推类"方法。退一步讲，先秦辩者肯定掌握了很多与"类"和"元素"接近的概念，如"单位"和"成员"：一个单位由很多成员构成，但该单位本身并不是该单位的一个成员。例如，一支军队以士兵和长官为成员，但该军队本身并不是该军队的一个成员。

D18."黄马骊牛三"

辩者解释 D18 成立的理由与"鸡三足"类似：黄马一，骊（指黑色）牛一，黄马骊牛再一，故"黄马骊牛三"。

"白马非马"悖论

《白马论》以主客对话的形式写成，客方提问兼反驳，主方陈述自己的观点，兼论证与防卫。此文见于《公孙龙子》，后者由公孙龙著作辑成。

（客）曰：白马非马，可乎？

（主）曰：可。

（客）曰：何哉？

（主）曰：马者，所以命形也；白者，所以命色也。命色者非命形也，故曰：白马非马。

（客）曰：有白马，不可谓无马也。不可谓无马者，非马也？有白马为有马，白之，非马何也？

（主）曰：求马，黄、黑马皆可致。求白马，黄、黑马不可致。使白马乃马也，是所求一也。所求一者，白者不异马也。所求不异，如黄、黑马有可有不可，何也？可与不可，其相非明。故黄、黑马一也，而可以应有马，而不可以应有白马，是白马之非马，审矣！

（客）曰：以马之有色为非马，天下非有无色之马也。天下无马，可乎？

（主）曰：马固有色，故有白马。使马无色，有马如已耳，安取白马？故白者非马也。白马者，马与白也。马与白，马也？故曰：白马非马也。

（客）曰：马未与白为马，白未与马为白。合马与白，复名白马。是相与以不相与为名，未可。故曰白马非马未可。

（主）曰：以"有白马为有马"，谓有白马为有黄马，可乎？

（客）曰：未可。

（主）曰：以"有马为异有黄马"，是异黄马于马也。异黄马于马，是以黄马为非马。以黄马为非马，而以白马为有马，此飞者入池而棺椁异处，此天下之悖言乱辞也。

　　曰"有白马不可谓无马"者，离白之谓也；不离者有白马不可谓有马也。故所以有马者，独以马为有马耳，非有白马为有马。故其为有马也，不可以谓"马马"也。以"白者不定所白"，忘之而可也。白马者，言白定所白也，定所白者非白也。马者，无去取于色，故黄、黑马皆所以应；白马者，有去取于色，黄、黑马皆所以色去，故惟白马独可以应耳。无去者非有去也，故曰：白马非马。

可以把公孙龙关于"白马非马"的论证重构如下[4]：

（1）从概念的内涵说，"马者，所以命形也；白者，所以命色也。命色者非命形也。故曰：白马非马。"这就是说，"马"指谓（动物）的形状，"白"指谓一种颜色，"白马"指谓动物的形状加颜色。三者内涵各不相同，所以白马非马。如果把"白马"也叫做"马"，是"离白之谓"，即撇开马的颜色"白"而不顾，这是不可以的。如果考虑到"白马"的颜色"白"，就不能再说"有白马是有马"了。

[4]　参考冯友兰：《中国哲学简史》，涂又光译，北京大学出版社，1985年，第106—107页。

（2）从概念的外延说，"求马，黄黑马皆可致。求白马，黄黑马不可致。……故黄黑马一也，而可以应有马，而不可以应有白马。是白马非马，审矣。""马者，无去取于色，故黄黑马皆所以应。白马者有去取于色，黄黑马皆所以色去，故惟白马独可以应耳。无去取非有去取也，故曰：白马非马。"这就是说，"马"的外延包括一切马，不管其颜色如何；"白马"的外延只包括白马，有相应的颜色要求。由于"马"和"白马"的外延不同，所以白马非马。

（3）从共相的角度说，"马固有色，故有白马，使马无色，有马如已耳。安取白马？故白者，非马也。白马者，马与白也，白与马也。故曰：白马非马也。"这是在强调，"马"是抽象掉具体马的一切特性之后得到的共相，"白"是如此得到的另一个共相，这两个共相都是独立自藏，互不相同的。马的共相，是一切马的本质属性，不包括颜色，仅只是"马作为马"；而"白马"的共相包括颜色。这些共相与其殊相、表现、个例并不相同："以'白者不定所白'，忘之而可也。白马者，言白定所白也，定所白者非白也。"因此，不能把"白"（抽象的性质，共相）与"定所白"（白性的体现者）相混同。故马作为马不同于白马作为白马，所以白马非马。

关于"白马非马"这个命题的意义，人们有不同的理解。一是把"非"理解为"不属于"，"白马非马"是说"白马不属于马"，因此它是一个假命题。另一种是把"非"理解为"不等于"，"白马非马"是说"白马不等于马"，它把"属"和"种"、"类"和"子类"区分开来，因此是一个正确的命题。我认为，后一种解释比较符合公孙龙的原意，获得不少文献证据的支持。但也必须指出，公孙龙利用古汉语的语义灵活性和句法结构的不完整性，通过论证一个语义或哲学命题（内涵式命题）"白马不同于或不等于马"，去反驳一个常识性命题（外延式论题）"白马是马"，仍然是在进行诡辩。

三、语义悖论

语义悖论是有关词项的意义和指称以及语句的真值的悖论。

M1. "以言为尽悖"

> 以言为尽悖，悖，说在其言。（《墨子·经下》）
>
> 之人之言可，是不悖，则是有可也；之人之言不可，以当，必不当。（《墨子·经说下》）

这就是说，假设"言尽悖"（所有的言论都是假的）这句话是真的，则有的言论（即这句话本身）是真的，所以，并非"所有的言论都是假的"，与假设矛盾；假如这句话不是真的，则并非"所有的言论都是假的"，即有的言论是真的，"言尽悖"这句话可能是这些真的言论之一，即它可能是真的。无论如何，"言尽悖"这句话必定是假的。

"言尽悖"十分类似于古希腊说谎者悖论的原始形式：一位克里特岛人说"所有的克里特岛人都说谎"。假如这位克里特岛人所说的话是真的，由于他也是克里特岛人之一，故他也说谎，即他的话是假的；假如他所说的话是假的，故有的克里特岛人不说谎，他自己可能是不说谎的克里特岛人之一，故他所说的话可能是真的。由真可推出假，但由假不能必然推出真，故原初的说谎者悖论是一个"半"悖论，后人将其加强为严格悖论："我正在说谎"或"本语句是假的"。同样，"言尽悖"也是一个半悖论，也可以加强为严格悖论："此言为悖"。这是"言尽悖"与"说谎者悖论"的原初形式的相同之处。但两者之间也有不同：墨家论证了"言尽悖"将导致矛盾，因而不成立，但在说谎者悖论的原初形式那里没有类似的论证。

M2. "非诽者悖"

非诽者悖，说在弗非。（《墨子·经下》）

非诽，非己之诽也。不非诽，非可诽也。不可非也，是不非诽
也。（《墨子·经说下》）

冯友兰解释说："谴责批评，就是谴责你自己的谴责。如果你不谴责
批评，也就没有什么可以谴责。如果你不能够谴责批评，这就意味着不
谴责批评。"[5] 因此，"非诽"是悖论性的。换另一种解释，墨家承认双
重否定律，即 p«ØØp，故"非诽"（拒斥否定）等于承认一切说法。初
看起来，承认一切说法不会像"言尽悖"那样导致悖论，但墨家证明确
实也会导致悖论。由此，可以把"非诽者悖"看作"言尽悖"的相反版本。

D4. "犬可以为羊"

D4 与命名的语义性质有关，或许旨在强调名称的约定性。正如《荀
子·正名》所言：

名无固宜，约之以命，约定俗成谓之宜，异于约则谓之不宜。名
无固实，约之以命实，约定俗成，谓之实名。

根据荀子的看法，名称与对象的关系是约定俗成的，现在叫做"犬"
的动物当初本来可以叫做"羊"。当代西方哲学家大卫·刘易斯也认为，
约定是语言交流的一个本质性特征，但戴维森不同意，他论证说：对于
语言交流来说，约定既不是必要条件也不是充分条件。[6]

D11. "指不至，至不绝"

D11 涉及指称的语义性质。在名家那里，"指""物"对举："指"
的本意是"手指"和"用手指指某物"这个动作，转义是"名称"、"概
念"、"共相"；"物"则是处于时空中的个别事物。王先谦在《庄子集解》

[5] 冯友兰：《中国哲学简史》，涂又光译，北京大学出版社，1985 年，第 154 页。

[6] 参见 David Lewis, *Convention: A Philosophical Study*, Cambridge, MA: Harvard University Press, 1969; Donald Davidson, "A Nice Derangement of Epitaphs", in his *Truth, Language and History: Philosophical Essays*, Oxford: Clarendon Press, 2005.

中指出："有所指则有所遗，故曰指不至。"

通过大胆的推测，我对 D11 提出一个很新颖的解释。作为名称，"指"有时候不能达到世界中的对象；在这种情况下，它就是不指称对象的空名，例如英语中的"独角兽"，汉语中的"海市蜃楼"。即使"指"达到一个或一类对象，也不能穷尽该个或该类对象。引用蒯因的一个著名例子：当一个土著部落的成员使用"gavagai"指称一只兔子时，他确切指称的究竟是什么？那整只兔子？兔子的某个部分，如兔子的腿、兔子的毛、兔子的眼睛？兔子的某个时间片断，如小兔子、老兔子？甚至作为抽象共相的兔性？如此等等。仅仅凭借对该土著成员行为情景的观察，我们无法彻底解决这些问题。这就是蒯因所提出的著名论题："指称的不可测知性"。[7]

D20."孤驹未尝有母"

D20 涉及对语句中关键词语的分析。先秦辩者对 D20 给出的理由是"有母非孤驹也"。即是说，他们通过对"孤驹"的语义分析，得出了"孤驹无母"的命题，由此推出"孤驹一直无母"的结论。这个推理是明显错误的，墨家在反驳它时区分了两种"无"：一种是"无之而无"，即从来没有，如"无天陷"之"无"；另一种是"有之而无"，如先有马，后无马，即先有而后失之"无"。这种"无""有之而不可去，说在尝然"（曾经如此），并说："已然而尝然，不可无也"（《墨子·经说下》）。这就是说，墨家认为正确的命题是："孤驹现在无母，但曾经有母"，这就击破了辩者的诡辩。

四、认知悖论

认知悖论依赖于认识论概念，如感觉和知觉、怀疑、断定、相信、

[7]　W. V. Quine: *Word and Object*, Cambridge, MA: MIT Press, 1960, pp.51-54.

知道、证据、证成等等，向我们揭示了某种类型的不一致性，指导我们去纠正认识论中至少一个深层的错误。

相信和知道的悖论

D17."狗非犬"

成玄英（唐朝古文献注释家，608—?）疏："狗犬，同实异名。名实合，则彼所谓狗，止所谓犬也。名实离，则彼所谓狗异于犬也。"[8]这就是说，从"名实合"的角度说，狗与犬"二名而一实"，为"重同"。但它们确实是两个不同的字，知道"狗"字未必知道"犬"字，故"狗非犬"。

这就是说，就名称与对象的对应而言，"狗"和"犬"是不同的名称但指称同样的对象，它们在所指方面相互吻合。但它们确实是不同的名称，故知道名称"狗"不一定知道名称"犬"，相信关于"狗"的一些事情并不意味着关于"犬"也相信同样的事情。这使我联想到克里普克的"信念之谜"。设想有一位法国人皮埃尔，不懂英语，通过某种途径（如看画册）形成了一个法语信念 "Londres est jolie"（伦敦很漂亮）。后来，由于某种机缘，他搬到伦敦的一个落后社区，通过与当地人一起生活学会了英语。基于在当地的生活经验，形成了一个英语信念 "London is not pretty"（伦敦不漂亮）。不过，他并没有放弃他原有的法语信念。由此产生一个问题：皮埃尔究竟是相信"伦敦很漂亮"还是相信"伦敦不漂亮"？由于克里普克主张名称是不以意义为中介的严格指示词，他本人将面临一个二难困境：皮埃尔既相信又不相信伦敦很漂亮，但在皮埃尔本人的信念内却没有感受到任何矛盾。克里普克承认，这对于他的严格性和直接指示理论确实是一个难题，他不知道如何去解决它。但他反戈一击，论证说：这个难题并非为他的名称理论所独有，像弗雷格和维特根斯坦这样的描述论者也面临同样的难题。[9]

[8] 郭庆藩：《庄子集释》，北京：中华书局，第二版，2004年，第1110页。

[9] Saul Kripke, "A Puzzle about Belief", reprinted in his *Philosophical Troubles, Collected Papers*, vol.1, Oxford and New York, Oxford University Press, 2011.

M3. "知知之否之"

知知之否之，足用也，悖，说在无以也。（《墨子·经下》）

论之，非知无以也。（《墨子·经说下》）

墨家并不反对孔子的论断："知之为知之，不知为不知，是知也"（《论语》），但他们并不赞同以下说法：一个人知道自己无知就是他所要知道的一切。当一个人知道 X 不知道 Y 时，知道对 Y 的无知并不能增加他对 X 的知识，也不满足墨家关于他知道 Y 的标准：凭借他的智能，在遭遇某事物之后，他能够描述该事物。[10]

M4. "知其所以不知"

知其所以不知，说在以名取。（《墨子·经下》）

杂所知与所不知而问之，则必曰："是所知也，是所不知也。"去俱能之，是两知之也。（《墨子·经说下》）

[10] 参见 A. C. Graham, *Later Mohist Logic, Ethics and Science*. Hong Kong, The Chinese University Press, 1978, p.267.

如同在英语中一样，在汉语中"知其所以不知"也是歧义的：(a)"知道一个人所不知道的一件事实"，这是自相矛盾的断言；(b)"知道一个人所不知道的是什么"。墨家对"知其所以不知"的回答接近于常识，依赖知道一个名称与知道一个对象的区别。如果一个人询问他所不知道的东西，例如马来西亚航空班机 MH370 坠毁地点在哪里？人们能够知道一个对象的名称（MH370 坠毁地点），但并不知道该对象的状况。

墨家所讨论的以上两个认知悖论与古希腊所讨论的两个认知悖论很相似。

一个是苏格拉底悖论。德尔斐神庙祭司说："没有人比苏格拉底更聪明。"这个说法让苏格拉底感到吃惊，因为他相信自己一无所知。苏格拉底如此消解了他的困惑：他知道自己一无所知，而其他人连这一点也不知道，还自以为自己无所不知。故他断言："我知道我一无所知，这就是我比其他人更有智慧的地方。"但这似乎是一个悖论：如果苏格拉底真的知道自己一无所知，则他至少在这一点上有所知，故他不再是一无所知，因而他说知道自己一无所知就是假的。矛盾！还有很多与苏格拉底的说法类似的说法。例如，人们常说："世界上没有绝对真理。"不知道这句话本身算不算一个"绝对的真理"？彻底的怀疑论者说："我什么也不相信，我怀疑一切！"不知道他们是否相信他所说的这句话？他们是否怀疑"我怀疑一切"这句话？有这样一条规则："所有规则都有例外，除了本规则之外。"不知道这条规则是否还会有其他例外？

　　另一个是柏拉图对话录中记述的美诺悖论。美诺是一名富家子弟，他在与苏格拉底的对话中提出一个观点：研究工作不可能进行，并论证如下："一个人既不能研究他所知道的东西，也不能研究他不知道的东西。他不能研究他所知道的东西，因为他知道它，无需再研究；他也不能研究他不知道的事情，因为他不知道他要研究的是什么。"[11] 为明确起见，将该论证整理如下：

[11]　苗力田主编：《古希腊哲学》，第250页。

> （1）如果你知道你所寻求的东西，研究是不必要的；
> （2）如果你不知道你所寻求的东西，研究是不可能的。
> （3）所以，研究或者是不必要的，或者是不可能的。

　　现在的问题是：这个论证有效吗？我的回答是否定的。

　　美诺的论证有一个隐含前提："或者你知道你所寻求的东西，或者你不知道你所寻求的东西。"如果仅从形式上看，这是一个逻辑真理，假如"你知道你所知道的东西"在两个选言支中没有歧义的话。但问题恰恰是：它是有歧义的。

> A. 你知道你所探究的那个问题；
>
> B. 你知道你所探究的那个问题的答案。

在（A）的意义上，（2）是真的，因为如果你不知道你要研究什么问题，研究工作是没有办法进行的；但（1）却是假的，因为尽管你知道你要探究什么问题，但不知道该问题的答案，研究工作仍有必要进行：它的目标就是探寻该问题的答案。在（B）的意义上，（1）是真的，因为如果你知道你所要探究的问题的答案，那还什么必要去再做研究？但（2）却是假的，因为尽管你不知道某个问题的答案，但你知道你要探究什么问题，研究工作仍有可能进行。故两个前提不是在同一种意义上为真。于是，从一对真的前提，即（1B）和（2A），推不出任何结论，因为其中有歧义性，说的不是一回事。

为了看清楚歧义性，我们还可以再考虑一个问题："你有可能知道你不知道的东西吗？"在一种意义上，答案是否定的，因为你不可能同时知道又不知道同一个东西；但在另一种意义上，答案是肯定的，你可以知道你对之尚没有清楚答案的那个问题，你遵循正确的程序去回答该问题，最后你知道了你先前不知道的东西，也就是该问题的答案。

于是，美诺的论证是有缺陷的，它犯了歧义性谬误。不过，在歧义性之外，美诺还是提出了有意思的问题，后来被概括为"柏拉图问题"：我们能够在贫乏的证据基础上认识这个复杂的世界吗？

感觉和认知的悖论

D7. "火不热"

成玄英疏："譬杖加于体，而痛发于人，人痛杖不痛。亦犹如火加体，而热发于人，人热火不热。"[12] 即是说，热是人体对火的感觉或知

[12] 郭庆藩：《庄子集释》，第二版，北京：中华书局，2004年，第1108页。

觉，而不是火本身的一种性质。问题是：人体遇到火时会产生热的感觉，而遇到冰时却会产生寒冷的感觉，这种差别是如何产生的？难道在火与冰本身那里没有某种根据吗？并且，"热"和"关于热的感觉"是一回事吗？克里普克特别强调，"热"不同于"关于热的感觉"，前者是一种客观现象，后者是一种主观感觉，客观现象的存在不依赖于人的主观感觉。[13]

[13] 克里普克：《命名与必然性》，梅文译，上海译文出版社，第107—111页。

D10."目不见"

为了理解D10，我们可以参考公孙龙和墨家给出的解释："且犹白以目以火见，而火不见，则火与目不见，而神见，神不见而见离。"（《公孙龙子·坚白论》）"以目见，而目以火见，而火不见，惟以五路智。久不当以目见，若以目见。"（《墨子·经说下》）这就是说，视觉现象需要眼睛、光线与心灵的配合，仅凭光线或仅凭眼睛不会产生视觉现象。如此解释，D10就说得通了。

根据我上面的解释，D7和D10都是在强调感觉和知觉需要多因素（如外在对象、感知器官和我们的心灵）的合作，任何单一因素都不足以产生感觉和知觉现象。

"离坚白"悖论

《公孙龙子》中另有一篇《坚白论》：

（客）曰：坚白石三，可乎？

（主）曰：不可。

（客）曰：二【指坚石或白石】可乎？

（主）曰：可。

（客）曰：何哉？

（主）曰：无坚得白，其举也二；无白得坚，其举也二。

（客）曰：得其所白，不可谓无白；得其所坚，不可谓无坚。而之石
　　　也之于然也，非三也？

（主）曰：视之不得其所坚而得其所白者，无坚也；拊不得其所白而
　　　得其所坚者，无白也。

（客）曰：天下无白，不可以视石；天下无坚，不可以谓石。坚、
　　　白、石不相外，藏三可乎？

（主）曰：有自藏也，非藏而藏也。

（客）曰：其白也，其坚也，而石必得以相盈，而自藏奈何？

（主）曰：得其白，得其坚，见与不见谓之离。一【指石】二（指
　　　坚、白）不相盈，故离。离也者，藏也。

（客）曰：石之白，石之坚，见与不见，二与三，若广修而相盈也。
　　　其非举【举，拟实也】乎？

（主）曰：物白焉，不定其所白；物坚焉，不定其所坚。不定者，兼
　　　【指兼现万物】。恶乎其石也？

（客）曰：循石，非彼无石，非石无所取乎白石。不相离者，固乎
　　　然，其无已！

（主）曰：于石，一也；坚、白，二也，而在于石。故有知【指触
　　　觉】焉，有不知焉；有见【指视觉】焉【有不见焉】。故知与
　　　不知相与离，见与不见相与藏。藏故，孰谓之不离？

（客）曰：目不能坚，手不能白，不可谓无坚，不可谓无白。其异任
　　　也，其无以代也。坚白域于石，恶乎离？

（主）曰：坚未与石为坚，而物兼；未与为坚，而坚必坚。其不坚石
　　　物而坚，天下未有若坚，而坚藏。白固不能自白，恶能白石、
　　　物乎？若白者必白，则不白物而白焉。黄、黑与之然。石其无
　　　有。恶取坚白石乎？故离也。离也者，因是。力与知果【能
　　　力和智慧证明】，不若因是【不如相信离】。且犹白以目以
　　　火见，而火不见，则火与目不见，而神【指心】见；神不见

而见离。坚以手，而手以捶，是捶与手知而不知，而神与不知。神乎！是之谓离焉。离也者天下，故独而正。

[14] 克里普克:《命名与必然性》，第107—109页。

我把公孙龙关于"坚白相离"的论证重构如下[14]：

1. 知识论论证

假设有坚白石存在，问："坚白石三，可乎？曰：不可。二，可乎？曰：可。何哉？无坚得白，其举也二；无白得坚，其举也二。"公孙龙给出了如下两个理由：

（a）"视不得其所坚而得其所白者，无坚也；拊不得其所白而得其所坚者，无白也。"这就是说，用眼睛看，只能感知到有一白石，而不能感知到有一坚石；用手摸，只能感知到有一坚石，而不能感知到有一白石。因此，坚、白相离。这是在用感官和感觉的分离性去论证坚白相离，或者说，公孙龙提出了一个原则：某物的"存在性"或"具体性"要由"感觉呈现"来界定或保证。值得思考的问题：感觉呈现原则是否成立？感官和感觉的综合作用是如何发生的？

（b）"且犹白以目以火见，而火不见，则火与目不见，而神见；神不见而见离。坚以手，而手以捶，是捶与手知而不知，而神与不知。神乎！是之谓离焉。"即是说，要看见白，需要"目"（眼睛）与"火"（光线）这两个条件，缺少其中任何一个条件，就不能看见白；要感受到坚硬，需要手和"捶"（手杖）为条件，没有这样的条件，也不会感受到坚。不过，它们都还需要另外一个共同条件，即"神"（人的心智）的参与。没有心智的参与，尽管有"目"与"火"，也不会看见白；尽管有手与捶，也不会感受到坚。看不到或感受不到，就是所谓的"离"，即坚、白相离，它们各自"独而正"。

2. 本体论论证

公孙龙认为，在具体的感官世界之外，还有一个由"坚"、"白"这样的共相组成的抽象世界，它与感官世界的关系是："兼现万物"，"离而自藏"。坚、白二者作为共相，尽管兼通万物，即体现在一切坚物和白物身上，但它们本身却是不定所坚的坚、不定所白的白，并不唯一确定地存在于某一具体物之中。即使这个世界中完全没有坚物和白物，坚还是坚，白还是白。坚、白作为共相，独立于坚白石以及一切坚物和白物而存在，"离而自藏"，它们"超离"于具体事物和感官世界之外；并且，各个共相又相互"隔离"而独立自存（"自藏"）。坚白相离的事实根据在于：在这个世界上，有些物坚而不白，有些物白而不坚。所以，坚、白相离。

　　不过，有人对关于公孙龙思想的如上解释提出异议，例如，著名汉学家陈汉生（Chad Hansen）指出："冯友兰对公孙龙的怪论的解释，要求把对于不变的抽象共相理论多少自觉的'发现'归于公孙龙。一些人还提出了类似的论点，诸如，断言公孙龙发现了质、性质、概念、一般观念、属性、类和意义。所有这些即质、性质、概念等都具有三个特征，它们把有关实体的理论的发现归于公孙龙。这些实体：①起着古典的抽象实体的语义作用；②是在西方逻辑、本体论、精神哲学或语义学（即坚实的、"可尊重的"哲学）的发展与完善中比较重要的主导观念；③在其他方面是中国思想中所没有或很少见的。"[15] 他不同意此种解释，他反对的理由是根本性的："我赞成下述主张，即中国古代没有一个用汉语表达的哲学系统以任何传统上重要的方式承认抽象（共相）实体的存在，或让其发挥重要作用，而西方语义学、认识论、本体论或心理哲学则给抽象以重要地位。"[16] 他把这一点叫做关于中国语言和思维的"唯名论假设"，另外三个假设是：强调语言的规范功能，强调语言的划分或辨识功能，以及强调语言的约定论基础。[17] 他另外提出了一种替代性解释：中国古代语言和思维中没有抽象名词，所使用的是物质名词（mass-term）："汉语名词的语法与英语中'物质名词'

[15] 陈汉生：《中国古代的语言和逻辑》，周云之等译，北京：社会科学文献出版社，1998年，第172—173页。

[16] 同上书，第45页。

[17] 参见上书，第72—81页。

[18] 陈汉生：《中国古代的语言和逻辑》，第39页。

[19] 参见冯友兰：《中国哲学简史》，涂又光译，北京：北京大学出版社，1985年，第105—109页；《中国哲学史》（上册）第九章，上海，华东师范大学出版社，2011年；Chung-Ying Cheng, "Reinterpreting Gongsun Longzi and Critical Comments on Other Interpretations", *Journal of Chinese Philosophy*, 2007, 34 (4): 537–60.

的语法惊人的相似。"[18]

我不同意陈汉生的说法，而强烈赞同冯友兰和成中英对公孙龙哲学的解释。[19] 这里，我只提请读者注意公孙龙做出了非常重要的区别："曰'白者不定所白'，忘之而可也。白马者，言白定所白也，定所白者非白也。"（《白马论》）"物白焉，不定其所白；物坚焉，不定其所坚。"（《坚白论》）"不定所白"的白是所有白物所共享的，是一种抽象的共相，"离而自藏"；"定所白"的白是抽象共相"白性"的个例，是其具体呈现者。抽象的共相不同于作为其呈现者的具体个例，因此公孙龙说："定所白者非白也。"类似地，公孙龙还区别了作为抽象共相的"马本身"与该共相的呈现者如白马。"马本身"是所有具体的马的共同本质，关于颜色的限定如"白""黄""黑"等等已经完全抽离掉，而"白马""黄马""黑马"包含对马的颜色要求，只是"马本身"的具体呈现者，两者不能混同："马固有色，故有白马。使马无色，有马如已耳，安取白马？故白者非马也。白马者，马与白也。马与白，马也？故曰白马非马也。"（《白马论》）由此可知，公孙龙确实掌握了"白本身"（或"白性"）和"马本身"等抽象共相，说中国古代哲学中没有抽象名词、只使用物质名词等说法没有根据。但我在本文中没有篇幅就此说给出更多证明和反驳。

庄子的三个认知悖论

我将简要地讨论庄子所提出的三个认知悖论，它们全都关涉非常基础性的问题：确实存在一个不依赖于我们的外部世界吗？如果存在的话，我们怎么能够证明它存在？我们确实能够认识这个世界吗？如果能够，我们怎么获得关于这个世界的知识？如何证明或证成关于这个世界的知识？如此等等。隐藏在下面三个悖论之后的，是关于这个世界的存在性以及我们关于这个世界的知识的一种非常彻底的怀疑论。

（1）庄周梦蝶

　　昔者庄周梦为胡蝶，栩栩然胡蝶也。自喻适志与！不知周也。俄然觉，则蘧蘧然周也。不知周之梦为胡蝶与？胡蝶之梦为周与？周与胡蝶则必有分矣。此之谓物化。（《庄子·齐物论》）

笛卡尔（1596—1650）发展了一种与庄子怀疑论非常类似的怀疑论，包括如下要点：（a）关于这个世界的感觉经验靠不住，因为我们有错觉、幻觉等，这说明我们的感官会欺骗我们；（b）我们有时候会做梦，但我们无法真正分辨清楚我们何时在做梦，何时不在做梦；（c）无法排除这样一种可能性：有一个本领超强的恶魔在系统地欺骗我们，赋予我们一幅关于外部世界以及我们在世界中作用的完全错误的图景。很难彻底驳倒或推翻庄子和笛卡尔所提出的怀疑论。

（2）濠梁之辩

　　庄子与惠子游于濠梁之上。庄子曰："儵鱼出游从容，是鱼之乐也。"惠子曰："子非鱼，安知鱼之乐。"庄子曰："子非我，安知我不知鱼之乐？"惠子曰："我非子，故不知子矣；子故非鱼也，子之不知鱼之乐，全矣。"庄子曰："请循其本。子曰'汝安知鱼乐'云者，既已知吾知之而问我，我知之濠上也。"（《庄子·秋水篇》）

在这个迷人的故事后面，隐藏的是一些带根本性的哲学问题：我们确实知道外部事物的状况吗？比如说，我们真的知道河里的鱼是否快乐吗？如果知道，我们是怎么知道的？如果不知道，我们为什么不知道？我们的认知程序和手段是可靠的吗？我们真的知道他人的心灵及其状态吗？比如说，惠施真的知道庄子的心灵及其状态吗？他能否知道庄子是否知道河里的鱼是否快乐？如果能够，他如何知道的？如果不能够，他为什么不能？至少在这个故事里，惠施似乎对关于外部事物和他人心灵的知识抱持深深的怀疑。

（3）辩无胜

　　既使我与若辩矣，若胜我，我不若胜，若果是也？我果非也邪？我胜若，若不吾胜，我果是也？而果非也邪？其或是也？其或非也邪？其俱是也？其俱非也邪？我与若不能相知也。则人固受其黮闇，吾谁使正之？使同乎若者正之，既与若同矣，恶能正之？使同乎我者正之，既同乎我矣，恶能正之？使异乎我与若者正之，既异乎我与若矣，恶能正之？使同乎我与若者正之，既同乎我与若矣，恶能正之？然则我与若与人俱不能相知也，而待彼也邪？（《庄子·齐物论》）

我可以把庄子的论证重构如下：

论点：◎辩论分不出胜负。

论据：①辩论的胜负需要裁判来裁决。

　　　②没有人能够当这样的裁判。

　　　③你我不能当这样的裁判。

　　　④与你意见相同的人不能当裁判。

　　　⑤与我意见相同的人不能当裁判。

　　　⑥与你我意见都不同的人不能当裁判。

　　　⑦与你我意见都相同的不能当裁判。

　　在这个论证中，总结论"辩无胜"由理由①和②协同支持，其中任何一个理由都不能单独推出该结论。而理由②又作为子结论，由子理由③、④、⑤、⑥、⑦协同支持。于是，该论证是一个二层结构，每一层分别都是协同式结构。我们把该论证结构图示如下：

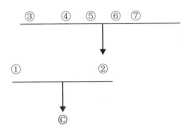

在我看来，这个论证从反面说明，要裁决一场论辩的胜负，或要确定某段言说的真假对错，这不是一件私人性和主观性的事情，必须超越主观的范围，找到某种公共和客观的标准。在庄子那里，这要诉诸客观、外在、独立的"道"；在唯物主义哲学家那里，这要诉诸外在的客观世界；在柏拉图主义者那里，这要诉诸抽象的客观的理念世界。我们所要面对的问题是：究竟是否存在这样的判断一场论辩胜负或一个句子真假的客观的或公共的标准？如果有，如果找到它们和使用它们？

五、相对化悖论

惠施所提出的"历物之意"中的如下 7 个论断构成"相对化悖论"。

H1. "至大无外，谓之大一；至小无内，谓之小一。"

我们可以把 H1 看作是惠施给"大一"和"小一"所下的两个定义，相当于"分析命题"。据此推之，毫末不足以"定至细之倪"，还有东西比它们更小；天地不足以"穷至大之域"，还有东西比它们更大。

H3. "天与地卑，山与泽平。"

尽管"至小"和"至大"之间有绝对分明的界限，但世上万物的高低差别却具有相对性，例如高山上的"泽"就有可能与平原上的"山"一样高，甚至更高。这是因为："以差观之，因其所大而大之，则万物

莫不大；因其所小而小之，则万物莫不小。知天地之为稊米也，知毫末之为丘山也，则差数睹也。"（《庄子·秋水》）

H4."日方中方睨，物方生方死。"

H4 似乎在强调宇宙中变化的恒常性。世上万物无时无刻不在变化：太阳刚中午，既已开始西斜；事物刚产生，既已开始走向死亡的历程。这使我想起前苏格拉底哲学家赫拉克利特的说法："一切皆变，无物常驻。……人不能两次踏进同一条河流。"[20] 在他看来，世界是一团永恒燃烧的活火，按一定的尺度燃烧，按一定的尺度熄灭；事物的更替变换是一物取代另一物：火的熄灭是空气的诞生，而空气的死亡是水的诞生。恩格斯评论说："这种原始的、素朴的、但实质上正确的世界观是古希腊哲学的世界观，而且是由赫拉克利特最先明白地表述出来的：一切都存在，而又不存在，因为一切都在流动，都在不断地变化，不断地生成和消逝。"[21]

H5."大同而与小同异，此之谓小同异。万物毕同毕异，此之谓大同异。"

我可以这样解释 H5：同一个属（genus）的事物有共同的特性，同一个种（species）的事物也有共同特性，但这两组共同性质是不同的。这叫做"小同异"。任何事物之间都有相同之处，但与此同时也有各自的特点。这叫做"大同异"。我还可以这样来解释 H5：世上万物既有同一又有差别。自其同者视之，物我齐一，天地一体；自其异者视之，每一个事物都不同于其他事物，都永远处于变化的过程中。故有这样的说法：世上没有两片相同的树叶（莱布尼茨），人不能两次踏进同一条河流（赫拉克利特），太阳每天都是新的（赫拉克利特）。这是所谓的"大同异"。至于世俗所谓的彼物与此物的相同与相异，则是"小同异"。显然，"大同异"不同于"小同异"，它们之间的差别是视角、立场、观点、境界的差别。

[20] Plato, *Cratylus*, Paragraph 402, section a, line 8.

[21] 《马克思恩格斯选集》第三卷，第733页，北京：人民出版社，1995年版。

H6. "南方无穷而有穷。"

先秦时期，当时的中国主要位于现代中国的北方，所以早期中国人认为，南方是最远的地方，差不多是无限远，有无穷无尽的距离。但他们当时也认为，南方最终以海为限，因而也是有界限的，即是有穷的。H6 的更深含义或许是：有穷和无穷是相对的。

H9. "我知天下之中央，燕之北、越之南是也。"

先秦时期的常识是：中国是天下的中央，燕南越北即华夏民族聚居区则是中国的中央。而 H9 断言，燕北越南才是天下的中央。晋朝史学家司马彪给出了合理解释："天下无方，故所在为中；循环无端，故所在为始也。"由于时空是无限的，故你所在的任何一个时空点都是时空的一个中间点。这是对时空无限性的最好注解。

H10. "泛爱万物，天地一体也。"

既然万物之间的差别都是相对于某种视角的，如果我们采取宇宙论视角，或者有一双上帝之眼，所有那些差别都是无关紧要的，甚至都能够消失不见：物我齐一，天地一体，故应当泛爱万物，因为爱他人、他物就是爱自己。

我大致同意以下评论：

> 这些悖论表达了对悖论的怀疑，或许可以把它们理解为对墨、儒、法家的反动；墨、儒、法家试图将名的指称固定下来并加以标准化，并以此达到操控百姓的目的。这些悖论指出，无论大小、面积、高度、方向、位置还是时间，它们的标准与度量都是相对的。其中一些集中在度量如何随着观察者位置的改变而发生变化……，其他一些命题指出了时空的无线可分性（……），它们与芝诺悖论不无相似之处。[22]

[22] 赖蕴慧：《剑桥中国哲学导论》，刘梁剑译，世界图书出版公司，2013年，第 212 页。

六、逻辑矛盾及其消解

邓析的"两可之说"

邓析常持"两可之说"，有一个著名的例子：

> 洧水甚大，郑之富人有溺者，人得其尸者，富人请赎之，其人求金甚多，以告邓析。邓析曰："安之，人必莫之卖矣。"得尸者患之，以告邓析。邓析又答之："安之，此必无所更买矣。"（《吕氏春秋·离谓》）

邓析对溺者家属说：不要着急，得尸者除了把尸首卖给你们，还能卖给谁呢？又对得尸者说：不要着急，溺者家属除了向你买尸首，还能找谁呢？他的话看似矛盾，其实没有什么矛盾，因为邓析作为一位讼师，其职责是法律咨询和代理。当他为死者家属出主意时，他是站在死者家属的立场上说话；当他为得尸者出主意时，他是站在得尸者的立场上说话。他的两个主意间的冲突只不过是死者家属与得尸者之间利益冲突的表现，并不是逻辑上的矛盾。

韩非论盾与矛

从逻辑角度看，韩非最重要的贡献是提出了"矛盾之说"，阐述了思维不能自相矛盾的思想。

> 楚人有鬻盾与矛者，誉之曰："吾盾之坚，莫能陷也。"又誉其矛曰："吾矛之利，于物无不陷也。"或曰："以子之矛陷子之盾，

何如？"其人弗能应也。夫不可陷之盾与无不陷之矛，不可同世而立。(《韩非子·难一》)

在上面的引文中，那位既卖矛又卖盾的楚人说出了两个命题：

（1）"吾盾之坚，物莫能陷"（任何物都不能戳穿我的盾）。
（2）"吾矛之利，物无不陷"（我的矛能够戳穿任何物）。

这是两个互相否定的全称命题，具有传统逻辑所说的反对关系：不可同真，但可以同假，故它们"不可同世而立"。

既然"我的矛"也是世上之"物"，由（1）可以推出：

（3）我的矛不能戳穿我的盾。

既然"我的盾"也是世上之"物"，由（2）可以推出：

（4）我的矛能够戳穿我的盾。

于是，我们得到一对直接意义上的逻辑矛盾，即（3）和（4），它们既不能同真，也不能同假；必有一真，也必有一假。也就是说，"不可同世而立"。

上面的"矛盾之说"表明，韩非已经认识到，思维中不能自我否定，相互否定的说法不能同时成立。韩非以例证的形式表述了矛盾律的核心思想：互相否定的两个思想（在他那里是互为反对关系的两个命题，不可同真，但可同假）不能都真，但这还不构成对矛盾律的准确表述，因为矛盾律所说的"矛盾"是指两个互为矛盾关系的命题，它们既不可同真，也不可同假。

更重要的是，韩非已经把"思维不能自我否定或自相矛盾"作为一条基本原则，去论证其他说法不能成立。例如，在《难一》中，他论证说："贤舜"和"圣尧"这两种说法或做法是相互冲突的，就像那位既鬻矛又鬻盾的楚人的说法相互冲突一样，因为"贤舜，则去尧之明察；圣尧，则去舜之德化：不可两得也。"在《难势》中，他论证说，"夫贤之为势不可禁，而势之为道也无不禁，以不可禁之势，与无不禁之道，此矛　之说也。夫贤势之不相容亦明矣。"

墨家论矛盾律及其应用

《墨经》用它特有的语言已经相当清楚地表述了矛盾律："辩，争彼也。"如果我们遇到两个可以都成立的命题，例如"这是一条狗"和"这是一条犬"，或者遇到两个可以都不成立的命题，例如"这个动物是一头牛"和"这个动物是一匹马"，我们就不在"争彼"。"彼"是辩论双方所持的两种互相矛盾的观点或命题，它们不能都成立，也不能都不成立。"彼，不两可两不可也。"（《墨子·经上》）例如，"或谓之牛，或谓之非牛，是争彼也。是不俱当，必或不当。不当若犬。"（《墨子·经说上》）在"牛"和"非牛"这两种互相矛盾的说法中，不可能都真（"是不俱当"），必有一个假（"必或不当"）。在这里，墨家既表述了矛盾律的基本思想（一对互相矛盾的命题不能同真），也表述了排中律的基本思想（一对互相矛盾的命题不能同假），这是先秦思想家的一项重要的理智成就。如此表述的矛盾律又成为墨家分析和消解悖论的强有力思想武器。

墨家提出了"悖"、"费"、"拂"、"谬"等概念，其中"悖"的含义很多，有"自相矛盾"、"自相背离"、"荒谬"、"虚假"、"不合情理"等意思。"费"通"拂"，"费""拂"犹"谬"，即诡异、荒谬之意，也就是自相矛盾、自相背离。他们发展了一种类似于归谬法的反驳方法，即指出对方的观点将导致"悖"的境地，而"悖"在思维中是不允许的，故该观点不能成立。这里的依据就是矛盾律。兹举几例：

1. 言论上的矛盾

墨家谈道：

> [儒者]曰："君子循而不作。"应之曰：古者羿作弓，仔作甲，奚仲
> 作车，巧垂作舟；然则今之鲍、函、车、匠，皆君子也，而羿、仔、
> 奚仲、巧垂，皆小人邪？且其所循，人必或作之；然则其所循，皆小
> 人道也。（《墨子·非儒》）

由此我们得到言论中的矛盾：

> 在某个言说中，明显断定了A；
>
> 在同一言说中，可间接推出非A；
>
> 故有言说中的矛盾：A且非A。

2. 言行间的矛盾

> 诽，明恶也。非诽者悖。（《墨子·经下》）
> 非诽，非己之诽也。（《墨子·经说下》）

即是说，"诽"就是提出批评，指出缺点和错误。"反对一切批评"
的人（"非诽者"）也在进行批评，他既然"非诽"，他也在"非己之诽"，
其言行处于自相矛盾的状态，故"非诽者悖"。

古代有人倡言"学无益"，例如老子《道德经》说"绝学无忧。"墨
家反驳说："以为不知学之无益也，故告之也，是使知学之无益也，是
教也。以学为无益也教，悖。"（《墨子·经说下》）即是说，你一方面
主张"学无益"，另一方面你又教导别人，告诉他们"学无益"，而教的

目的在于传播你的观念，使别人按照你的观念行事，这暗中假定了"学有益"，等于否定了"学无益"，于是你的信念、言行间就出现自相矛盾。

> 在言论上主张A；
>
> 在行动上践行非A；
>
> 所以，有言行间的矛盾：A且¬A。

3. 态度上的矛盾

　　子墨子曰：世俗之君子，欲其义之成，而助之修其身则愠，是犹欲其墙之成，而人助之则愠也，岂不悖哉？（《墨子·耕柱》）

　　子墨子曰：世俗之君子，贫而谓之富则怒，无义而谓之有义则喜，岂不悖哉？（《墨子·贵义》）

上面两个推论的共同模式是：

> 两件事情十分类似，故对它们的态度也应类似；
>
> 但有些人在一件事情上有态度A，在另一件类似的事情有态度¬A；
>
> 所以，有态度上的矛盾：A且¬A。

4. 行为上的矛盾

　　子墨子曰：世之君子，使之为一犬一彘之宰，不能则辞之；使为一国之相，不能而为之，岂不悖哉？（《墨子·贵义》）

其推论模式是：

> 在一行为上A，即不能则辞之；
>
> 在另一行为上¬A，即不能而为之。
>
> 所以，有行为上的矛盾：A且¬A。

5. "不知类" 之悖

> 墨子谓鲁阳文君曰：世俗之君子，皆知小物而不知大物。今有人于此，窃一犬一彘则谓之不仁，窃一国一都则以为义。譬犹小视白则谓之白，大视白则谓之黑。是故世俗之君子，知小物而不知大物者，若此言之谓也。（《墨子·鲁问》）

设 A 为不仁的事情之类，按其不仁的程度，把 A 中的元素排成一个序列，不仁程度小的记为 $a_小$，不仁程度大的记为 $a_大$，我们有：

> 按实际的情形，$a_小 \in A$ 并且 $a_大 \in A$；
>
> 世俗之君子却认为，$a_小 \in A$ 但 $a_大 \notin A$；
>
> 因此，世俗之君子 "明于小而不明于大"，是谓 "不知类"。

可以看出，在不同的文明之间，特别是在古代中国文明和起源于希腊的西方文明之间，既存在类似性又存在差异。在本章中，我仅仅着眼于揭示中国古代思想家的悖论研究与古希腊思想家甚至当代西方哲学家的悖论研究之间的类似。

中国古代思想家在我们思维、言说和行为中发现了各种矛盾、冲突和不一致。他们试图弄清楚它们源自何处，是如何产生的，如何消解它们。他们以自己的方式表述了矛盾律和排中律，并发展了一种基于矛盾律的归谬方法，在名、辞、说、辩、故、理和类等关键概念的基础上，发展了比较系统的具有中国特色的逻辑学说。

　　我先前写过，"历史常常是由一些异想天开的人士推动的"。[23] 很多中国先秦思想家恰好就是这样的人物，他们深入地思考，大胆地想象，一起探究，一起论辩，做出了堪与古希腊文明相比拟的理智成就，创造了中国文化的黄金时代。

[23] 陈波：《逻辑学是什么》，北京：北京大学出版社，2002 年，第 139 页。

观景楼

埃舍尔　1958

《观景楼》中有三处不合常理的地方，你能找到么？图画中部的梯子、支撑楼台的柱子以及左下角坐着的人手中拿着的立方体，这些诡异之处是我们所不能设想的，因为它们和我们所知的物理规律矛盾。人们都说，逻辑规律是必然的，物理规律是或然的；我们可以设想一个不遵守物理规律的世界（例如一个不遵守万有引力定律的世界），却不能设想一个不遵守逻辑规律的世界（例如一个二加二既等于又不等于四的世界）。然而在现实生活中，从来没有人能违反物理规律来做事，而人们倒是常常有意无意地做着些自相矛盾不合逻辑规律的事情。

在经典逻辑系统中，出现矛盾是一个很可怕的事，它会扩大到整个系统，导致这个系统崩溃。这是由于经典系统都承认"矛盾推出一切"这条定理。然而在现实生活中，矛盾却不会推出一切，即使人们说话、做事中有着矛盾，太阳依旧升起，人们依旧生活。因此，如果在逻辑系统中出现了矛盾，我们是否可以把这矛盾限制在一定的范围而不让它扩散，是否可以暂时隔离以待日后解决？"弗协调逻辑"就是一种容许矛盾式存在的逻辑系统，有兴趣的读者可以自行查阅。

结　语

在本书前面介绍和讨论了如此多的悖论之后，我觉得有必要回过来头来重新思考一个问题：究竟什么是悖论？

很显然，在我们的日常语言中以及在现有文献中，"悖论"一词被用在十分宽泛的意义上，主要取"悖"的这样一些含义：悖谬；怪，不合常识和直观；包含矛盾；不好理解，难以思议；处理起来非常棘手；等等。当然，有时也用在很专门的意义上，如前面提到的"矛盾等价式"概念。我同意塞恩斯伯里的下述说法：

> 悖论有程度之分，取决于表象在何种程度上掩饰了实在。让我们假装，我们能够在一根有10个刻度的标尺上表征悖论的程度。最弱或最肤浅的一端，我们标识其刻度为1；最灾难性的一端，悖论的发源地，它把剧烈的震动传递到思维的广大区域，我们标识其刻度为10。所谓的"理发师悖论"可以用作其标识度为1的悖论的代表。……在标尺的另一端，刻度为10的位置，我将放上说谎者悖论。这种处置看起来至少是为了纪念斐勒塔。[1]

悖论的程度越深，关于我们该如何回应悖论这个问题的争议就越多。我在本书各章中所讨论的几乎所有悖论，都处在该标尺上6度以上（包括6度）的位置，所以它们都是真正严肃的悖论。（或许有人认为，在第二章和附录中所讨论或列示的有些悖论，其悖论度更低一些。）这意味着，关于如何处理这些悖论，人们之间有严重的难以化解的分歧。[2]

[1] 说谎者悖论在古希腊就引起了广泛的关注。据说，斯多亚派的克里西普斯写了6部关于悖论的书。科斯的斐勒塔（Philetas of Cos）更是潜心研究这个悖论，结果把身体也弄坏了，瘦骨嶙峋，为了防止被风刮跑，不得不在身上带上铁球和石块，但最后还是因积劳成疾而一命呜呼。为了提醒后人免蹈覆辙，他的墓碑上写着一首诗："科斯的斐勒塔是我／使我致死的是说谎者／无数个不眠之夜造成了这个结果。"——引者注

[2] Sainsbury, R. M. *Paradoxes*, pp.1–2.

不过，塞恩斯伯里的上述说法基本上是比喻性的，他从来没有说清楚，根据什么来区分悖论度，也没有把他所讨论或提到的那些悖论分列在不同的刻度上，只是举了几个例子而已。我们不能把他的说法过于当真。不过，对于人们通常说到的"悖论"有程度之分这个说法，我是基本赞同的。下面，我把"悖论"按从低到高的次序分为6个程度或类型：

（1）悖谬，直接地说，就是谬误。例如，苏格拉底谈到的关于结婚的二难推理，古希腊麦加拉派的"有角者"和"狗父"，中国墨子谈到的"以言为尽悖"，以及后人提到的赌徒谬误、小世界悖论等，就属此列。之所以它们是谬误而应被直接否定，是因为它们或隐含着逻辑矛盾，或预设了虚假命题，或基于概念的混淆，或基于无根据的信念，等等。

（2）一串可导致矛盾或矛盾等价式的推理过程，但很容易发现其中某个前提或预设为假。例如，鳄鱼悖论，国王和大公鸡悖论，守桥人悖论，堂·吉诃德悖论，理发师悖论等，就属此列。理发师悖论表明，该理发师或者是一位女士，不长胡子，故不需要给自己刮胡子；或者不是那个村庄的居民，他的约定对他本人无效；或者他说了一句他自己无法兑现的疯话，就像他说他能够拔着自己的头发上天一样。

（3）违反常识，不合直观，但隐含着深刻思想的"怪"命题。由于常识和直观并不保险，最终可能发现，这些"怪"命题有些确实是假的，有些却是真的。例如，芝诺悖论，苏格拉底悖论，半费之讼，幕后人悖论，厄特克里拉悖论，各种连锁悖论，有关数学无穷的各种悖论，邓析的"两可之说"，惠施的"历物之意"，"二十一事"，公孙龙的"白马非马"和"坚白相离"，庄子的许多吊诡之辞，都属此列。它们看起来或听起来很怪，与常识和直观相冲突，有些甚至就是假命题，但仔细分析之下，里面大都隐藏着深刻的思想和智慧。

（4）有深广的理论背景，具有很大挑战性的难题或谜题。例如，休谟问题，康德的各种二律背反，弗雷格之谜，罗素的"非存在之谜"，克里普克的信念之谜，盖梯尔问题，塞尔的中文屋论证，普特南的缸中之脑论证，囚徒困境等等，都属此列。

（5）一组包含或明显或隐含的矛盾和冲突，但难以找到摆脱之道的命题。有关上帝的各种悖论，有些逻辑—集合论悖论，有些语义悖论，各种归纳悖论，许多认知悖论，许多合理决策和行动的悖论，绝大多数道德悖论，都属此列。其中，导致矛盾或冲突的是一组信念或命题，它们各自都得到很好的证成，放弃其中哪一个都感到棘手，甚至会带来很大的麻烦。

（6）矛盾等价式：由假设它成立可推出它不成立，且由假设它不成立能够推出它成立的命题，最典型的是罗素悖论；或者，由假设它真可推出它假，且由假设它假可推出它真的命题，最典型的是说谎者悖论和非自谓悖论。在这类悖论中，以逻辑—数学悖论和语义悖论居多。

我认为，起码应该把（1）从"悖论"的行列里驱逐出去，它们并不是悖论，而是直接的谬误，应该直接加以否定和抛弃。（2）中所列示的那些"悖论"实际上也不能算作悖论，尽管其中含有矛盾或矛盾等价式，但后者是从一个虚假前提中导出的，所以，那些"悖论"只不过是对那个前提的虚假性的归谬式证明，应该直接抛弃那个虚假前提。对这一点，人们并没有什么争议。但稍微麻烦的是：很久以来，它们就被称作"悖论"，例如鳄鱼悖论，守桥人悖论，理发师悖论，给它们换一个别的名字，反而不好。还是约定俗成地仍把它们叫做"悖论"吧。（3）—（5）中的许多案例，如芝诺悖论，从古至今就被叫做"悖论"，我们何必因它们不导致矛盾等价式而非得给它们改名呢？实际上，"悖论"一词最为常见的用法是：从明显为真的前提，通过明显为真的推理，得出了假的或荒谬的或自相矛盾的结论；但我们很难轻易地发现，矛盾究竟出自何处，如何解决或摆脱它们。第一章所引的大多数关于"悖论"的说明或定义，都在强调"悖论"的这样一种意义。（6）可以说是最严格、最典型的"悖论"，姑且称之为"严格悖论"吧。不

思维魔方

过，如果我们执意只把"严格悖论"称为"悖论"，这样的悖论数目并不多，由此将把各种文献中称为"悖论"的东西都排除在外，但这些被排除的东西所包含的深刻的难以化解的难题一如严格悖论。我们何必那么执着于"名词"或"概念"呢？我本人偏向于把列在（2）—（6）中的几乎所有案例都叫做"悖论"，并且这也是欧美学界目前的主流意见。再看下面关于"悖论"的两个刻画和说明：

> "悖论"能够定义为：从明显可接受的前提，凭借明显可接受的推理，得到了不可接受的结论。与团体谜题和脑筋急转弯不同，许多悖论是严肃的：它们提出了严肃的哲学问题，且与思想的危机和革命性进展相关联。与它们缠斗不只是在玩一种智力游戏，而是在力图解决具有真正重要性的问题。[3]

[3] Sainsbury, R. M. *Paradoxes*, Second edition, 1995, 封底推荐语。

> ……在哲学家和逻辑学家中间，这个词[指悖论]已经逐渐获得了一个更特殊的含义：当某些似然（plausible）前提推出其否定也具有似然性的结论时，悖论就产生了。当单独看来均为似然的论题的集合 $\{p_1, p_2, \cdots, p_n\}$ 可有效地推出结论C，而C的否定也是似然的时候，我们就得到一个悖论。这就是说，集合 $\{p_1, p_2, \cdots, p_n \neg C\}$ 就其每个元素来说都具有似然性，但整个集合却是逻辑不相容的。相应地，对"悖论"这个词的另一种等价的定义方式是：悖论产生于单独看来均为似然的命题所组成的集合整体不相容之时。[4]

[4] Rescher, N. *Paradoxes, Their Roots, Range and Resolution*, p.6.

如前所述，"严格悖论"指导致矛盾等价式的命题及其推理过程，主要包括逻辑—集合论悖论和语义悖论。严格悖论与三个因素有关，即自我指称，否定性概念，总体和无限。尽管不能说这三个因素一定导致严格悖论，但严格悖论中一般含有这三个因素。语义悖论还与定义真概念的T-模式有关。这里，对悖论产生的根源这个问题不做深入探讨，有兴趣的读者可以看此书的深化版或曰学术版——《悖论研究》（北京大学出版社，2014年）。

　　我们能够找到一种方法一劳永逸地摆脱所有悖论吗？我认为不能。由于实际情况的复杂性和人的认识能力的局限性，我们甚至不可能一下子找出所有的悖论，更不能一般性地弄清楚悖论产生的根源，因而也就不能提出关于悖论的一揽子解决方案。例如，就目前已经发现的严格悖论而言，大概可以确认，它们的产生有三个必要条件：自我指称，否定性概念，以及总体和无限。它们是不是悖论产生的充分条件？目前无法做出断言。因此，仅目前所发现的那些悖论产生的根源就仍待梳理，更别说一下子指出所有悖论产生的根源了，当然更谈不上排除将来有可能出现的新悖论了。对于悖论，我们只能一个个仔细分析，分门别类地提出解决方案，这些方案大都具有尝试性和相对性。但是，就目前所知的而言，它们都有助于排除或消解悖论，例如公理集合论，迄今在它里面没有发现新的悖论，一般认为也不大可能在它里面产生新的悖论，这就证明了这种方案的价值。

　　最后，让我引用乔布斯（S. P. Jobs）所做的一则广告"不同凡想"（Think Differently）来结束本书：

　　　　向那些疯狂的家伙们致敬。他们特立独行。他们桀骜不驯。他们惹事生非。他们格格不入。他们用与众不同的眼光看待事物。他们不喜欢墨守成规，他们也不安于现状。你可以引用他们，质疑他们，颂扬或诋毁他们，但唯独不能漠视他们，因为他们改变了事物，推动人类不断前进。尽管他们是别人眼中的疯子，但却是我们眼中的天才，因为只有那些疯狂到以为自己能够改变世界的人，才能够真正改变这个世界。

参考文献

Barwise, J. and Etchemendy, J. *The Liar*, Oxford: Oxford University Press, 1987.

Beall, J. C. (ed.), *Revenge of the Liar*, Oxford: Clarendon Press, 2003.

Beall, J. C. (ed.), *Liars and Heaps*, Oxford: Oxford University Press, 2007.

Brandom, R. and Rescher, R. *The Logic of Inconsistency*, Oxford: Blackwell, 1990.

Cargile, J. *Paradoxes: A Study in Form and Predication*, Cambridge: Cambridge University Press, 1979.

Chihara, C. S. *Ontology and the Vicious-Circle Principle*, Ithaca, New York: Cornell University Press, 1973.

Clark, M. *Paradoxes from A to Z*, 2nd edition, London and New York: Routledge, 2007.

Cook, R. T. *Paradoxes*, Cambridge: Polity Press, 2013.

Field, H. *Solving Truth from Paradox*. Oxford and New York: Oxford University Press, 2008.

Haack, S. *Deviant Logic*, Cambridge: Cambridge University Press, 1974.

Hawson, G. *Hume's Problem: Induction and the Justification of Belief*. Oxford: Clarendon Press, 2000.

Keefe, R. *Theories of Vagueness*, Cambridge: Cambridge University Press, 2001.

Koons, R.C. *Paradoxes of Belief and Strategic Rationality*, Cambridge University Press, 1992.

Kripke, S. *Philosophical Troubles, Collected Papers*, Volume I, Oxford and New York: Oxford University Press, 2011.

Mackie, J. L. *Truth, Probability and Paradox, Studies in Philosophical Logic*, Oxford: Clarendon Press, 1973.

Maudlin, T. *Truth and Paradox, Solving the Riddles*, Oxford: Clarendon, 2004.

Martin, R. L. *The Paradox of Liar*, Calif. Ridgeview, Reseda, 1970.

Martin, R. L. (ed.): *Recent Essays on Truth and the Liar Paradox*, Oxford: Clarendon Press, 1984.

McGee, V. *Truth, Vagueness, Paradox*, Indianapolis: Hackett, 1991.

Olin, D. *Paradox*, Rickmansworth：Acumen, 2003.

Priest, G. *In Contradiction*, Dordrecht: Martinus Nijhoff, 1987.

Priest, G. (eds.): *Paraconsistent Logic*, Munich: Philosophia Verlag, 1989.

Priest, G. *Beyond the Limits of Thought*, 2nd edition, Oxford: Clarendon Press, 2002.

Priest, G. *An Introduction to Non-Classical Logic*, 2nd edition, Cambridge: Cambridge University Press, 2008.

Quine, W. V. *The Ways of Paradox and Other Essays*, New York: Random House, 1966.

Rescher, N. *Paradoxes: Their Roots, Range, and Resolution*, Chicago and La Salle, Ill: Open Court, 2001.

Sainsbury, R.M. *Paradoxes*, 3rd edition, Cambridge: Cambridge University Press, 2009.

Salmon, W.C. (ed.), *Zeno's Paradoxes*, Indianapolis: Bobbs-Merrill, 1970.

Smilansky, S. *10 Moral Paradoxes*, Oxford: Blackwell Publishing, 2007.

Williamson, T. *Vagueness*, London, Routledge, 1994.

亚历山大·柯瓦雷：《从封闭世界到无限宇宙》，张卜天译，北京，北京大学出版社，2003 年。

巴里·施瓦茨：《选择的悖论：用心理学解读人的经济行为》，杭州，浙江大学出版社，2013 年。

陈波：《逻辑哲学导论》，北京，中国人民大学，2000 年。

陈波：《逻辑学是什么》，北京，北京大学出版社，2002 年。

陈波：《逻辑学导论》第二版，北京，中国人民大学出版社，2006 年。

陈波：《逻辑学十五讲》，北京，北京大学出版社，2008 年。

陈波：《逻辑哲学》，北京，北京大学出版社，2005 年。

陈波：《与大师一起思考》，北京，北京大学出版社，2012 年。

陈晓平：《归纳逻辑与归纳悖论》，北京，武汉大学出版社，1994 年。

陈晓平：《贝叶斯方法与科学合理性——对休谟问题的思考》，北京，人民出版社，2010 年。

布鲁诺·恩斯特：《魔镜：埃舍尔的不可能世界》，田松等译，上海，上海科技教育出版社，2002 年。

戴维·埃德蒙兹：《你会杀死那个胖子吗？一个关于对与错的哲学谜题》，姜微微译，北京，中国人民大学出版社，2014 年。

邓生庆、任晓明：《归纳逻辑百年历程》，北京，中央编译出版社，2006 年。

顿新国：《归纳悖论研究》，北京，人民出版社，2012 年。

侯世达：《哥德尔、艾舍尔、巴赫——集异璧之大成》，郭维德等译，北京，商务印书馆，1997 年。

《科学美国人》编辑部编：《从惊讶到思考——数学悖论奇景》，李思一、白葆林译，北京，科学技术出版社，1984 年。

詹姆斯·卡斯：《有限与无限的游戏：一个哲学家眼中的竞技世界》，马小悟、余倩译，北京，电子工业出版社，2013 年。

吉姆·艾尔-哈利利：《悖论——破解科学史上最复杂的 9 大谜团》，戴凡惟译，北京，中国青年出版社，2014 年。

雷蒙德·斯穆里安：《这本书叫什么？——奇谲的逻辑谜题》，康宏逵译，上海，上海译文出版社，1987 年。

雷蒙德·斯穆里安：《女人和老虎以及其他逻辑谜题》，胡义昭译，重庆，重庆大学出版社，2010 年。

迈克尔·桑德尔：《公正：该如何做是好？》，朱慧玲译，北京，中信出版社，2011 年。

罗伊·索伦森：《悖论简史——哲学和心灵的迷宫》，贾红雨译，北京，北京大学出版社，2007 年。

罗素：《数理哲学导论》，晏成书译，北京，商务印书馆，1982 年。

罗素：《逻辑与知识》，苑利均译，北京，商务印书馆，1996 年。

罗素：《哲学问题》，何兆武译，北京，商务印书馆，1999 年。

马丁·戴维斯：《逻辑的引擎》，张卜天译，长沙，湖南科学技术出版社，
2005 年。

马丁·加德纳：《悖论与谬误》，封宗信译，上海，上海科技教育出版社，
2012 年。

欧内斯特·内格尔、詹姆士·R·纽曼：《哥德尔证明》，陈东威、连永军译，
北京，中国人民大学出版社，2008 年。

潘天群：《博弈生存——一种社会现象的博弈论解读》，北京，中央编译出版社，
2004 年。

佩格·蒂特尔：《图利的猫——史上最著名的 116 个思想悖论》，李思逸译，重
庆，重庆大学出版社，2012 年。

卡斯滕·哈里斯：《无限与视角》，张卜天译，长沙，湖南科学技术出版社，
2014 年。

钱广荣：《道德悖论现象研究》，芜湖，安徽师范大学出版社，2013 年。

乔治·伽莫夫：《从一到无穷大：科学中的事实和臆测》，暴永宁译，北京，科
学出版社，2002 年。

乔治·伽莫夫、罗素·斯坦纳德：《物理世界奇遇记》，吴伯泽译，北京，科学
出版社，2008 年。

任晓明主编：《新编归纳逻辑导论——机遇、决策和博弈的逻辑》，郑州，河南
人民出版社，2009 年。

斯蒂芬·里德：《对逻辑的思考—逻辑哲学导论》，李小五译，沈阳，辽宁教育
出版社，1998 年。

苏珊·哈克：《逻辑哲学》，罗毅译，北京，商务印书馆，2003 年。

塔尔斯基：《逻辑与演绎科学方法论导论》，周礼全等译，北京，商务印书馆，
1963 年。

托马斯·卡思卡特：《电车难题：该不该把胖子推下桥?》，朱沉之译，北京，北

京大学出版社，2014 年。

王浩：《逻辑之旅——从哥德尔到哲学》，刑滔滔等译，杭州，浙江大学出版社，
　　2009 年。

王浩：《超越分析哲学——尽显我们所知领域的本相》，徐英瑾译，杭州，浙江
　　大学出版社，2010 年。

王建芳：《语义悖论与情境语义学》，北京，中国社会科学出版社，2009 年。

王天思：《悖论问题的认识论研究》，上海，上海世纪出版集团，2012 年。

王习胜：《泛悖论与科学理论的创新机制》，北京，北京师范大学出版社，2013 年。

威廉姆森：《知识及其限度》，陈丽、刘占峰译，北京，人民出版社，2013 年。

威廉姆·庞德斯通：《推理的迷宫——悖论、谜题及知识的脆弱性》，李大强
　　译，北京，北京理工大学出版社，2005 年。

熊明：《塔斯基定理与真理论悖论》，北京，科学出版社，2014 年。

张建军：《逻辑悖论研究引论》，南京，南京大学出版社，2002 年。

张建军、黄展骥：《矛盾与悖论新论》，石家庄，河北教育出版社，1998 年。

张维迎：《博弈与社会》，北京，北京大学出版社，2013 年。

Stanford Encyclopedia of Philosophy, http://plato.stanford.edu/

Internet Encyclopedia of Philosophy, http://www.iep.utm.edu/

Wikipedia, The Free Encyclopedia, http://en.wikipedia.org/wiki/Wikipedia

百度百科：http://baike.baidu.com/